无机及分析化学实验

第 2 版

朱荣华　郭桂英　朱竹青　主编

中国农业大学出版社
·北京·

内容简介

本书是《无机及分析化学实验》的第2版，第1版自2008年出版以来，受到使用院校师生广泛好评。根据新的教学要求，第2版对实验内容进行了调整，增加了新的实验内容和一些现代实验仪器的使用方法介绍。本书分为5个部分，主要介绍了化学实验的目的和意义、化学实验的基本操作、无机化学实验、分析化学实验和仪器分析实验，包含56个实验。

本书可作为普通高等学校农学、园艺、植物保护、茶学、农业资源与环境、草业科学等专业的基础化学实验教材，也可供相关研究人员和相关专业复习考研的学生使用。

图书在版编目(CIP)数据

无机及分析化学实验 / 朱荣华，郭桂英，朱竹青主编. —2版. —北京：中国农业大学出版社，2020.9(2023.8重印)

ISBN 978-7-5655-2420-2

Ⅰ.①无… Ⅱ.①朱… ②郭… ③朱… Ⅲ.①无机化学-化学实验 ②分析化学-化学实验 Ⅳ.①O61-33 ②O65-33

中国版本图书馆CIP数据核字(2020)第164541号

书　名　无机及分析化学实验　第2版

作　者　朱荣华　郭桂英　朱竹青　主编

策划编辑　梁爱荣　　**责任编辑**　何美文

封面设计　郑　川　李尘工作室

出版发行　中国农业大学出版社

社　址　北京市海淀区圆明园西路2号　　**邮政编码**　100193

电　话　发行部 010-62733489，1190　　读者服务部 010-62732336

编辑部 010-62732617，2618　　出　版　部 010-62733440

网　址　http://www.caupress.cn　　**E-mail**　cbsszs@cau.edu.cn

经　销　新华书店

印　刷　北京时代华都印刷有限公司

版　次　2020年9月第2版　2023年8月第2次印刷

规　格　787×1 092　16开本　13.5印张　330千字

定　价　40.00元

第 2 版编委会

主　编　朱荣华　郭桂英　朱竹青
副主编　周慧珍　罗明武　贾春满　王华明

第 1 版编委会

主　编　朱竹青　朱荣华

副主编　罗明武　贾春满　王华明

第 2 版前言

党的二十大报告中提出:"坚持为党育人、为国育才,全面提高人才自主培养质量""加强教材建设和管理""深入实施人才强国战略。培养造就大批德才兼备的高素质人才,是国家和民族长远发展大计。"

本书自 2008 年第 1 版出版以来,受到海南大学儋州校区十儿届农科类师生的好评。本实验教程内容全面,由浅入深,既有验证性的基础性实验,又有综合性的设计性实验。开展该门课程教学,对提高学生的动手能力和培养学生分析问题、解决问题的能力具有重要的意义。

在使用过程中,老师和同学对书中的一些不足提出了许多中肯的意见,此次再版,我们根据这些意见并结合新的教学要求,主要在以下两方面作了较大调整:

(1)由于学校对基础性实验提出了更高的要求,加上实验环境和条件等因素,我们对实验内容做了一些变动、调整,增加了一些相关的现代实验仪器的使用,如电导率仪、分光光度计以及电子天平等,使其科学性、实用性更强。

(2)对第 1 版中表述不规范和错漏的地方进行了更正。

本书由海南大学朱荣华、郭桂英和朱竹青主编。朱荣华编写第 1 篇、第 3 篇;郭桂英编写第 2 篇、第 4 篇和附录;朱竹青编写第 5 篇;海南大学周慧珍、罗明武、贾春满、王华明老师做了大量校对工作,提出了许多建设性的意见,最后全书由朱荣华老师定稿。

本书可作为普通高等学校农学、园艺、植物保护、植物科学与技术、种子科学与技术、设施农业与工程、茶学、应用生物科学、农业资源与环境、农药化肥、野生动物与自然保护区管理、动物科学、蚕学、动物医学、水产养殖学、草业科学等专业的基础化学实验教材,也可供相关研究人员和相关专业复习考研的学生使用。

由于编者水平有限,书中难免有不足之处,恳请同行批评指正。

编　者

2023 年 8 月

第 1 版前言

无机及分析化学实验是高等院校农工科学生必修的基础课程。开展化学实验教学，可加深学生对化学基本理论和反应性能的理解，使他们熟悉无机化合物的一般分离和制备方法，掌握无机及分析化学的基本实验方法和操作技能，有利于培养学生严谨的科学态度、分析问题与解决问题的能力，为后续课程的学习打下坚实的基础。

本书主要依据海南大学历年的实验教学实践并参考国内兄弟院校的有关实验教材编写而成。本教材立足于整体性和基础性，体现了趣味性和综合性，具有以下特点：

1. 无机及分析实验突出基础化学实验的特点和要求，将全书分为 4 个部分，分别是化学实验基本操作介绍、无机化学实验、分析化学实验以及简单的仪器分析实验。各部分对应不同的教学任务，它们既相对独立又相互联系，在教学的整体上按照循序渐进的原则，分阶段、有层次地对学生进行训练与培养。

2. 每一部分实验内容的编写力求符合教学规律，基本操作训练由浅入深，由易到难，由简单到综合；实验原理的叙述由详细到简单，实验步骤的描述由注入式到启发式；实验过程设置问题，激发思考，不仅使学生学会基本操作、基本技能、基本理论，而且还着重于能力和科学态度的培养。

3. 增加设计性实验的教学内容。加强实验教学与生产实际的结合，是对学生进行初步科研训练和能力培养的重要环节。如从废干电池中提取氯化铵，水泥熟料中二氧化硅含量的测定等，旨在使学生接触实际，拓宽视野。

4. 本书除了无机实验和分析实验外，结合海南大学的现有资源，开设了部分仪器分析实验，旨在使学生尽早接触部分现代仪器，提高学生的学习兴趣和实验热情。

本书由海南大学主编。参加编写的有海南大学朱荣华（第 1 篇至第 3 篇），海南大学朱竹青（第 4 篇和附录），海南大学罗明武（第 5 篇），海南大学贾春满、王华明老师对全书的编写、校对做了大量工作，提出了建议性的意见，最后全书由朱荣华老师定稿。

由于编者的学术水平有限，书中错漏之处在所难免，我们恳请使用本教材的师生提出宝贵意见和建议。

编　者

2007 年 10 月

目　录

第 1 篇　怎样进行化学实验

第 2 篇　化学实验基本操作介绍

第 3 篇　无机化学实验部分

第 4 篇　分析化学实验部分

第 5 篇　仪器分析部分

第1篇 怎样进行化学实验

第1节 学习化学实验的目的和方法

一、明确化学实验的目的和意义

化学是一门以实验为基础的学科。许多化学的理论和规律都来自实验，同时，这些理论和规律的应用与评价，也要依据实验的探索和检验。所以在化学专业人才的培养中，化学实验课是必不可少和十分重要的课程。开展化学实验课程教学的目的是使学生通过观察实验现象，了解和认识化学反应的事实，加深对所学化学理论基础知识的理解，以掌握化学实验的基本操作和技能以及无机物的一般制备和提纯方法，学会正确使用基本仪器测量实验数据，正确处理实验数据和表达实验结果，从而培养学生独立思考、独立解决问题的能力和良好的实验素质，为学习后续课程，参加实际工作和开展科学研究打下良好的基础。

二、掌握学习化学实验的方法

要达到以上教学目的，学生不仅要有正确的学习态度，而且还要有正确的学习方法。化学实验课的学习方法大致有以下3个步骤：

1.提前预习

(1)认真阅读实验教材及其指定的参考书和文献资料。

(2)明确实验目的，回答实验教材中的思考题，理解实验原理。

(3)熟悉实验内容，了解基本操作和仪器的使用以及要注意的事项。

(4)写出实验预习报告(内容包括简要的原理、步骤、做好实验的关键、应注意的安全问题等)。

2.做好实验

(1)按照实验内容和操作规程认真进行实验，仔细观察实验现象，真实地做好实验记录。

(2)遇到问题要善于思考，认真分析，力争自己解决问题。如果观察到的实验现象与理论不符，先要尊重实验事实，然后加以分析，必要时重复实验进行核对，直到从中得到正确的结论。遇到疑难问题可以与教师讨论。

(3)要自觉养成良好习惯，保持实验室的整洁，废纸、火柴梗、碎玻璃等废物，只能丢入废物缸中，规定回收的废液一定要倒入回收的容器内，决不允许倒入下水道。

(4)爱护国家财产，小心使用仪器和设备，节约药品、水、电和煤气。

3.书写报告

完成实验报告是对所学知识进行归纳、总结和提高的过程，也是培养严谨的科学态度和实事求是精神的重要措施。应认真对待实验报告，实验结束后要及时写好实验报告。报告内容大致包括实验目的、实验原理、实验内容、装置图、实验数据的记录和处理、结果分析及讨论等项目。实验报告的书写应字迹端正，简明扼要，整齐清洁，决不允许草率应付和抄袭编造。

第2节　化学实验中的安全操作和事故处理

在化学实验中，常常会用到一些易燃、易爆、有腐蚀性和有毒性的化学药品，所以必须十分重视安全问题，决不能麻痹大意。在实验前应充分了解每次实验的安全问题和注意事项。在实验过程中要集中精力，严格遵守操作规程和安全守则，这样才能避免实验事故的发生。万一发生了实验事故，要紧急处理。

1. 实验室安全守则

(1)一切易燃、易爆物质的操作都要在离火较远的地方进行。

(2)有毒、有刺激性的气体的操作要在通风橱中进行，当需要借助于嗅觉判断少量的气体时，决不能用鼻子直接对着瓶口或试管口嗅闻气体，而应当用手轻轻扇动少量气体进行嗅闻。

(3)加热和浓缩液体的操作要十分小心，不能俯视正在加热的液体，试管在加热过程中管口不能对着自己和别人。浓缩溶液时，特别是有晶体出现后，要不停地搅拌，不能离开工作岗位，应尽可能戴上防护眼镜。

(4)绝对禁止在实验室内饮、食、抽烟。有毒的药品(如铬盐、钡盐、铅盐、砷的化合物、汞及汞的化合物、氰化物等)严格防止进入口中或接触伤口。剩余的药品或废液不许倒入下水道，应回收集中处理。

(5)使用具有强腐蚀性的浓酸、浓碱、洗液时，应避免接触皮肤和溅在衣服上，更要注意保护眼睛，必要时可戴上防护眼镜。

(6)水、电、煤气使用完毕应立即关闭。

(7)每次实验结束后，应将手洗干净后再离开实验室。

2. 意外事故的紧急处理

如果在实验过程中发生了意外事故，可以采取如下救护措施。

(1)割伤时，伤口内若有异物，必须先挑出，然后涂上碘酒或贴上止血贴，包扎，必要时送医院治疗。

(2)烫伤时，切勿用水冲洗，可在烫伤处涂上烫伤膏或万花油。

(3)酸或碱腐蚀伤害皮肤时，先用干净的干布或吸水纸揩干，再用大量水冲洗。对于受酸腐蚀至伤，可用饱和碳酸氢钠或稀氨水冲洗；对于碱腐蚀至伤，可用质量分数为3%～5%醋酸或3%硼酸溶液冲洗，最后用水冲洗，必要时送医院治疗。

(4)酸(或碱)溅入眼内时，应立即用大量水冲洗，再用质量分数为3%～5%碳酸氢钠(或3%硼酸)溶液冲洗，然后立即送医院治疗。

(5)吸入刺激性或有毒气体如氯、氯化氢气体时，可吸入少量酒精和乙醚的混合蒸气解毒。因吸入硫化氢气体而感到不适(头晕、胸闷、欲吐)时，立即到室外呼吸新鲜空气。

(6)遇毒物进入口时，可内服一杯含有稀硫酸铜溶液的温水，再用手指伸入咽喉部，促使呕吐，然后立即送医院治疗。

(7)不慎触电时，立即切断电源，必要时进行人工呼吸，找医生抢救。

(8)起火时，要立即灭火，并采取措施防止火势扩展(如切断电源、移走易燃药品等)。

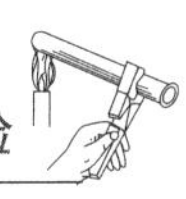

可根据起火原因选择合适的灭火方法：

①一般的起火，小火用湿布、沙子覆盖燃烧物即可灭火，大火可以用水、灭火器灭火。

②活泼金属如 Na、K、Mg、Al 等引起的着火，不能用水、泡沫灭火器、二氧化碳灭火器灭火，只能用沙土、干粉等灭火；有机溶剂着火，切勿使用水、泡沫灭火器灭火，而应该用二氧化碳灭火器、专用防火布、沙土、干粉等灭火。

③电器着火，首先关闭电源，再用防火布、沙土、干粉等灭火，切勿使用水、泡沫灭火器灭火，以免触电。

④当身上衣服着火时，切勿惊慌乱跑，应赶快脱下衣服或用专用防火布覆盖着火处，或就地卧倒打滚，也可起到灭火作用。

第 3 节　化学实验常用仪器介绍

在化学实验中，常用的仪器及其用途和使用注意事项见表 1-1。

表 1-1　化学实验常用仪器

仪器	规格	用途	注意事项
普通试管 离心管	玻璃质或塑料质。分硬质试管，软质试管；普通试管，离心管。无刻度普通试管以管口外径(mm)×管长(mm)表示。离心管以容量(mL)表示	用作少量试剂的反应容器，便于操作和观察。也可用于少量气体的收集。离心管主要用于沉淀分离	普通试管可直接加热。硬质试管可加热至高温，加热时应用试管夹夹持，加热后不能骤冷。离心管只能用水浴加热
试管架	有木质、铝质和塑料质等。有大小不同、形状不一的各种规格	盛放试管	加热后的试管应以试管夹夹好悬放于试管架上
试管夹	用木料或粗金属丝、塑料制成。形状各有不同	夹持试管	防止烧损和锈蚀

续表 1-1

仪器	规格	用途	注意事项
试管刷	以大小和用途表示，如试管刷等	洗刷玻璃器皿	使用前检查顶部竖毛是否完整。避免顶端铁丝戳破玻璃仪器
1 000 mL 烧杯	玻璃质。分普通型、高型和有刻度、无刻度。规格以容量(mL)表示	用作较大量反应物的反应容器，反应物易混合均匀。也用作配制溶液时的容器或简易水浴的盛水器	加热时应置于石棉网上，使受热均匀。加热后不能直接置于桌面上，应垫以石棉网
锥形瓶	玻璃质。规格以容量(mL)表示	反应容器，振荡方便，适用于滴定操作	加热时应置于石棉网上，使受热均匀。加热后不能直接置于桌面上，应垫以石棉网
普通圆底烧瓶 磨口圆底烧瓶	玻璃质。有普通型和标准磨口型。规格以容量(mL)表示。磨口的以磨口标号表示其口径大小，如10、14、19等	反应物较多且需长时间加热时，常用它作反应容器	加热时应置于石棉网上。竖放桌面上时，应垫以合适器具，以防滚动而破碎
 蒸馏瓶	玻璃质。规格以容量(mL)表示	用于液体蒸馏，也可用作少量气体的发生装置	加热时应置于石棉网上。竖放桌面上时，应垫以合适器具，以防滚动而破碎

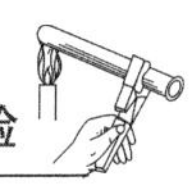

续表 1-1

仪器	规格	用途	注意事项
量筒	玻璃质。规格以刻度所能量度最大容积(mL)表示。上口大下部小的称作量杯	用于量度一定体积的液体	不能加热。不能用于量取热的液体。不能用作反应容器
移液管 吸液管	玻璃质。移液管为单刻度。吸液管有分刻度。规格以刻度最大标度(mL)表示	用于精确移取一定体积的液体	不能加热。用后应洗净,置于吸管架(板)上,以免沾污
酸式滴定管 碱式滴定管	玻璃质。分酸式和碱式两种;管身颜色为棕色或无色。规格以刻度最大标度(mL)表示	用于滴定,或用于量取较准确体积的液体	不能加热及用于量取热的液体。不能用毛刷洗涤内管壁。酸、碱管不能互换使用。酸管与碱管的玻璃活塞配套使用,不能互换

续表 1-1

仪器	规格	用途	注意事项
容量瓶	玻璃质。规格以刻度以下的容积(mL)表示。有的配以塑料瓶塞	配制准确浓度的溶液时用	不能加热。不能用毛刷洗涤。瓶与磨口瓶塞配套使用,不能互换
称量瓶	玻璃质。分高型和矮型。规格以外径(mm)×瓶高(mm)表示	需要准确称取一定量的固体样品时用	不能直接用火加热。盖与瓶配套,不能互换
干燥器	玻璃质。分普通干燥器和真空干燥器。规格以上口内径(mm)表示	内放干燥剂,用作样品干燥和保存	小心盖子滑动而破碎。灼烧过的样品应稍冷后放入,并在冷却过程中每隔一定时间开一开盖子,以调节器内压力
坩埚钳	金属(铁、铜)制品。有长短不一的各种规格。习惯上以长度(cm)表示	用于夹持坩埚加热或往热源(煤气灯、电炉、马弗炉)中取放坩埚	使用前钳尖应预热。用后钳尖向上放在桌面或石棉网上
药勺	用金属或塑料制成,有长短各种规格	拿取固体药品时用。视所取药量的多少选用药勺两端的大、小勺	不能用以取用灼热的药品。用后应洗净擦干备用
滴瓶　细口瓶　广口瓶	玻璃质。带磨口塞或滴管,有无色和棕色。规格以容量(mL)表示	滴瓶、细口瓶用于盛放液体药品。广口瓶用于盛放固体药品	不能直接加热。瓶塞不能互换。盛放碱液时要用橡胶塞,防止瓶塞被腐蚀粘牢
集气瓶	玻璃质。无塞,瓶口面磨砂,并配毛玻璃盖片。规格以容量(mL)表示	用于气体收集或气体燃烧实验	进行固气燃烧实验时,瓶底应放少量沙子或水

续表 1-1

仪器	规格	用途	注意事项
表面皿	玻璃质。规格以口径(mm)表示	盖在烧杯上，防止液体进溅或其他用途	不能用火直接加热
漏斗　长颈漏斗	玻璃质或陶瓷质。分为长颈和短颈。规格以斗径(mm)表示	用于过滤以及倾倒液体。长颈漏斗特别适用于定量分析中的过滤操作	不能用火直接加热
抽滤瓶和布氏漏斗	布氏漏斗为瓷质。规格以容量(mL)或斗径(cm)表示	两者配套，用于晶体或粗颗粒沉淀的减压抽滤	不能用火直接加热
砂芯漏斗	又称烧结漏斗、细菌漏斗。漏斗为玻璃质，砂芯滤板为烧结陶瓷。规格以砂芯滤板平均孔径(μm)和漏斗的容积(mL)表示	用于细颗粒沉淀和细菌的分离，也可用于气体洗涤和扩散实验	不能用于含氢氟酸、浓碱液及活性炭等物质体系的分离，避免腐蚀而造成微孔堵塞或沾污。不能用火直接加热。用后应及时洗涤，以防滤渣堵塞滤板孔
分液漏斗	玻璃质。规格以容量(mL)和形状(球形、梨形、筒形、锥形)表示	用于互不相溶的液液分离，也可用于少量气体发生装置中加液	不能用火直接加热。玻璃活塞、磨口漏斗塞子与漏斗配套使用，不能互换
蒸发皿	瓷质，也有用玻璃、石英或金属制成的。规格以容量(mL)或口径(mm)表示	蒸发浓缩液体时用。根据液体的性质可选用不同质地的蒸发皿	能耐高温，但不能骤冷。蒸发溶液时一般放在石棉网上，也可直接用火加热

续表 1-1

仪器	规格	用途	注意事项
坩埚	用瓷、石英、铁、铂及玛瑙等材质制成。规格以容量(mL)表示	灼烧固体,视固体性质不同而选用	可直接灼烧至高温,灼烧的坩埚应置于石棉网上
泥三角	用铁丝弯成,套以瓷管。有大小之分	灼烧坩埚时放置坩埚用	铁丝已断裂的不能使用。灼烧的泥三角不能放置于桌面上
石棉网	用铁丝编成,中间涂有石棉。规格以铁网边长(cm)表示,如 16 cm×16 cm,23 cm×23 cm 等	加热时垫在受热仪器和热源之间,能使受热物体均匀受热	用前先检查石棉是否完好,石棉脱落的不能使用,不能与水接触或卷折
铁夹 铁环 铁架台	铁制品。烧瓶夹也有用铝或铜制成的	用于固定或放置反应容器。铁环还可以代替漏斗架使用	使用前检查旋钮是否可旋动。使用时仪器的重心应处于铁架台底盘中部
三脚架	铁制品。有高低大小之分	放置较大或较重的加热容器,作仪器的支撑物	
研钵	用瓷、玻璃、玛瑙或金属制成。规格以口径(mm)表示	用于研磨固体物质及固体物质的混合。按固体物质的性质和硬度选择	不能用火直接加热,不能舂碎,只能碾压。不能用于碾磨易爆物质

第2篇　化学实验基本操作介绍

本部分内容包括基本操作介绍和以基本操作训练为重点的有关实验。其目的是通过实验使学生系统、规范和熟练地掌握基本操作以及基本实验技能。

第1节　常用仪器的洗涤和干燥

1.仪器的洗涤

化学实验室经常使用各种玻璃仪器和瓷质仪器，而这些仪器是否干净，经常影响实验结果的准确性，所以仪器应该保持干净。

洗涤仪器的方法很多，应根据实验的要求、污物的性质和沾污的程度来选择。一般来说，附着在仪器上的污物既有可溶性物质，也有尘土和其他不溶性物质，还有有机物质和油污等。针对这些情况，可分别采用下列方法。

(1)用水刷洗。可除去附着在仪器上的可溶性物质、尘土和一些不溶物，但不能洗去油污和有机物质。洗涤时，在要洗的仪器中加入少量水，用毛刷轻轻刷洗，再用自来水冲洗几次。注意刷洗时不能用秃顶的毛刷，也不能用力过猛，否则会戳破仪器。

(2)用去污粉、肥皂刷洗。去污粉由碳酸钠、白土、细沙等组成，它与肥皂、合成洗涤剂一样，能除去油污和有机物，去污粉中细沙的摩擦作用和白土的吸附作用，使洗涤效果更好。洗涤时，可用少量水将要洗的仪器润湿，用毛刷蘸上少许去污粉刷洗仪器的内外壁，最后用自来水冲洗，以除去仪器上的去污粉。

(3)用洗衣粉或合成洗涤剂洗。精确的定量实验对仪器的洁净程度要求较高，一些具有精确刻度、形状特殊的仪器不宜用上述方法洗涤时，可用质量分数为0.1%～0.5%的合成洗涤剂洗涤。洗涤时，可往仪器内加入少量配好的洗涤液，摇动几分钟后，把洗涤液倒回原瓶，然后用自来水将仪器壁上的洗涤液洗去。

(4)用铬酸洗液洗。铬酸洗液是由浓硫酸和重铬酸钾配成的，具有很强的氧化性，对有机物和油污的去污能力特别强。用铬酸洗液洗涤时，可往仪器内加入少量洗液，倾斜仪器并慢慢转动，使仪器内壁全部被洗液湿润，再转动仪器，使洗液在内壁流动，经流动几圈后，把洗液倒回原瓶中，然后用自来水冲洗干净。对沾污严重的仪器，可用洗液浸泡一段时间，或用热的洗液洗，效果更好。

使用铬酸洗液时应注意如下几点：

①被洗涤的仪器内不宜有水，以免洗液被稀释而失效。

②洗液用后应倒回原瓶中，可反复使用。当洗液颜色变成绿色时，则已失效，不能继续使用。

③洗液吸水性很强，应随时将洗液瓶盖盖紧，以防止洗液吸水失效。

④洗液具有很强的腐蚀性，会灼伤皮肤和破坏衣服，使用时应注意安全。如不慎洒在皮

肤、衣服或桌面上，应立即用水冲洗。

⑤铬的化合物有毒，清洗残留在仪器上的洗液时，第1、2遍洗涤液不能倒入下水道，以免腐蚀管道和污染环境，应回收处理。

(5)特殊物质的去除。应根据沾在器壁上的各种物质的性质，采用合适的方法和药品进行处理，如沾在器壁上的是二氧化锰，可用浓盐酸处理。

用上述各种方法洗涤后的仪器，反复冲洗后，可用蒸馏水或离子交换水洗涤2～3次，应遵循"少量多次"的原则。

已洗干净的仪器应清洁透明，当把仪器倒置时，可看到器壁上只留下一层均匀的水膜而不挂水珠。

凡是已洗净的仪器内壁，决不能用布或纸去擦拭，否则，纸或布的纤维将会留在器壁上，反而沾污了仪器。

2.仪器的干燥

不同性质或用途的仪器，应选用不同的干燥方法，具体如下：

(1)烘干。洗净的仪器应尽量沥干水，然后放在电烘箱(图2-1)内烘干(温度控制在378 K左右)。

(2)烤干。此法适用于可加热或耐高温的仪器，如烧杯、蒸发皿、试管等。加热前应先将仪器外壁擦干，烧杯、蒸发皿等仪器一般可置于石棉网上用小火烤干，而试管可直接用小火烤干，但必须使管口向下倾斜(图2-2)，以免水珠倒流炸裂试管。火焰不要集中在一个部位，应从底部开始，缓慢向上移至管口，如此反复烘烤至不见水珠，再将管口朝上，把水汽赶尽。

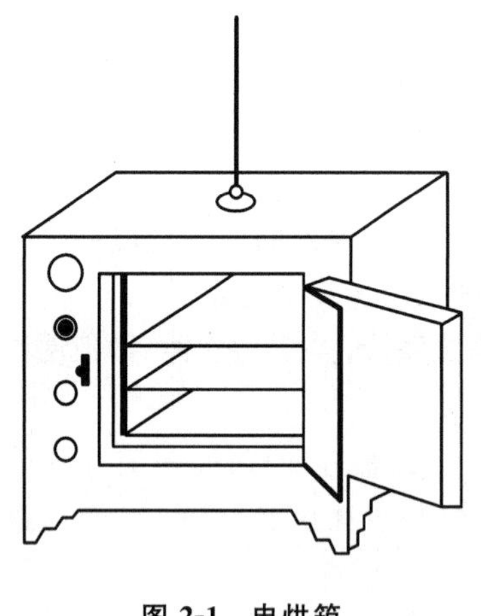

图2-1 电烘箱

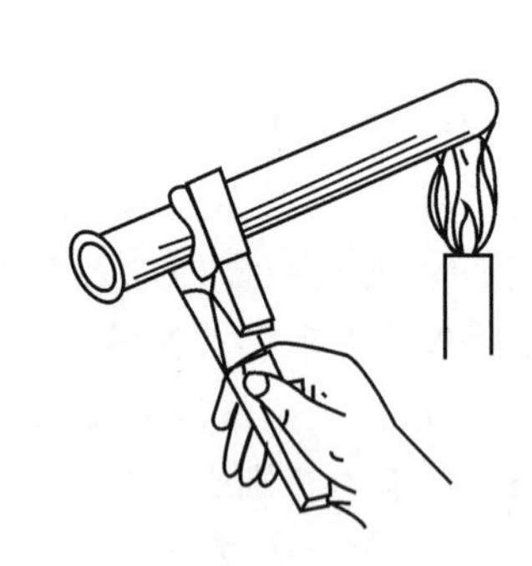

图2-2 烤干试管

(3)晾干。备用的仪器洗净后可以倒置在干净的实验柜内或仪器架上，使其自然干燥。

(4)用有机溶剂干燥。对带有刻度的计量仪器，不能用加热的方法进行干燥，因为加热干燥会影响仪器的精密度。可以加一些易挥发的有机溶剂(常用的是酒精或酒精与丙酮的混合液)到已洗净的仪器中，倾斜并转动仪器，使器壁上的水与有机溶剂互相溶解，然后倒出。少量残留在器壁上的混合液很快会挥发。

第 2 节　加　　热

1. 加热的器具及其使用

实验室常用的加热器具有酒精灯和酒精喷灯。酒精灯用于温度不需太高的实验，酒精喷灯用于温度较高的实验。酒精灯为玻璃制品，其盖子带有磨口（或用塑料盖子）。

点燃酒精灯灯芯时要用火柴或打火机（图 2-3），决不能用另外一盏燃着的酒精灯来点火。否则，一旦灯内酒精外洒，就会引起烧伤或火灾。用完后马上盖上盖子使火焰熄灭，决不能用嘴去吹灭。如需添加酒精，也应用同样方法使火焰熄灭，然后借助小漏斗添加酒精，以免酒精外洒。长期未用的酒精灯，在第一次点燃前，应先打开盖子，用嘴吹去其中聚集的酒精蒸气，然后点燃，以免发生事故。

图 2-3　点燃酒精灯

酒精喷灯有不同类型，常用的有挂式酒精喷灯（图 2-4）和座式酒精喷灯（图 2-5）。酒精喷灯都是金属制成的，有灯管和一个燃烧酒精用的预热盘。挂式酒精喷灯的预热盘下方有一支加热管，经过橡胶管与酒精贮罐相通，座式酒精喷灯的预热盘下面有一个贮存酒精的空心灯座。使用前，先往预热盘内注入一些酒精，点燃酒精使灯管受热，待酒精接近烧完时开启开关使酒精从酒精贮罐或灯座内进入灯管而受热汽化，并与来自进气孔的空气混合。用火柴点燃，可得到高温火焰。实验完毕时只要关闭开关，就可熄灭。

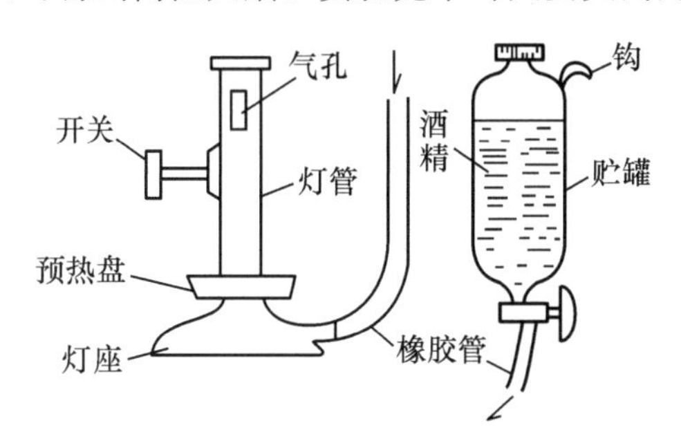

图 2-4　挂式酒精喷灯

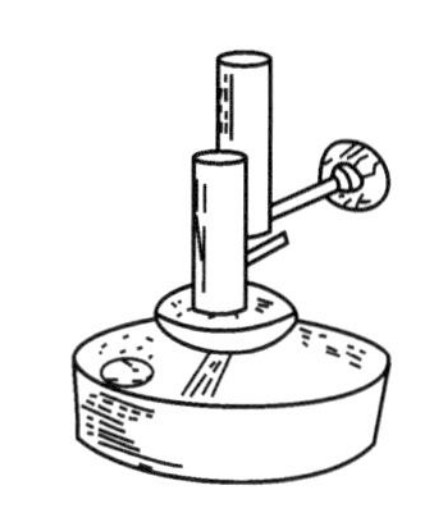

图 2-5　座式酒精喷灯

正常火焰分为 3 层：

内焰（焰心）——温度低，约为 300℃。

中层（还原焰）——不完全燃烧，并分解为含碳产物，所以这部分火焰具有还原性，称为“还原焰”。这部分温度较高，火焰呈淡蓝色。

外焰（氧化焰）——完全燃烧，过剩的空气使这一部分火焰具有氧化性，称为“氧化焰”，温度最高。最高温度处在还原焰顶端上部的氧化焰中，800～1 000℃，火焰呈淡紫色，实验时一般用氧化焰来加热（图 2-6）。

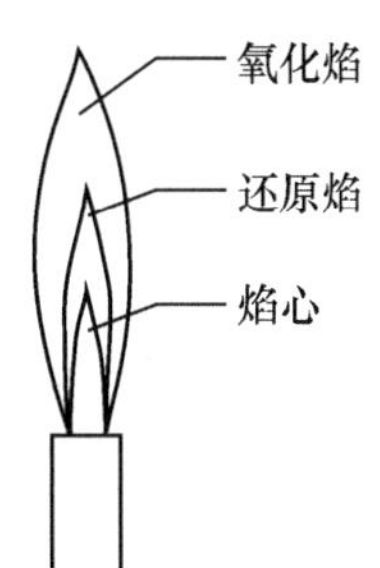

图 2-6　酒精灯的火焰温度分布

当空气进入量调节不合适时，酒精喷灯会产生不正常的火焰。

2. 加热方法

常用的受热仪器有烧杯、烧瓶、锥形瓶、蒸发皿、坩埚和试管等。这些仪器一般不能骤热，受热后也不能立即与潮湿的或过冷的物体接触，以免由于骤冷而破裂。

(1)直接加热试管中的液体或固体。加热时，应该用试管夹夹持试管，以免烫手。加热液体时试管应稍倾斜，管口向上，管口不能对着别人或自己，以免溶液在煮沸时溅到脸上，造成烫伤，液体的量不能超过试管高度的 1/3(图 2-7)。加热时，应使液体各部分受热均匀，先加热液体中部，再慢慢往下移动，然后不时地上下移动，不要集中加热某一部分，否则易造成局部沸腾而迸溅。

对试管中的固体的加热方法不同于液体，管口应略向下倾斜，使释放出来的冷凝水珠不会倒流到试管的灼热处，以防止试管炸裂(图 2-8)。

(2)灼烧。当需要在高温下加热固体时，可把固体放在坩埚中用氧化焰灼烧，不要让还原焰接触坩埚底部，以免固体在坩埚底部结成黑炭(图 2-9)。

要夹取高温下的坩埚时，必须使用干净的坩埚钳。使用前先在火焰旁预热一下坩埚钳的尖端，然后再去夹取。坩埚钳用后，应按图 2-10 所示平放在桌上，尖端朝上，保证坩埚钳尖端洁净。

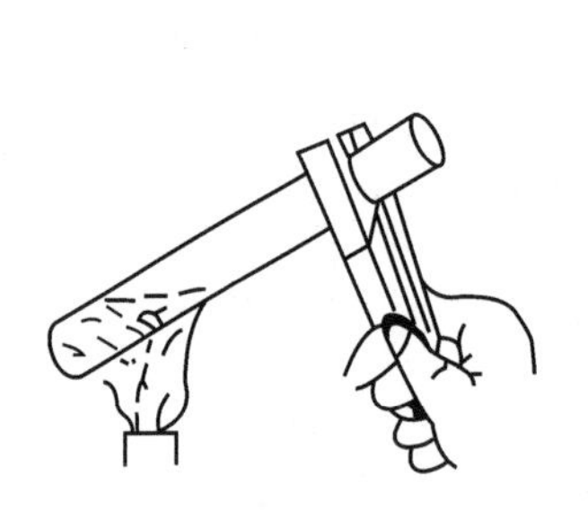

图 2-7　加热试管中的液体

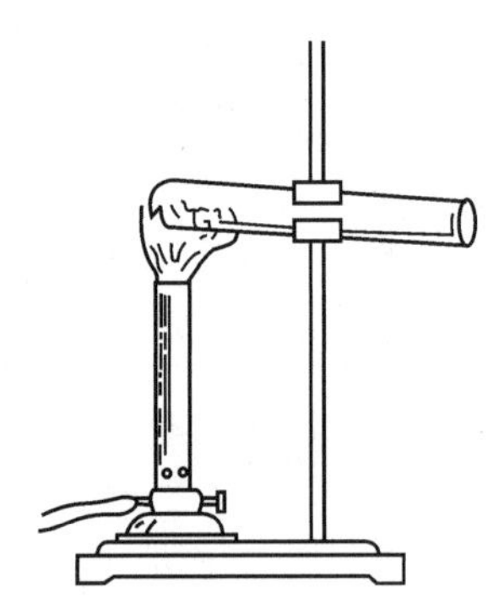

图 2-8　加热试管中的固体

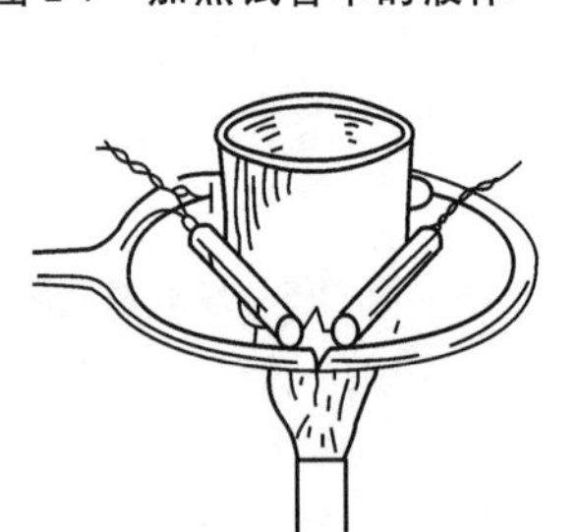

图 2-9　灼烧坩埚

图 2-10　坩埚钳

第 3 节　药品的取用

1. 液体试剂的取用

液体试剂通常盛在细口瓶中，见光容易分解的试剂如 $AgNO_3$ 应装在棕色瓶中，每个试剂瓶上都必须贴有标签，标明试剂的名称、物质的组成量度和纯度。

试剂瓶的瓶塞一般都是磨口的，最常用的是平顶塞。

(1)从试剂瓶中取用试剂的方法。取下瓶塞，把它仰放在台面上，用左手的大拇指、食指和中指拿住容器(如试管、量筒等),右手拿试剂瓶,并注意使试剂瓶上的标签对着手心,倒出所需要的试剂(图 2-11)。倒完后,立刻将试剂瓶口在容器上靠一下,再使瓶身竖直,这样可以避免残留在瓶口上的试剂从瓶口流到试剂瓶的外壁。必须注意:倒完试剂后,瓶塞立刻盖在原来的试剂瓶上,并将试剂瓶放回原处,使标签朝外。

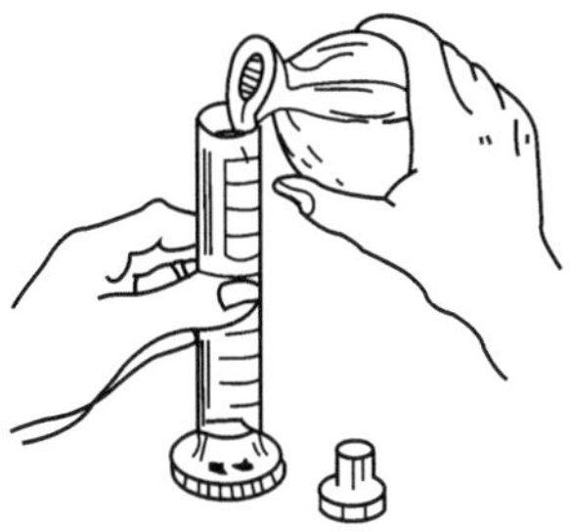

图 2-11　用量筒取液体的操作

(2)从滴瓶中取用少量试剂的方法。瓶上装有滴管的试剂瓶称为滴瓶。滴管上部装有胶头,下部为细长的管子。使用时,提起滴管,使管口离开液面,用手指捏紧滴管上部的胶头,以赶出滴管中的空气,然后将滴管伸入试剂瓶中,松开手指,吸入试剂,再提起滴管,将试剂滴入试管或烧杯中。

使用滴管时,必须注意:将试剂滴入试管中时,必须用左手垂直地拿持试管,右手拿胶头滴管,将试剂滴入试管中(图 2-12),绝对禁止将胶头滴管伸入试管中(图 2-13)。否则,滴管的管端易触碰试管壁而沾到其他溶液,污染试剂。

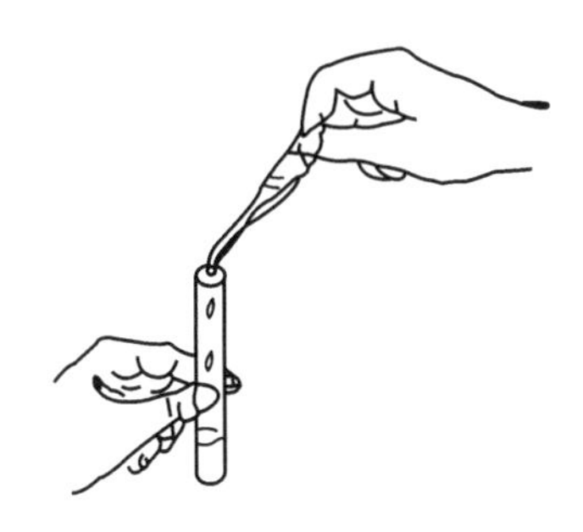

图 2-12　用滴管加少量液体的正确操作

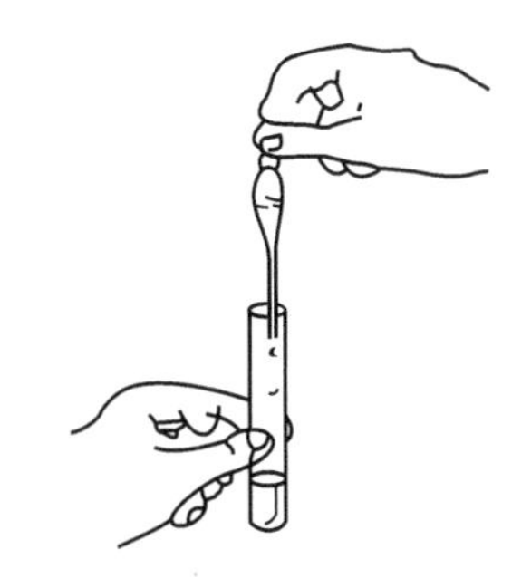

图 2-13　用滴管加少量液体的不正确操作

滴瓶上的滴管只能专用,不能与其他滴瓶上的滴管混用,因此,使用完毕应立即将滴管放回滴瓶中。

2. 固体试剂的取用

固体试剂一般都用药勺取用。药勺两端为大、小两个匙,取大量固体药品时用大匙,取少量固体药品时用小匙(取用的固体要加入小试管时,也必须用小匙)。使用的药勺必须保持干净。

实验室中药品瓶的安放,一般均有一定的次序和位置,不得任意变动,若需移动药品瓶,使用后应立即放回原处。

化学试剂是纯度较高的化学制品,按杂质含量的多少,通常分为 4 个等级,我国化学试剂等级见表 2-1。不同级别的化学试剂采用不同颜色的标签。

表 2-1　化学试剂等级

等级	一级试剂 (保证试剂)	二级试剂 (分析纯试剂)	三级试剂 (化学纯试剂)	四级试剂 (实验试剂)
符号	G. R	A. R	C. P	L. R
标签颜色	绿色	红色	蓝色	黄色
应用范围	精密分析及科学研究	一般分析及科学研究	一般实验及化学制备	一般的化学制备

第 4 节　台秤和分析天平的使用

1. 台秤的使用

台秤用于精确度不高的称量，一般能精确到 0.1 g。在称量前，首先检查台秤的指针是否停在刻度盘上中间的位置，若不在中间，可调台秤托盘下面的螺旋，使指针停在中间位置，称之为零点（图 2-14）。称量物体时，左盘放称量物，右盘放砝码。10 g（或 5 g）以上的砝码放在托盘内，10 g（或 5 g）以下是通过移动游码标尺上的游码来添加的。当游码调到台秤两边平衡，即指针停在中间的位置上，称之为停点。停点与零点之间允许偏差 1 小格以内。这时砝码（包括游码）所示的质量就是称量物的质量。

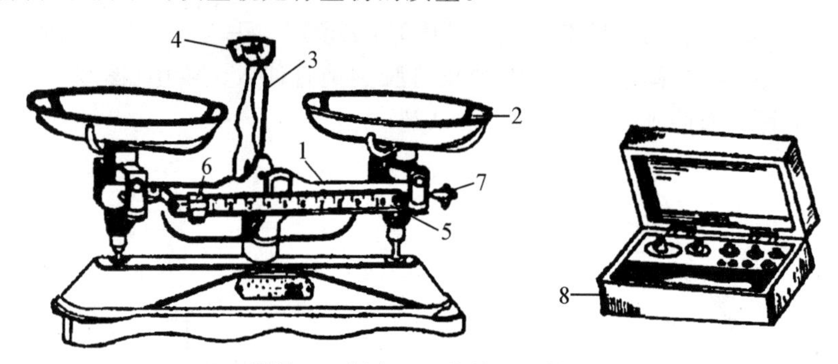

1. 横梁　2. 托盘　3. 指针　4. 刻度盘
5. 游码标尺　6. 游码　7. 调零螺母　8. 砝码盒

图 2-14　托盘天平

台秤称量时必须注意以下 4 点：

①台秤不能称量热的物体。

②称量物不能直接放在托盘上。视情况确定称量物是放在称量纸上、表面皿上还是容器中，吸湿或有腐蚀性的药品，必须放在玻璃容器中。

③称量完毕后，放回砝码，使台秤各部分恢复原状。

④保持台秤的整洁，托盘上有药品时立即擦净。

2. 电光分析天平的使用

天平是实验室经常使用的精密称量仪器，用于准确称量。天平虽然种类很多（如按使用范围可分为台秤、工业天平、分析天平和专用天平 4 类；按精密度可分为精密天平和普通天平；按结构可分为等臂双盘天平、阻尼天平、机械加码天平、电光分析天平、单臂天平和电子天平等），但其基本原理都一样，是根据杠杆原理制成的，即用已知质量的砝码来衡量物体的质量。下面介绍电光分析天平的构造及使用。

（1）电光分析天平的构造。电光分析天平的构造如图 2-15 所示，它由横梁、立柱、悬挂系统、读数系统、操作系统及天平箱构成。

横梁又称天平梁，是天平的主要部件，一般由铜或铝合金制成。梁上有 3 个三棱形的玛瑙刀，中间一个刀口向下，称支点刀。两端等距离处各有一个刀口向上的刀，称承重刀。这 3 个刀口的锋利程度决定天平的灵敏度，因此应十分注意保护刀口。横梁上两边各有一个平衡螺丝，用于调节天平的零点。梁的正中下方有一个细长的指针，指针下端固定着一个透明的缩微

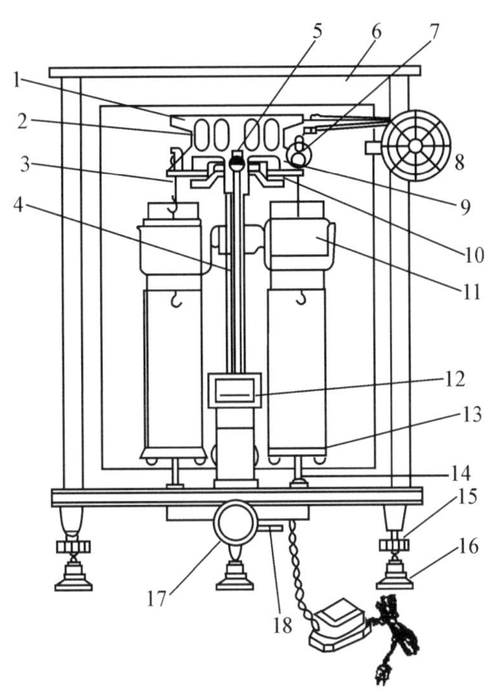

1. 横梁　2. 平衡螺丝　3. 吊耳　4. 指针　5. 支点刀　6. 框罩
7. 圈码　8. 指数盘　9. 立柱　10. 托叶　11. 阻尼器　12. 投影屏
13. 天平盘　14. 盘托　15. 螺旋脚　16. 垫脚　17. 升降旋钮　18. 调屏拉杆

图 2-15　电光分析天平的构造

标尺，称量时，通过光学读数系统可从标尺上读出 10 mg 以下的质量。

立柱是天平梁的支柱，立柱上方嵌有玛瑙平板，天平工作时，玛瑙平板与支点刀接触。天平关闭时，装在立柱上的托叶上升，托起天平梁，使刀口与玛瑙平板脱离接触，保护刀口。立柱后方有一水准器，能指示天平的水平状态。调节天平箱下方螺旋脚的高度，可使天平达到水平。

悬挂系统包括吊耳、空气阻尼器及天平盘 3 个部分。天平工作时，两个承重刀上各挂着一个吊耳，吊耳上嵌着的玛瑙平板与承重刀口接触，天平关闭时则脱开。吊耳下各挂着一个天平盘，分别用于盛放被称量物和砝码。吊耳下还分别装有两个互相套合而又互不接触的，铝合金圆筒组成的空气阻尼器，阻尼器的内筒挂在吊耳下面，外筒固定在立柱上，当天平工作时，由于空气的阻尼作用，横梁很快静止下来。

电光分析天平的机械加码装置可以添加 10～990 mg 的质量。旋转内、外层圈码指数盘，与左边刻线对准的读数就是所加的圈码质量。此外，还有光学读数系统(图 2-16)。只要旋开升降旋钮，使天平处于工作状态，天平后方灯座中的小灯泡即亮，灯光经过准直，将缩微标尺上的刻度投影到投影屏上，这时可以从投影屏上读出 0.1～10 mg 的质量。天平的操作系统除了机械加码装置外还有升降枢，它装在天平台下正中，连接托梁架、盘托和光源，由升降旋钮来控制。启动升降枢时，托梁即降下，梁上的 3 个刀口与相应的玛瑙刀承(平板)接触，盘托下降，吊耳和天平盘自由摆动，天平进入工作状态，同时也接通了电源，在屏幕上可看到标尺的投影。停止称量时，关闭升降枢，则天平梁与盘被托起，刀口与玛瑙平板脱离，天平进入休止状态，光源切断，光屏变黑。

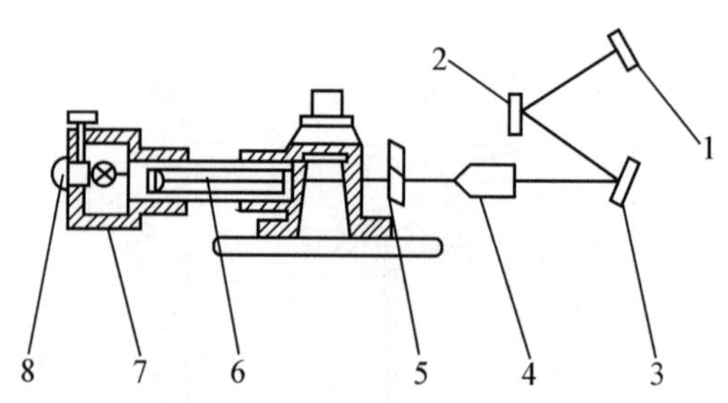

1. 投影屏　2,3. 反射镜　4. 物镜筒
5. 微分标牌　6. 聚光镜　7. 照明筒　8. 灯头座

图 2-16　光学读数装置示意图

为防止有害气体和尘埃的侵蚀，以及气流对称量的影响，天平安放在一个三面均装有玻璃门的天平箱内，取放被称量物和砝码时，应开侧门，天平的正门只在调节和维修时使用。此外，每台台式天平都附有一盒配套的砝码。为了便于称量，砝码的大小有一定的组合形式，通常以"5、2、2、1"组合，并按固定的顺序放在砝码盒中。

(2)电光分析天平的使用技术。电光分析天平是一种精密仪器，称量时一定要认真仔细。一般称量步骤如下。

①检查。称量前一定要检查天平是否处于正常状态，如天平是否水平，吊耳和圈码是否脱落，圈码指数盘是否指示 0.00 的位置，天平盘上是否有异物，箱内是否清洁等。

②调节零点。接通电源，缓慢开启升降旋钮，当天平指针静止后，调节天平零点，即观察投影屏上的刻线与缩微标尺上的 0.00 刻度是否重合。如未重合，则需关闭天平，调节天平横梁上的平衡螺丝。再开启时，可通过调节升降旋钮下面的调屏拉杆，移动投影屏位置，使之完全重合。

③称量。打开侧门，把在台秤上粗称过的称量物放在右盘中央，关好天平门，调节砝码质量(加砝码按从大到小的顺序)，慢慢开启升降旋钮，根据指针或缩微标尺偏转的方向(指针偏转方向与缩微标尺偏转的方向相反)，决定加减砝码和圈码。如指针向左偏转(标尺向右偏转)，表明物体比砝码重，应关闭升降旋钮，增加砝码后再称重。如指针向右偏转(标尺向左偏转)，表明砝码比物体重，应关闭升降旋钮，减少砝码后再称重。这样反复调整，直到开启升降旋钮时，投影屏上的刻线与缩微标尺上的刻度重合在 0.0～10.0 mg 为止。

④读数。当缩微标尺稳定后，即可读出投影屏刻线与标尺重合处的数值。其中 1 大格为 1 mg，1 小格为 0.1 mg，若刻线在两小格之间，则按四舍五入的原则取舍。读取投影屏上的读数后，立即关闭升降旋钮。

被称量物质量等于砝码重加圈码重，再加投影屏上的读数。例如，某次称量结果是：砝码重 25 g，圈码重 230 mg，投影屏上的读数为 1.6 mg(图 2-17)，则被称量物质量为：

$$25+0.230+0.001\,6=25.231\,6(\mathrm{g})$$

称量结果要立即如实地记录在记录本上。

⑤复原。称量完毕，取出被称量物，砝码指数盘回复到 0.00 的位置，清扫干净托盘，关好天平门，罩好天平的布罩。填好天平使用记录。

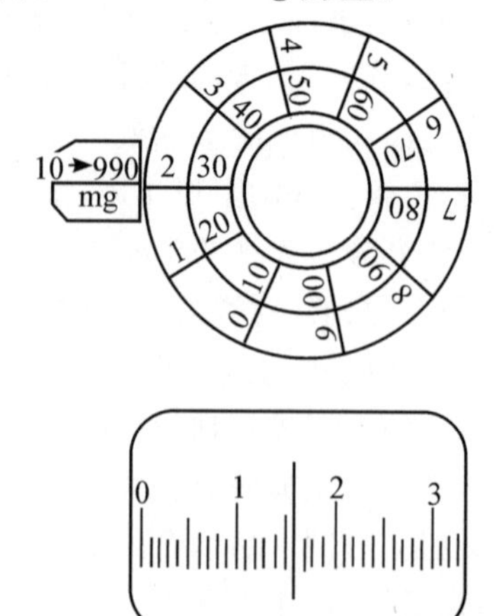

图 2-17　圈码指数盘和投影屏读数

3. 电子天平的使用

在分析实验中，常用的电子天平如图 2-18 所示，精确度为 0.000 1 g。

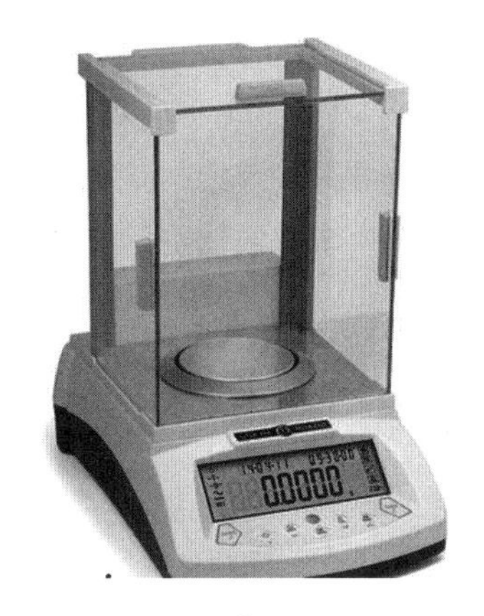

图 2-18　电子天平

(1)操作前检查

①电子天平的电源适配器是否接好电源。

②电子天平水平仪中空气泡是否在圈内中部。

(2)操作步骤

①插好电源适配器，接通电源。

②接通电源后，电子天平自动进行调整灵敏度。待显示不闪烁后，按下“POWER”键，全显示灯亮，显示 g(克)，再次按下“POWER”键，进入待机(设备预热)状态，至少预热 1 h；待电子天平稳定后，再进行灵敏度调整，即先按“CAL”键，再按“O/T”键，出现砝码标志，电子天平进入灵敏度调整。

③物体称量。待显示稳定后，显示为 0.000 0 g，轻轻划开称量室的玻璃门，将待称物放到称量盘上，关上玻璃门。显示稳定后，读取显示值。若使用容器时，先将容器放到称量盘上，关好玻璃门，待显示稳定后按“O/T”键，再次显示稳定后，显示为 0.000 0 g；再打开玻璃门，将称量的物品放入容器内，关闭玻璃门，显示稳定后，读取显示值。

④称量完毕后，若较短时间内还使用电子天平(或其他人还使用电子天平)，短按“POWER”键，电子天平进入待机状态(显示时间)。若长时间不使用电子天平，长按“POWER”键约 3 s，关闭电子天平，不必切断电源，再用时可省去预热时间。

(3)注意事项

①首次通电必须预热 60 min 以上，平时保持电子天平一直处于通电状态；不用时，长按“POWER”键关机，不要拨电源，不必担心变压器长期使用会减少其寿命。

②关上防风罩，等数值稳定了再读数。

③当变换了工作场所或环境温度发生变化，以及每连续工作 4 h 后，必须重新校正一次。

④不要冲击秤盘，勿使粉粒等异物进入中央传感器孔。

⑤使用后应及时清扫电子天平内外(切勿扫入中央传感器孔)，定期用酒精棉擦洗秤盘及防护罩，以保证玻璃门正常开关。

⑥电子天平长时间不使用时，称量室的玻璃门可稍微打开，防止产生温度差。

⑦远离空调的吹风口。避免气流和温度差对测定产生影响。

⑧称量物品时，戴好棉质手套，避免对称量结果造成误差。

⑨ 当称量固体粉末时，先将洁净干燥的称量瓶或称量纸放于秤盘的中心(以免产生偏载误差)，将粉末倒入称量瓶或称量纸中，准备读数。

当称量液体时，需预先估测容器质量，选择适宜的量程，勿超量程称量。如称重液体具有挥发性，宜用配有塞子的长颈量瓶，量瓶中预先加有适量的难挥发性溶剂。将量瓶放于秤盘的中心，按清零键除去皮重，将量瓶从电子天平上取下，用适宜的方法加入称重液体，盖紧瓶塞，再将量瓶放于秤盘的中心，准备读数。

⑩对于从干燥箱或冰箱中取出的样品，需待样品温度与电子天平室温度一致后，再进行称量。

⑪磁性材料不要放在电子天平附近。

(4)电子天平的日常维护

①用软毛刷去除称量盘及称量室内残留物质,保持称量室内清洁。

②尽量使用小的称量容器,避免超量程。

③称量结束后,及时移去载荷,并清零。

④清洁之前,使电子天平处于待机状态,拆下秤盘等可移动部件。

⑤不要将污染物引入电子天平缝隙中,影响电子天平传感器的灵敏度。

第5节　溶解、结晶与固液分离

1. 固体的溶解

当固体物质溶解于溶剂中时,如固体颗粒太大,可在研钵中研细。溶解时常用搅拌、加热等方法加快溶解。搅拌时不能太猛烈,也不能使搅拌棒触及容器底部及杯壁。如果要加热,应视物质的热稳定性选用直接加热或水浴加热。

在试管中溶解固体时,可用振荡试管的方法促进溶解。振荡时不能上下振荡,也不能用手指堵住管口来回振荡。

2. 蒸发浓缩

当溶液很稀而所制备的无机物的溶解度较大时,为了能从中析出该无机物的晶体,必须加热,使水分不断蒸发,溶液不断浓缩。蒸发到一定程度时冷却,就可析出晶体。当物质的溶解度较大时,必须蒸发到溶液表面出现晶膜时才停止加热。如果物质的溶解度较小或高温时溶解度较大而低温时溶解度较小,不必蒸发到溶液表面出现晶膜就可以停止加热。蒸发是在蒸发皿中进行的,蒸发的面积较大,有利于快速浓缩。若无机物对热较稳定,可以用酒精灯直接加热(应先均匀预热),或用水浴间接加热。

3. 结晶与重结晶

大多数物质的溶液蒸发到一定浓度下冷却,就会析出物质的结晶,析出晶体的颗粒大小与结晶条件有关。如果溶液的浓度较高,溶质在水中的溶解度随温度下降而显著减小时,冷却得越快,析出的晶体越细小,否则就得到较大颗粒的结晶。搅拌溶液和静置溶液,可以得到不同的效果。前者有利于细小晶体的生成,后者有利于大晶体的生成。

若溶液易发生过饱和现象,可以用搅拌、摩擦器壁或投入几粒小晶粒的方法,使形成结晶中心,过量的物质就会全部结晶析出。

如果第一次结晶所得物质的纯度不符合要求,可进行重结晶。其方法是:在加热情况下使被纯化的物质溶于一定量的水中,形成饱和溶液,趁热过滤,除去不溶性杂质,然后使滤液冷却,被纯化物质即结晶析出,而杂质则留在母液中,过滤即得到较纯净物质。若一次重结晶达不到要求,可再次重结晶。重结晶是提纯固体物质的重要方法之一,它适用于溶解度随温度变化有显著变化的化合物,变化不显著的化合物不适用。

4. 固液分离、沉淀的洗涤

固液分离一般有3种方法:倾析法、过滤法和离心分离法。

(1)倾析法。当沉淀的结晶颗粒较大或比重较大,静置后容易沉降至容器的底部时,可用倾析法分离洗涤。倾析的操作与转移溶液的操作是同时进行的。洗涤时,可往盛有沉淀

的容器内加入少量洗涤剂(常用的有蒸馏水)，充分搅拌后静置，沉降，再小心地倾析出洗涤液，如此重复操作 2～3 遍，即可洗净沉淀。

(2)过滤法。过滤法是最常用的分离方法之一。当溶液和沉淀的混合物通过过滤器时，沉淀就留在滤纸上，溶液则通过过滤器而滤入接收的容器中。过滤所得的溶液叫滤液。

溶液的温度、黏度，过滤时的压力和沉淀物的状态，都会影响过滤的速度。热的溶液比冷的溶液容易过滤。溶液的黏度越大，过滤的速度越慢。减压过滤比常压过滤快，沉淀若为胶状，必须先加热一段时间来破坏它，否则它能透过滤纸。总之，要考虑各方面的因素来选用不同的过滤方法。常用的 3 种过滤方法有常压过滤、减压过滤以及热过滤。

①常压过滤。此法最为简便和常用。先把滤纸折叠成 4 层，展开成圆锥形(图 2-19a)。如果漏斗的规格(图 2-19b)不标准(非 60°角)，滤纸和漏斗就不密合，这时需要重新折叠滤纸，把它折成一个适合的角度。然后将滤纸放入漏斗中，滤纸边缘应低于漏斗边缘(图 2-19c)。用食指将滤纸按在漏斗内壁上，用少量水将滤纸润湿，轻压滤纸赶去气泡。向漏斗中加水至滤纸边缘，这时漏斗颈内应全部充满水，形成水柱。液柱的重力可起抽滤作用，使过滤速度大为加快。若不形成水柱，可能是滤纸没有紧贴，或者是漏斗颈不干净，这时应重新处理。

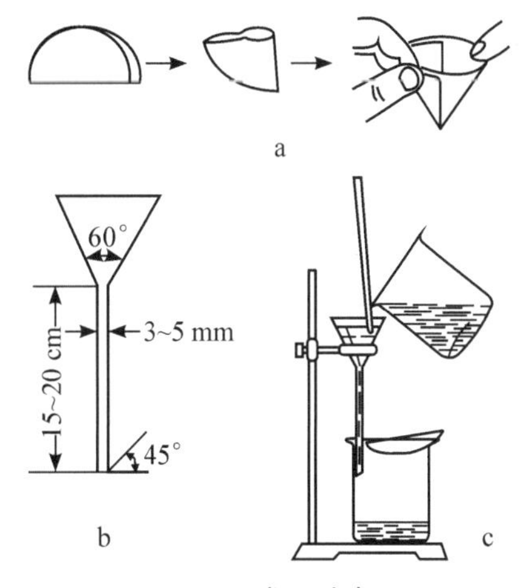

图 2-19　常压过滤

过滤时应注意：漏斗应放在漏斗架上，漏斗颈要靠在接收容器的内壁上；先转移溶液，后转移沉淀。转移溶液时，应把它滴在 3 层滤纸折叠处，并用玻璃棒引流，每次转移量不能超过滤纸高度的 2/3。

如果需要洗涤沉淀，待溶液转移完毕后，往盛有沉淀的容器中加入少量洗涤剂，充分搅拌后静置，待沉淀下沉后，将洗涤液转入漏斗，如此重复操作 2～3 遍。洗涤时应采取“少量多次”原则，洗涤效率才高。检查滤液中杂质含量，可以判断沉淀是否已经干净。

②减压过滤(简称“抽滤”)。减压过滤可缩短过滤时间，并可把沉淀抽得比较干爽，但它不适用于胶状沉淀和颗粒太细沉淀的过滤。

抽滤装置如图 2-20 所示，利用水泵中急速的水流不断将空气带走，从而使吸滤瓶中的压力减小，在布氏漏斗内的液面与吸滤瓶内造成压力差，提高了过滤速度。在连接水泵和吸滤瓶之间安装一个安全瓶，用以防止因关闭水阀或水泵后流速的改变引起的自来水倒吸，自来水进入吸滤瓶会将滤液污染并冲稀。因此，在停止过滤时，应首先从吸滤瓶上拔掉橡胶管，然后再关闭自来水龙头，以防止自来水吸入瓶内。

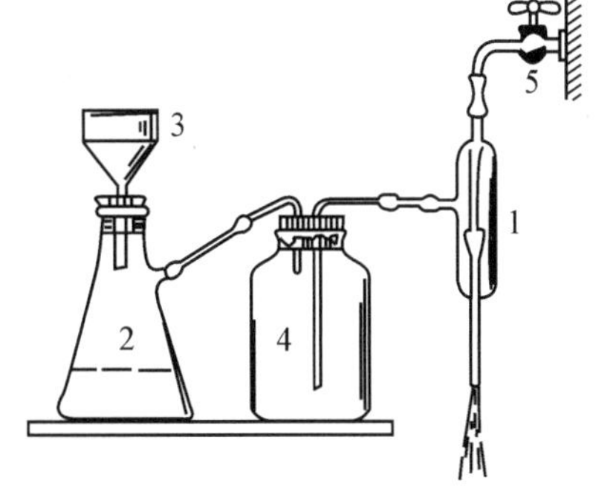

1. 水泵　2. 吸滤瓶　3. 布氏漏斗
4. 安全瓶　5. 自来水龙头

图 2-20　减压过滤装置

吸滤用的滤纸应比布氏漏斗的内径略小，但应能遮盖全部瓷孔。将滤纸放入并湿润后，慢慢地打开自来水龙头，先稍微抽气使滤纸贴紧，然后用玻璃棒往漏斗内转移溶液，注意加入的溶液不要超过漏斗容积的 2/3。开大水龙头，等溶液流完后再转移沉淀，继续减压过滤，直到沉淀抽干。滤毕，先拔掉橡胶管，再关水龙头。用玻璃棒轻轻揭起滤纸边缘，取出滤纸和沉淀。滤液则由吸滤瓶的上口倾出。

洗涤沉淀时，应关小水龙头或暂停抽滤，加入洗涤剂使其与沉淀充分接触后，再开大水龙头将沉淀抽干。

有些浓的强酸、强碱或强氧化性的溶液，过滤时不能使用滤纸，因为它们会与滤纸发生化学反应而破坏滤纸。这时可用的确良布或尼龙布代替滤纸。另外，浓的强酸溶液也可用烧结漏斗（也叫砂芯漏斗）过滤，这种漏斗在化学实验中常见的规格有 4 种，即 G-1、G-2、G-3、G-4，G-1 的孔径最大，可以根据沉淀颗粒不同来选用。但它不适用于强碱性溶液的过滤，因强碱会腐蚀玻璃。

③热过滤。如果溶液中的溶质在温度下降时容易析出大量晶体，但不希望它在过滤过程中留在滤纸上时，就要趁热进行过滤。过滤时可把玻璃漏斗放在铜质的热过滤漏斗中（图 2-21），热过滤漏斗内装有热水，以维持溶液的温度。

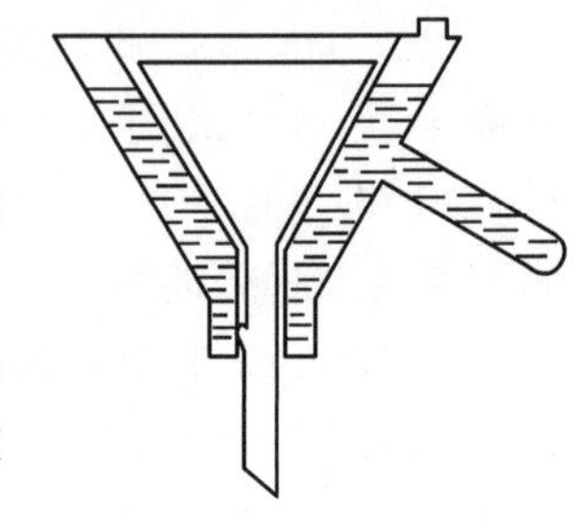

图 2-21　热过滤漏斗

也可以在过滤前将普通漏斗放在水浴上用蒸汽加热，然后使用。此法较简单易行。另外，热过滤选用的漏斗的颈部越短越好，以免过滤时溶液在漏斗颈内停留过久，因散热降温，析出晶体而发生堵塞。

（3）离心分离法。当被分离的沉淀的量很少时，可以使用离心分离法。实验室常用的离心仪器有手摇离心机（图 2-22）和电动离心机（图 2-23）。将盛有沉淀和溶液的离心管放在离心机管套中，开动离心机，沉淀受到离心力的作用迅速聚集在离心管的尖端而与溶液分开，用滴管将溶液吸出。如需洗涤，可在沉淀中加入少量溶剂，充分搅拌后再离心分离，重复操作 2～3 遍即可。

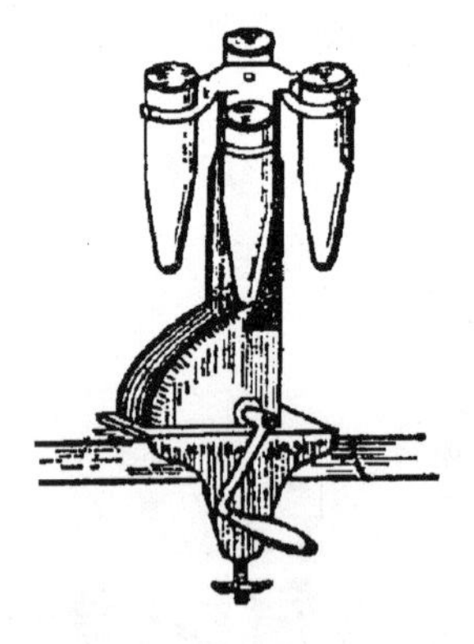

图 2-22　手摇离心机

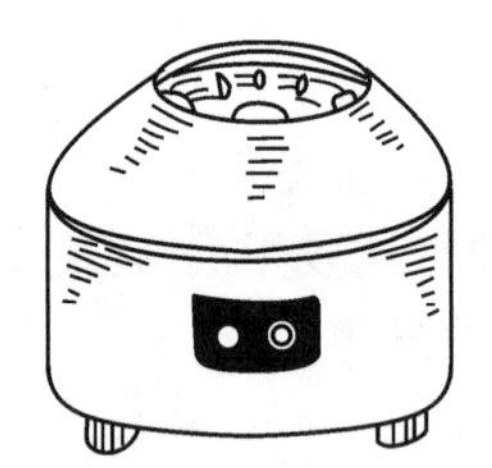

图 2-23　电动离心机

使用离心机时应注意：

①离心机管套底部预先放少许棉花或泡沫等柔性物质，以免旋转时打破离心管。

②为使离心机在旋转时保持平衡，离心管要放在对称位置上。如果只处理一支离心管，则在对称位置上也要放一支装有等量水的离心管。

③开动离心机应从慢速开始，运转平稳后再转到快速。关机时要任其自然停止转动，决不能用手强制它停止运转。

④转速和旋转时间视沉淀性状而定。一般晶形沉淀以 1 000 r/min，离心 1～2 min 即可，非晶形沉淀以 2 000 r/min，离心 3～4 min。

⑤如发现离心管破裂或振动太厉害须停止使用。

5. 固体的干燥

如果分离出来的沉淀对热是稳定的，那么需要干燥时，可把沉淀放在表面皿上，在电烘箱中烘干。也可把它放在蒸发皿内，用水浴或酒精灯加热烘干。

有些带结晶水的晶体，不能烘烤，可以用有机溶剂洗涤后晾干。

有些易吸水潮解或需要长时间保持干燥的固体，应放在干燥器内。

干燥器是一种具有磨口盖子的厚质玻璃器皿，磨口上涂有一层薄薄的凡士林，以防止水汽进入。底部装有干燥剂(常用变色硅胶、无水氯化钙等)，中间放置一块带孔的圆形瓷板，用以承接被干燥物品。开启干燥器时，左手按住干燥器的下部，右手按住盖顶，向左前方推开盖子(图 2-24)。加盖时，也应当拿着盖顶，平推着盖好。

温度很高的物体应稍微冷却再放入干燥器内，放入后，要在短时间内打开盖子 1～2 次，以调节干燥器内气压。

搬动干燥器时，应用两手的拇指同时按住盖子，防止盖子滑落而打破(图 2-25)。

图 2-24　开启干燥器的操作

图 2-25　搬动干燥器的操作

第 6 节　气体的发生、净化、干燥和收集

1. 气体的发生

实验室中常用启普发生器来制备 H_2、CO_2 和 H_2S 等气体。启普发生器由一个葫芦状的玻璃容器、球形漏斗和导气管活塞 3 部分组成(图 2-26)。固体药品放在中间圆球内(可通过中间球体的侧口或上口加入，加入固体的量以不超过球体容积的 1/3 为宜)，放固体之前可在中间圆球内放一些玻璃丝来承受固体，以免固体掉至下部球内。酸液从球形漏斗加入，加酸时应先打开导气管活塞，加入的酸一旦与固体接触，立即关闭导气管活塞，继续加酸至球形漏斗上部球体的 1/4～1/3 处。

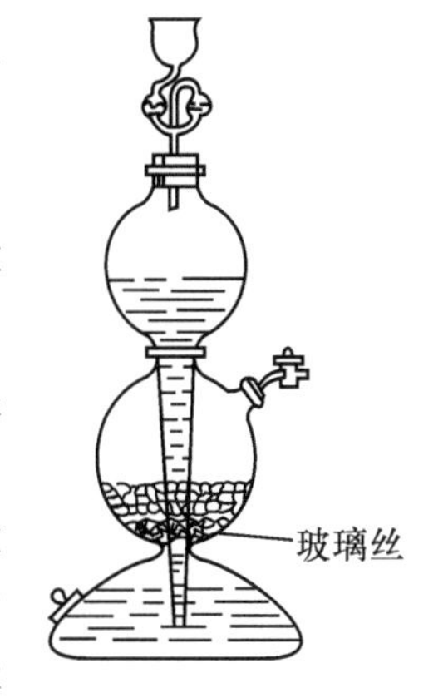

图 2-26　启普发生器

使用时，打开导气管活塞，由于压力差，酸液自动下降进入中间球内，与固体接触而产生气体。停止使用时，只要关闭活塞，继续产生的气体就会把酸液从中间球内压入下部球及球形漏斗内，使酸液与固体脱离接触而停止反应。下次使用时，只要重新打开活塞即可产生气体，

使用十分方便。

当启普发生器内的固体即将用完或酸液浓度降低，产生的气体量不够时，应补充固体或更换酸液。补充固体时，应关闭导气管活塞，使球内酸液压至球形漏斗中，使之与固体脱离接触，然后用橡胶塞塞紧漏斗的上口，拔下导气管上的塞子，从侧口加入固体。更换酸液时，可先关闭导气管活塞，使废液压至球形漏斗中，用移液管将废液吸出，或从下部球的侧口放出废液（若从下口放出废液，应先用橡胶塞塞紧球形漏斗口，将发生器仰放在废液缸上，使下口塞附近无酸液，再拔下塞子，下倾发生器，使废液慢慢流出）。当废液流完后，可从球形漏斗加入新的酸液（更换酸液时，应戴上橡胶手套）。

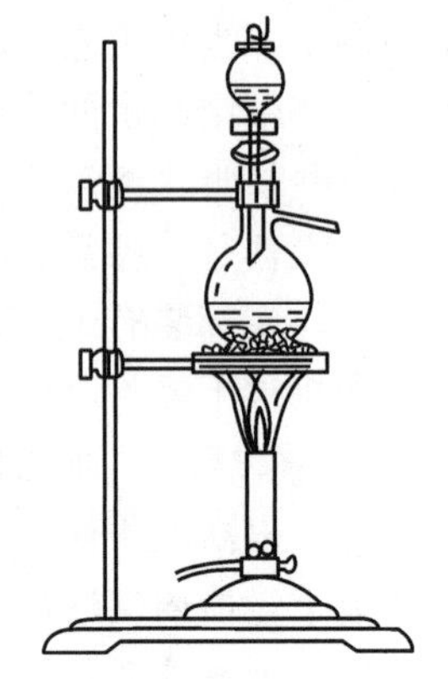

图 2-27　发生气体的装置

启普发生器不能加热，装入的固体反应物必须是较大的颗粒，不适用于小颗粒或粉末状的固体反应物。所以制备 HCl、Cl_2、SO_2 等气体时不能使用启普发生器，而改用图 2-27 所示的气体发生装置。

将固体加在蒸馏瓶内，将酸液装在分液漏斗中。使用时，打开分液漏斗下面的活塞，使酸液均匀地滴到固体上，就能发生反应产生气体。当反应缓慢或不产生气体时，可以微微加热。如果加热后仍不发生反应，则须要更换固体药品。

在实验中，如果用到大量气体，可使用气体钢瓶。气体钢瓶中的气体是在一些工厂中充入的，如氧气、氮气、氩气来源于液态空气的分离；氢气来源于水的电解；氯气来源于烧碱工厂；氨气来源于合成氨工厂等。各种钢瓶均涂有不同颜色的油漆以示区别。如氧气钢瓶是蓝色的，氯气钢瓶是草绿色（白色横条）的，氢气钢瓶是深绿色（红色横条）的，氨气钢瓶是黄色的，氮气钢瓶是黑色（棕色横条）的，氩气钢瓶是灰色的。使用时须认清各种标志，不要用错气体。

气体钢瓶一般应存放在阴凉、干燥、无易燃易爆品、远离热源的地方，搬放时应轻拿轻放，避免撞击。绝对不可使油或其他易燃有机物沾在瓶上（尤其是气门嘴和减压阀部位）。

2. 气体的净化和干燥

实验室制备的气体常常带有酸雾和水汽，所以在要求高的实验中就要求净化和干燥。通常酸雾可用水或玻璃棉除去，然后可根据气体的性质选用浓硫酸、无水氯化钙、固体 NaOH 和硅胶等干燥剂吸去水汽。液体（如水、浓硫酸）一般装在洗气瓶内（图 2-28），固体（如无水氯化钙、硅胶等）则装在干燥塔中（图 2-29），气体中如还含有其他杂质，则应根据不同情况采用不同试剂吸收。

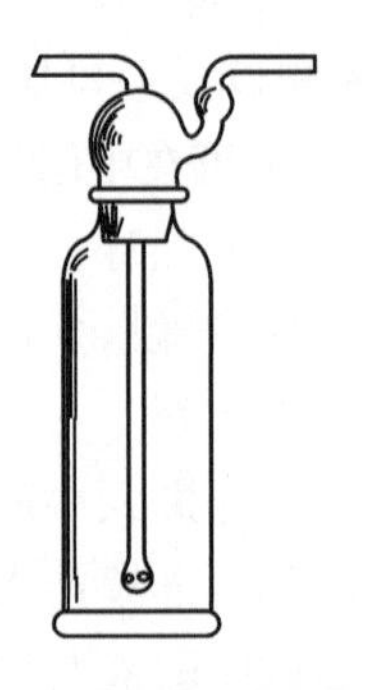

图 2-28　洗气瓶

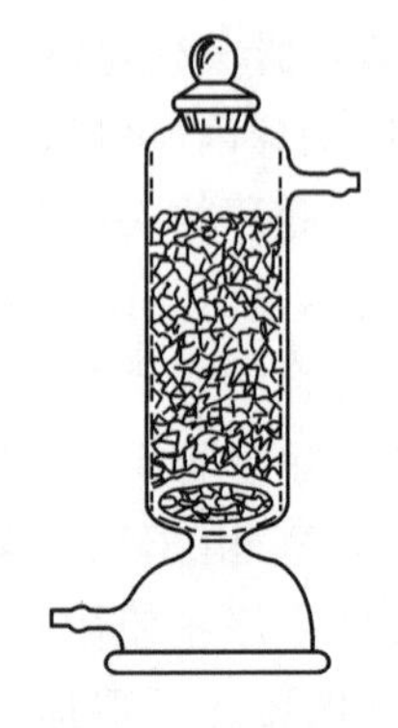

图 2-29　干燥塔

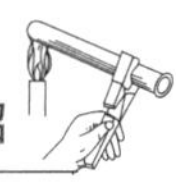

3. 气体的收集

(1)在水中溶解度很小的气体(如氢气、氧气),可用排水集气法收集(图 2-30)。

(2)易溶于水而比空气轻的气体(如氨气),可用瓶口向下的排空集气法收集(图 2-31)。

(3)能溶于水而比空气重的气体(如氯气、二氧化碳),可用瓶口向上的排空集气法收集(图 2-32)。

图 2-30　排水集气法　　图 2-31　向下排空集气法　　图 2-32　向上排空集气法

第 7 节　普通温度计和试纸的使用

1. 普通温度计的使用

普通温度计一般用玻璃制成,下端的水银球与上面一根内径均匀的厚壁毛细管相连通。管上刻有表示温度的刻度。分度为 1 K(或 2 K)的温度计一般可估计到 0.1 K(或 0.2 K)的读数。分度为 1/10 K 的温度计可估计到 0.01 K 的读数。

每支温度计都有一定的测温范围,通常以最高的刻度来表示。如 423 K、523 K、633 K 等。假如用石英代替玻璃制成温度计,可测到 893 K。任何温度计都不能用于测量超过它的量程的温度。温度计的水银球玻璃壁很薄,容易破碎。使用时须轻拿轻放,更不可用作搅拌棒。测量液体温度时,要使水银球完全浸在液体中,注意勿使水银球接触容器的底部或器壁。刚测量过高温的温度计,切不可立即用冷水冲洗。

温度计的水银球一旦被打破,洒出水银,应先用滴管尽可能将其收集起来,最后用硫黄粉覆盖在有汞溅落的地方,并摩擦之,使汞转化为难挥发的硫化汞。

2. 试纸的使用

(1)石蕊试纸和 pH 试纸。石蕊试纸和 pH 试纸都是用以检验溶液的酸碱性的。使用石蕊试纸时,可先将石蕊试纸剪成小块,放在干燥清洁的点滴板或表面皿上,再用玻璃棒蘸取待测的溶液,滴在试纸上,于 30 s 内观察试纸的颜色(酸性显红色,碱性显蓝色),不得将试纸投入溶液中进行实验。检查挥发性物质的酸碱性时,可先将石蕊试纸用蒸馏水润湿,然后将其悬放在气体出口处,观察试纸颜色变化。

pH 试纸有两类,一类是广泛 pH 试纸,变色范围为 1～14,用以粗略检验溶液的 pH。另一类是精密 pH 试纸,用以较精密检验溶液的 pH。它的种类很多,可根据不同要求选用。使用 pH 试纸的方法与使用石蕊试纸大致相同,差别在于:检验显色后 30 s 以内,须将所显示的颜色与标准色阶相比较,才能知道其 pH。广泛 pH 试纸的色阶变化为 1 个 pH 单位,精密 pH 试纸的色阶变化为小于 1 个 pH 单位。

试纸应密闭保存,不能用沾有酸性或碱性溶液的湿手去取试纸,以免试纸变色。

(2)醋酸铅试纸。用以定性检验反应是否有 H_2S 气体产生。此试纸用醋酸铅溶液浸泡过,使用时要用蒸馏水润湿试纸,将其悬放在试管口,如有 S^{2-},则生成的 H_2S 气体遇到试纸生成黑色的硫化铅沉淀,而使试纸呈黑褐色并有金属光泽。若溶液中 S^{2-} 浓度太低,不容易检出。

(3)碘化钾-淀粉试纸。用以定性检验氧化性气体(如 Cl_2、Br_2 等),试纸用碘化钾-淀粉溶液浸泡过,使用时要用蒸馏水润湿试纸,将其悬放在试管口,氧化性气体遇到试纸,将 I^- 氧化为 I_2,I_2 即与试纸上的淀粉作用而使试纸变蓝。有时试纸变蓝后又褪色,这是因为气体氧化性太强而使 I_2 进一步氧化为 IO_3^-,并不影响检验。

第3篇　无机化学实验部分

实验1　基本操作

一、实验目的

1. 熟悉常用玻璃器皿的名称、用途以及使用方法。

2. 掌握玻璃器皿的洗涤方法、试剂的取用以及台秤的使用方法。

二、实验内容

1. 辨认器皿

按"实验室仪器清单"辨认器皿，熟悉每件器皿的名称、规格、用途，并了解其注意事项。辨认时，如发现缺少和破损仪器，要立即报告老师处理。将实验用到的器皿放到实验桌上，不用的按原位放好。

2. 基本操作

(1)玻璃器皿的洗涤。实验室所用的玻璃器皿，往往其表面附有油脂和其他污垢，只用水不能洗净，可用毛刷沾上去污粉等碱性物质洗刷，用自来水清洗后再用蒸馏水冲洗干净。如用去污粉仍洗不干净，可用洗液洗涤。将热的洗液倒入玻璃容器中，慢慢转动使其各部分都沾到(注意：用洗液洗时，不要用毛刷刷洗，以免损耗毛刷)。洗净后将洗液倒回原瓶中，然后用自来水将仪器冲洗干净。

按照以上方法，洗涤试管2支，烧杯、量筒、容量瓶(100 mL)、移液管(25 mL)各1件。

(2)化学试剂的辨认。我国化学试剂分为4个等级，即保证试剂(G. R)、分析纯试剂(A. R)、化学纯试剂(C. P)和实验试剂(L. R)。

必须指出的是，试剂纯度提高一级，在生产上需要增加多道工序，因而价格昂贵得多。不考虑实际工作需要，而滥用保证试剂和分析纯试剂，不仅浪费，而且也是缺乏科学知识的表现。使用过高纯度的试剂或使用纯度不够要求的试剂都是错误的。

各种试剂均有不同的包装，特别贵重或用量极少的试剂，每瓶仅1 g；在大型的实验室中，常用的试剂(如氨水、乙醇等)应购大包装的，每瓶5 kg，常见的每瓶500 g。

固体试剂装在广口瓶中，液体试剂则盛在细口瓶中，见光易分解的试剂(如$AgNO_3$等)应装在棕色的试剂瓶中，每个试剂瓶上都贴有一张标签，标明试剂的名称、纯度和浓度等。

试辨认不同等级的各种试剂(从瓶色、瓶塞和标签上的标记辨认)。

(3)用台秤称量。取表面皿一个，按实验讲义操作技术中关于台秤的使用方法，对其进行称量，准确记录到小数点后一位数(即精确到0.1 g)。

(4)其他的操作训练。

①练习用酒精灯对试管中的水(1/3体积)加热。

②用量筒量取 5、10、15、20 mL 水。

③用滴管从试剂瓶中取稀盐酸 10 滴到试管中。

④用移液管移取 20 mL 水到容量瓶中，然后定容到 100 mL。

三、现象及数据的记录、处理

1. 各种试剂外观的观察记录

将不同试剂的外观特征填入表 3-1。

表 3-1 不同试剂的外观特征

试剂名称	瓶色	瓶塞	试剂品级	标签颜色
无水乙醇				
氯化铵				
无水碳酸钠				
磷酸三钙				

A. R 硫酸的外观是________________，工业用硫酸的外观是________________。

2. 台秤使用记录

表面皿质量＝砝码质量＋游码质量＝________________ g。

四、思考题

1. 玻璃器皿怎样才能洗净？怎样才算洗净？

2. 使用台秤时要遵守哪些规则？

实验 2 氯化钠的提纯

一、实验目的

1. 通过氯化钠的提纯，初步掌握几种常见仪器的用法，并正确掌握称量、溶解、过滤、蒸发等基本操作技术。

2. 通过实验操作了解提纯无机化合物的基本方法。

二、仪器、试剂和材料

1. 仪器

台秤及砝码、100 mL 烧杯 2 个、10 mL 以及 100 mL 量筒各 1 个、酒精灯 1 盏、玻璃棒、胶头滴管 2 支、漏斗 1 个、75 mL 蒸发皿 1 个、表面皿 1 个、漏斗架 1 个、石棉网 1 个、铁架台 1 个、铁圈 1 个。

2. 试剂

粗盐、6 mol/L HCl、1 mol/L $BaCl_2$、饱和 Na_2CO_3。

3. 材料

pH 试纸、滤纸等。

三、实验原理

普通食盐中常含有难溶性杂质以及可溶性(如 Ca^{2+}、Mg^{2+}、K^{+}、SO_4^{2-} 等)杂质，前者系一些机械混合物(如沙、石和难溶盐等)，可借过滤方法除去。后者则要用化学方法去除：在溶液中加入 $BaCl_2$ 可除去 SO_4^{2-}，而 Ca^{2+}、Mg^{2+} 以及多余的 Ba^{2+} 则可用饱和 Na_2CO_3 将其沉

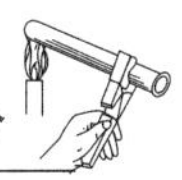

淀，过量的 Na_2CO_3 可用 HCl 中和而又不带入其他离子。经过这一系列操作后，能得到纯净的氯化钠。实验中有关的化学反应如下：

$$Ba^{2+} + SO_4^{2+} = BaSO_4 \downarrow$$

$$Ca^{2+} + CO_3^{2-} = CaCO_3 \downarrow$$

$$2Mg^{2+} + 2CO_3^{2-} + H_2O = Mg_2(OH)_2CO_3 \downarrow + CO_2 \uparrow$$

$$Ba^{2+} + CO_3^{2-} = BaCO_3 \downarrow$$

$$Na_2CO_3 + HCl = 2NaCl + CO_2 \uparrow + H_2O$$

四、实验步骤

1. 称量

在台秤上称取 5.0 g 左右的粗食盐，放入 100 mL 烧杯中，并将准确质量记录在实验预习报告纸上。再准确称量洗净干燥的蒸发皿和玻璃棒的总质量，并记录其质量。

2. 溶解

用量筒量取 18 mL 左右的水，倒入盛有粗盐的 100 mL 烧杯中，用玻璃棒轻轻搅拌并加热使其溶解，如有少量不溶性杂质，也不必过滤，继续下一步实验。

3. 沉淀

在上述溶液中用胶头滴管逐滴加入 1 mol/L $BaCl_2$ 溶液 20～25 滴(约 1 mL)，充分搅拌，并加热使生成的沉淀沉降，然后沿杯壁在上部清液中加 2～3 滴 $BaCl_2$ 溶液，观察是否出现浑浊，若出现浑浊，表明 SO_4^{2-} 尚未被除净，应在原溶液中继续加入 $BaCl_2$ 溶液 10～20 滴，直到检查 SO_4^{2-} 完全被除干净为止。将带有沉淀的溶液加热至沸腾，即可按下述操作过滤。

4. 过滤

为了除去食盐溶液中的难溶沉淀物，可以借助过滤方法，具体操作参照前文相关章节。取一张圆形滤纸，大小与漏斗合适，对折两次，挑开一层即呈圆锥形，内角正好呈 60°，一面是 3 层，一面是 1 层。然后把该圆锥形滤纸紧贴在漏斗里，用左手按住滤纸，右手持洗瓶，挤入少量蒸馏水使滤纸湿润，将漏斗放在漏斗架上，下面承以小烧杯即可将溶液过滤，过滤操作要注意“两低三靠”。将溶液倾完后，用少量蒸馏水洗烧杯 1～2 次，每次水洗的洗涤液也要完全滤入小烧杯中。

5. 再沉淀和过滤

将滤除 $BaSO_4$ 及不溶性杂质的滤液进行再沉淀。在滤液中缓缓加入 2.5 mL 饱和 Na_2CO_3 溶液，并充分搅拌，加热至沸腾，在上部清液中再加入 2～3 滴 Na_2CO_3 溶液，检查是否沉淀完全。必要时可再加入 Na_2CO_3 溶液数滴，直至检查不显浑浊为止。将带有沉淀的溶液加热至沸腾，再过滤一次。滤液即为已除尽杂质离子的 NaCl 碱性溶液。

6. 中和

在上述滤液中，在轻轻搅拌下，逐滴加入 6 mol/L HCl 溶液，以除去多余的 CO_3^{2-}，同时检查其 pH，直至 pH 为 6～7 时为止。

7. 蒸发干燥

将滤液倒入蒸发皿中，用小火加热蒸发，并不断搅拌，当浓缩至稀粥状的稠液时，在蒸发皿下垫上石棉网，用小火加热干燥。冷却，称取蒸发皿加玻璃棒及 NaCl 总质量。

8. 计算

根据前后称量结果可算出粗盐中 NaCl 含量，计算公式为：

$$w(\text{NaCl})=\frac{m(\text{NaCl})}{m_{\text{粗食盐}}}\times 100\%$$

五、数据记录及结果处理

粗食盐质量:________________(单位:g);

蒸发皿质量+玻璃棒质量________________(单位:g);

蒸发皿质量+玻璃棒质量+纯 NaCl 质量:________________(单位:g);

纯 NaCl 质量:________________(单位:g);

粗食盐中纯 NaCl 的质量分数:________________(单位:%)。

六、思考题

1. 在过滤操作中,要注意"两低三靠","两低"指的是什么?"三靠"指的是什么?
2. 为什么要先加入 $BaCl_2$,后加入 Na_2CO_3? 相反行不行?
3. 为什么在 NaCl 溶液中加入 $BaCl_2$ 溶液(或 Na_2CO_3)后要加热至沸腾?
4. 如果先加入 Na_2CO_3,如何才能检验 SO_4^{2-} 是否存在?

实验 3　硝酸钾的制备

一、实验目的

1. 观察和验证盐类溶解度和温度的关系。
2. 制备硝酸钾晶体。
3. 练习减压过滤等有关操作。

二、仪器和试剂

1. 仪器

台秤、布氏漏斗、抽滤瓶、100 mL 烧杯、酒精灯、漏斗、漏斗架、玻璃棒、石棉网、铁架和铁环。

2. 试剂

固体 $NaNO_3$、固体 KCl。

三、实验原理

本实验用硝酸钠与氯化钾作用来制备硝酸钾:

$$NaNO_3 + KCl = NaCl + KNO_3$$

在无机化合物制备中,常利用各种盐类溶解度不同这一特点分离制备化合物。溶解度越小的盐,结晶越容易析出。上述反应中,4 种盐在不同温度下的每 100 g 水中盐的溶解度如表 3-2 所示。

表 3-2　不同温度下 4 种盐在水中的溶解度　　g/100 g

盐	温度/℃						
	0	10	20	30	50	80	100
KNO_3	13.9	21.2	31.6	45.4	83.5	167.0	245.0
NaCl	35.7	35.7	35.8	36.1	36.8	38.0	39.2
KCl	27.6	31.0	34.0	37.0	42.6	51.1	56.2
$NaNO_3$	73.3	80.8	83.0	95.0	114.0	148.0	175.0

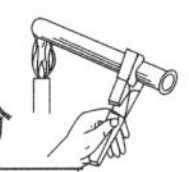

由表3-2可知，在高温下，NaCl的溶解度最小（NaCl的溶解度随温度变化甚微），能结晶析出，可趁热滤除。这时KNO_3、$NaNO_3$和KCl仍留在溶液中，将滤液冷却，因低温时KNO_3溶解度最小，冷却后则有KNO_3晶体析出，而$NaNO_3$和KCl仍留在溶液中，得以分离除去。

四、实验步骤

在盛有20 mL蒸馏水的小烧杯中放入10.5 g $NaNO_3$和9.3 g KCl，加热使之溶解（如果溶液浑浊即过滤），小火加热沸腾数分钟，并不断搅拌，至有少量NaCl晶体析出，便迅速趁热过滤，分离析出的NaCl，静置滤液并用冷水冷却，观察KNO_3晶体的析出，用布氏漏斗抽滤（减压过滤操作：把剪好的滤纸放入布氏漏斗中，用少量水润湿，减压使滤纸贴紧。将漏斗放置到抽滤瓶上时，漏斗颈端斜口应对准吸气支管，溶液的转入同常压过滤，抽滤完毕应先拔下抽滤瓶上的胶管，再拔下布氏漏斗，用手指或玻璃棒揭起滤纸边缘，取下滤纸和晶体。瓶内的滤液从上口倒出，不能从吸气支管倒出，以免弄脏溶液），将所得KNO_3晶体抽干；然后再将滤液倒回小烧杯中，再浓缩至表面析出晶体，再趁热过滤，冷却抽滤，又得KNO_3晶体，合并两次所得产品，并在台秤上称重。计算产率。将产品回收到指定瓶中。

五、数据记录以及计算处理

KNO_3晶体外观（颜色、形状）：________________；

产品质量：________________（单位：g）；

产率：________________（单位：%）。

六、思考题

1. 在实验操作中，趁热过滤得到的白色晶体是什么？冷却后得到的白色晶体又是什么？

2. 减压过滤操作应注意哪些问题？

3. 在趁热过滤以及抽滤操作中，每次将小烧杯中的溶液倾注完后，小烧杯是否需要用水洗1～2次，并将洗涤液倾入漏斗？为什么？

实验4　甲酸铜的制备

一、实验目的

1. 了解制备某些金属有机酸盐的原理和方法。

2. 巩固固液分离、沉淀洗涤、蒸发、结晶等基本操作。

二、基本原理

某些金属的有机酸盐，例如甲酸镁、甲酸铜、醋酸钴、醋酸锌等，可用相应的碳酸盐或碱式碳酸盐或氧化物与甲酸或醋酸作用来制备。这些低碳的金属有机酸盐分解温度低，而且容易得到很纯的金属氧化物。制备具有超导性能的钇钡铜（$YBa_2Cu_3O_x$）化合物的其中一种方法是，由甲酸与一定配比的$BaCO_3$、Y_2O_3和$Cu(OH)_2 \cdot CuCO_3$混合作用，生成甲酸盐共晶体，经热分解得到混合的氧化物微粉，再压成片，高温烧结，冷却吸氧和相变氧迁移有序化后制得。

本实验用硫酸铜和碳酸氢钠作用制备碱式碳酸铜：

$$2CuSO_4 + 4NaHCO_3 = Cu(OH)_2 \cdot CuCO_3 \downarrow + 3CO_2 \uparrow + 2Na_2SO_4 + H_2O$$

然后再与甲酸反应制得蓝色四水甲酸铜：

$$Cu(OH)_2 \cdot CuCO_3 + 4HCOOH + 5H_2O = 2Cu(HCOO)_2 \cdot 4H_2O + CO_2 \uparrow$$

而无水的甲酸铜为白色。

三、仪器和试剂

1. 仪器

托盘天平、研钵、温度计。

2. 试剂

固体 $CuSO_4 \cdot 5H_2O$、固体 $NaHCO_3$、甲酸。

四、实验步骤

1. 碱式碳酸铜的制备

称取 12.5 g $CuSO_4 \cdot 5H_2O$ 和 9.5 g $NaHCO_3$ 于研钵中，磨细和混合均匀。在快速搅拌下将混合物分多次小量缓慢加入 100 mL 近沸腾的蒸馏水中（此时停止加热）。混合物加完后，再加热近沸腾数分钟。静置澄清后，用倾析法洗涤沉淀至溶液无 SO_4^{2-}。抽滤至干，称重。

2. 甲酸铜的制备

将上述制得的产品放入烧杯内，加入约 20 mL 蒸馏水，加热搅拌至 323 K 左右，逐滴加入适量甲酸至沉淀完全溶解（所需甲酸量自行计算），趁热过滤。滤液在通风橱下蒸发至原体积的 1/3 左右。冷却至室温，减压过滤，用少量乙醇洗涤晶体 2 次，抽滤至干，得 $Cu(HCOO)_2 \cdot 4H_2O$ 产品。称重，计算产率。

五、思考题

1. 制备碱式碳酸铜过程中，如果温度太高对产物有何影响？

2. 溶液分离时，什么情况下用倾析法？什么情况下用常压过滤或减压过滤？

3. 制备甲酸铜（Ⅱ）时，为什么不以 CuO 为原料而用碱式碳酸铜 $Cu(OH)_2 \cdot CuCO_3$ 为原料？

实验 5　硫酸铜结晶水的测定

一、实验目的

1. 熟悉分析天平的使用。

2. 了解沙浴加热的方法。

3. 了解化合物结晶水的测定方法。

二、基本原理

五水硫酸铜是一种蓝色晶体，在不同温度下逐渐脱水，当温度在 533～553 K 时则完全脱水成白色粉末状无水硫酸铜。

本实验将已知质量的五水硫酸铜加热，除去所有的结晶水后称量，从而计算出水合硫酸铜中结晶水的分子数量。

三、仪器和试剂

1. 仪器

分析天平、沙浴锅（或蒸发皿）、瓷坩埚、干燥器、温度计（573 K）。

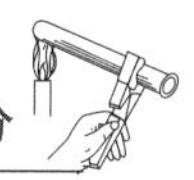

2. 试剂

固体 $CuSO_4 \cdot 5H_2O$。

四、实验步骤

(1)将一个干净并灼烧过的坩埚称重(精确至 1 mg),在其中放入 1.0～2.0 g 磨细的 $CuSO_4 \cdot 5H_2O$,再称重。

(2)将坩埚(连内容物)放在沙浴锅内,使其 3/4 体积埋入沙中,再在靠近坩埚的沙浴内插入一支温度计(573 K),其末端应与坩埚底部大致处于同一水平。

(3)将沙浴慢慢加热至 513 K,移去酒精灯,使其自然升温,如果沙浴温度未升至 533 K 即开始下降,可小火加热,使沙浴温度控制在 533～553 K。观察硫酸铜颜色的变化,待其完全脱水后,用干净的坩埚钳将坩埚移入干燥器内,冷却至室温。

(4)用干净滤纸碎片将坩埚外部揩干净,称重后,再将坩埚及内容物,用上述方法加热 10～15 min,冷却、称量。如两次称量结果之差不大于 0.005 g,按本实验的要求可认为无水硫酸铜已经“恒重”。不然应重复以上加热操作,直到符合要求。

(5)由实验所得数据,计算出 1 mol $CuSO_4$ 结晶水数目。

五、记录和结果

空坩埚质量:________________(单位:g);

坩埚质量+$CuSO_4 \cdot 5H_2O$ 质量:________________(单位:g);

五水硫酸铜质量:________________(单位:g);

坩埚质量+$CuSO_4$ 质量:________________(单位:g);

$CuSO_4$ 质量 m_1:________________(单位:g);

结晶水质量 m_2:________________(单位:g);

$n(CuSO_4)=m_1/160$:________________(单位:mol);

$n(H_2O)=m_2/18.0$:________________(单位:mol);

1 mol $CuSO_4$结合的结晶水的数目 $z=\dfrac{n(H_2O)}{n(CuSO)_4}$:________________(单位:个)。

六、思考题

1. 加热后的坩埚为什么一定要在干燥器内冷却至室温才能称量?

2. 前后几次称量坩埚时不使用同一台台式天平,对实验结果是否有影响?

实验 6　气体常数的测定

一、实验目的

1. 了解一种测定气体常数的方法及其操作。

2. 掌握理想气体状态方程式和气体分压定律的应用。

二、实验仪器和试剂

1. 仪器

分析天平、漏斗、量气管(碱式滴定管)、铁架台、滴定管夹、铁圈、试管、胶管等。

2. 试剂

镁条、3 mol/L H_2SO_4。

三、实验原理

在理想气体状态方程式 $pV=nRT$ 中，气体常数 $R=pV/nT$ 的数值通过实验来确定。本实验通过金属镁和稀硫酸作用置换出氢来测定 R 的数值。反应式如下：

$$Mg + H_2SO_4 = MgSO_4 + H_2\uparrow$$

如果准确称取一定质量的镁条，使之与过量的 H_2SO_4 反应，在一定温度和压力下可测出被置换出来的氢气的体积，氢的物质的量可由反应镁条的质量求得。由于在水面上收集氢气，所以氢气的实际压强应等于大气压减去该温度下的水的饱和蒸汽压。将各项数据代入 $R=pV/nT$ 中，即可求得 R 的数值。

四、实验步骤

(1)在分析天平上准确称取已经擦去表面氧化膜的镁条质量(0.02～0.03 g)。

(2)按图 3-1 所示把仪器装置好，先不接反应管，从漏斗加水，使量气管、胶管充满水，量气管水位略低于“0”刻度位，上下移动漏斗，以赶尽附在量气管、胶管内壁的气泡。

(3)在试管中用滴管加入 3 mol/L H_2SO_4 约 4 mL(注意不要使 H_2SO_4 沾湿试管上半部分)，将已称重的镁条蘸上少许甘油，贴在试管内壁口而不沾到酸。将试管连接到量气管上。

(4)检查装置是否漏气，方法如下：将连有漏斗的管往下移动一段距离，停下后，如果开始时量气管水面稍有下降，而后维持恒定，说明系统不漏气，如果水面一直随漏斗管下降，说明与外界相通，装置漏气，这时应检查装置接口处是否严密，直到装置不漏气为止。

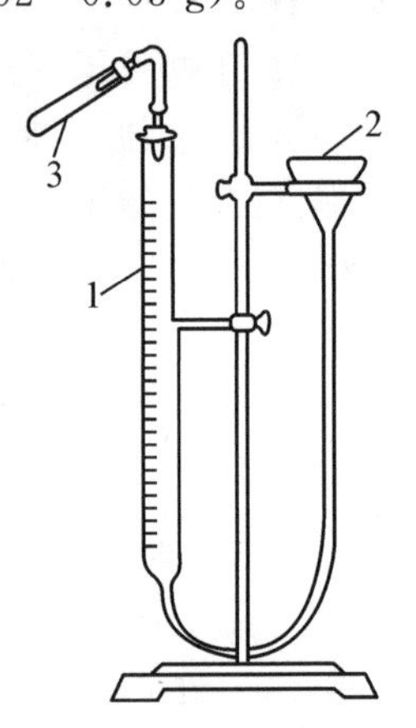

1. 量管　2. 漏斗　3. 试管

图 3-1　气体常数测定装置

(5)如果装置不漏气，调整漏斗位置，使量气管液面和漏斗液面在同一水平面上，然后准确读出量气管内液面读数 V_1。

(6)轻轻摇动试管，使镁条落入酸中，反应产生的氢气进入量气管内，为了不使量气管内气压增大而造成漏气，在量气管水面下降的同时，慢慢下移漏斗，使两液面基本维持水平。反应停止后，待试管冷却至室温(约 10 min)，移动漏斗，使量气管中液面和漏斗中液面相平，再准确读出量气管内水面读数 V_2。

(7)记录实验时的室温 T 和大气压 p，从附表中查出室温下水的饱和蒸汽压。

五、数据记录和处理

镁条质量：________________(单位：g)；

反应前量气管水面读数 V_1：________________(单位：mL)；

反应后量气管水面读数 V_2：________________(单位：mL)；

氢气体积 $(V_2-V_1)\times10^{-6}$：________________(单位：m^3)；

室温 t：________________(单位：℃)；

大气压 p：________________(单位：Pa)；

室温下水的饱和蒸汽压 $p(H_2O)$________________(单位：Pa)；

氢气的分压：________________(单位：Pa)；

氢气的物质的量 n：________________(单位：mol)；

气体常数 R：________________[单位：J/(mol・K)]。

$$百分误差=\frac{R_{通用值}-R_{实验值}}{R_{通用值}}\times 100\%$$

将所得实验值与一般通用值 $R=8.314\ J/(mol\cdot K)$ 进行比较，讨论造成误差的主要原因。

六、思考题

1. 在读取量气管中水面读数时，为什么要使漏斗中的水面与量气管中水面相平？
2. 反应过程中，如果由量气管压入漏斗中的水过多而溢出，对实验结果有无影响？
3. 如果没有赶尽量气管中的气泡，对实验结果有什么影响？

实验7　醋酸电离常数的测定

一、目的要求

1. 掌握用目视比色法测定 pH 的方法，从而计算电离常数。
2. 理解稀释定律和同离子效应。
3. 学习移液管的使用方法。

二、仪器和试剂

1. 仪器

250 mL 烧杯、玻璃棒、移液管、25 mL 比色管。

2. 试剂

0.2 mol/L Na_2HPO_4、0.1 mol/L 柠檬酸、0.1 mol/L HAc、0.1 mol/L NaAc、甲基橙指示剂。

三、实验原理

HAc 是一种弱酸，在溶液中存在下列平衡：

$$HAc \rightleftharpoons H^+ + Ac^-$$

则 $K_a^\ominus=\frac{c(H^+)\cdot c(Ac^-)}{c(HAc)}$。

式中：$c(H^+)$、$c(Ac^-)$ 和 $c(HAc)$ 皆为平衡时的浓度；$K_a^\ominus$ 为电离平衡常数，在一定温度下为一定值，且与浓度无关。

本实验采用一种目视比色法——标准系列法来测定溶液中的 $c(H^+)$，并根据上述关系式求得 $c(Ac^-)$、$c(HAc)$ 以及 $K_a^\ominus$。

根据 $\alpha=\frac{c(H^+)}{c}$，还可求得电离度 α（c 为 HAc 溶液的总浓度）。

四、实验步骤

1. 标准系列色阶的配制

标准系列色阶的配制实际上是配制一系列不同 pH 的缓冲溶液（表3-3），方法是：用移液管准确地移取下列溶液，分别置于6支25 mL 干净的比色管中，再各加1滴甲基橙，塞上玻璃塞，摇匀，此即为标准色阶。6支试管应明显呈一系列的颜色梯度。

表 3-3　标准缓冲溶液

编号	$V(Na_2HPO_4)$/mL	$V_{柠檬酸}$/mL	pH
1	5.14	19.86	3.0
2	6.18	18.82	3.2
3	7.13	17.87	3.4
4	8.05	16.95	3.6
5	8.88	16.12	3.8
6	9.64	15.36	4.0

2. $c(H^+)$的测定及 $K_a^\ominus$ 的计算

取 3 支干净的 25 mL 比色管，用移液管移取 0.1 mol/L HAc 12.50、6.25、1.25 mL 于各试管中，各加入蒸馏水定容至 25.00 mL，再各加入甲基橙指示剂 1 滴，塞上胶塞，摇匀，然后与标准缓冲溶液系列进行比色，测出溶液的 pH，然后算出溶液的 $c(H^+)$、$K_a^\ominus$ 和 α，填入表 3-4。

表 3-4　不同稀释度 HAc 溶液的电离参数

编号	c/(mol/L)	对应标准溶液		$c(H^+)$/(mol/L)	$c(Ac^-)$/(mol/L)	$c(HAc)$/(mol/L)	α	$K_a^\ominus$
		号数	pH					
7								
8								
9								
10								

3. 同离子效应

取 1 支干净的比色管，用移液管移取 0.1 mol/L HAc 12.50 mL 于比色管中，再加入 0.1 mol/L NaAc 溶液 2.00 mL，用蒸馏水稀释至 25.00 mL，再加入甲基橙指示剂 1 滴，塞上塞子，摇匀比色。按上述步骤求出溶液的 $c(H^+)$、$K_a^\ominus$ 和 α。

五、思考题

1. 试述测定 HAc 电离常数的原理。

2. 试述电离度 α 和电离常数 $K_a^\ominus$ 的关系。

3. 在公式 $\alpha=\frac{c(H^+)}{c}$ 和 $K_a^\ominus=\frac{c(H^+)\cdot c(Ac^-)}{c(HAc)}$ 中，c 和 $c(HAc)$ 的意义是否相同？在本实验的具体计算中，是否可以采用相同数值？为什么？

实验 8　胶体溶液

一、实验目的

1. 了解胶体的制备及其性质。

2. 了解胶体的凝聚作用。

3. 了解胶体的吸附作用。

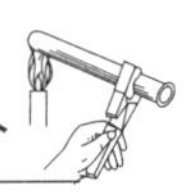

二、仪器和试剂

1. 仪器

台秤、小试管10支、大试管2支、100 mL烧杯1个、100 mL三角瓶1个、50 mL三角瓶2个、10 mL量筒1支、漏斗2支、酒精灯1盏、小吸管2支、试管架1个、漏斗架1个、石棉网、铁架台。

2. 试剂

0.001 mol/L NH_4Cl溶液、饱和$(NH_4)_2C_2O_4$溶液、0.01 mol/L NaCl溶液、2.0 mol/L NaF溶液、2.0 mol/L K_2SO_4溶液、0.01 mol/L $CaCl_2$溶液、0.01 mol/L $FeCl_3$溶液、20% $FeCl_3$溶液、0.01 mol/L $AlCl_3$溶液、0.1 mol/L Na_2S溶液、饱和H_3AsO_3溶液、1%白明胶溶液、苯、萘斯勒试剂。

三、原理

胶体溶液是一种高度分散的多相体系。胶体溶液有许多特性，如丁达尔现象，胶粒带有电荷而具有电泳现象。由于相同电荷相互排斥和带电胶粒的水合作用，所以胶体溶液具有一定的稳定性。要使胶粒凝聚，就必须中和其电荷和脱去水膜。通常采用加入电解质、加入异电胶体溶液或加热等方法使胶粒凝聚。

胶体溶液的稳定性与胶粒的巨大表面积和吸附作用有密切关系。一种物质集中到另一种物质表面上的过程叫吸附。固体表面可以吸附分子，也可以吸附离子，常见的有固体自溶液中的分子吸附和离子交换吸附。分子吸附是吸附剂对非电解质或弱电解质分子的吸附，整个分子被吸附在吸附剂表面上。若吸附剂自溶液中吸附某种离子时，有相当量、相同符号的另一种离子从吸附剂转移到溶液中，这类吸附称为离子交换吸附。能进行离子交换吸附的吸附剂称为离子交换剂。

四、实验内容

(1)$Fe(OH)_3$胶体溶液的制备。在100 mL烧杯中加入蒸馏水25 mL，加热至沸腾，然后滴入20% $FeCl_3$溶液5～10滴，再继续加热片刻，即可制得$Fe(OH)_3$胶体溶液。

(2)As_2S_3胶体溶液的制备。取亚砷酸饱和水溶液10 mL于小烧杯中，加入等量饱和H_2S水溶液，即可制得黄而发乳光的胶体溶液。

(3)电解质对胶体的凝聚作用。取3支试管，各加入实验(2)已制备好的As_2S_3胶体溶液2 mL，用滴管分别滴入0.01 mol/L $AlCl_3$溶液、0.01 mol/L $CaCl_2$溶液、0.01 mol/L NaCl溶液，观察3种电解质的凝聚现象有何异同并解释其原因。

另取2支试管，各加入$Fe(OH)_3$胶体溶液2 mL，然后在一支试管中逐滴加入2.0 mol/L NaF溶液，同时摇动试管并注意观察，直到胶体出现浑浊，即产生$Fe(OH)_3$红棕色沉淀为止，记录所加试剂滴数；在另一试管中如上法逐滴加入2.0 mol/L K_2SO_4溶液，记录所加滴数，试比较其结果有何异同并解释原因。

(4)带有不同电荷胶体溶液的相互凝聚。取制备好的As_2S_3胶体溶液2 mL于试管中，然后滴入$Fe(OH)_3$胶体溶液2 mL，观察有何现象并解释原因。

(5)高分子化合物对胶体溶液的保护作用。取2支试管，各加入实验(2)已制备好的As_2S_3胶体溶液2 mL，然后在一支试管中加入10滴蒸馏水，另一支试管中加入1%的白明胶10滴，摇匀后各加入0.01 mol/L $CaCl_2$溶液数滴，放置片刻，观察有何现象并说明原因。

(6)土壤胶体保肥性能实验。取0.001 mol/L NH_4Cl溶液2 mL，加入萘斯勒试剂2滴，

由于 NH_4^+ 与萘斯勒试剂反应，溶液呈棕红色。

取土壤 5 g 左右，置于一个 100 mL 的三角瓶中，加入 0.001 mol/L NH_4Cl 溶液 10 mL，摇匀片刻并过滤，取滤液 2 mL 于一试管中，加入萘斯勒试剂 2 滴，观察溶液棕红色的深浅。与上一实验比较，并解释原因。

(7)阳离子交换吸附能力的比较。称取土壤 2 份各 5 g，分别置于两个 50 mL 三角瓶中，其中一份加入 0.01 mol/L NaCl 溶液 10 mL，另一份加入 0.01 mol/L $FeCl_3$ 溶液 10 mL，在相同条件下同时摇动 3～5 min，再过滤，分别取滤液 5 mL 于 2 支试管中，各加入 10 滴饱和 $(NH_4)_2C_2O_4$ 溶液，观察各支试管生成的沉淀的量。根据实验结果判断土壤中被交换出来的 Ca^{2+} 的多少，从而比较 Fe^{3+} 和 Na^+ 的交换能力的大小。

(8)乳状液的制备。在一支试管中加入 10 滴苯，用力振荡，当摇动停止后，油与水立即分成两层，若加入 2 mL 肥皂水，再用力振荡，肥皂可将油珠包裹，呈一层薄膜，使油乳化。

五、思考题

1. 若将 $FeCl_3$ 溶液加入冷水中，能否得到 $Fe(OH)_3$ 胶体溶液？为什么？

2. 什么叫吸附？什么叫分子吸附？什么叫离子交换吸附？

实验 9　电离平衡和盐类水解

一、实验目的

1. 进一步理解电解质电离的特点，巩固 pH 概念。

2. 了解影响平衡移动的因素。

3. 学习缓冲溶液的配制并验证其性质。

4. 观察盐类水解作用及影响水解过程的因素。

二、仪器、试剂和材料

1. 仪器

试管、试管架。

2. 试剂

6 mol/L HCl、0.1 mol/L HCl、0.01 mol/L HCl、浓硫酸、0.1 mol/L HAc、0.01 mol/L HAc、0.1 mol/L NaOH、0.1 mol/L $NH_3 \cdot H_2O$、0.1 mol/L NH_4Cl、0.1 mol/L NH_4Ac、0.1 mol/L NaCl、0.1 mol/L $NaHCO_3$、0.1 mol/L NaAc、固体 NH_4Cl、固体 NaAc、固体 $Fe_2(SO_4)_3 \cdot 9H_2O$、固体 $BiCl_3$、甲基橙指示剂、酚酞指示剂。

3. 材料

锌粒、pH 试纸。

三、实验步骤

1. 比较盐酸和醋酸的酸性

(1)分别在 2 支试管中加入 1.0 mL 0.01 mol/L HCl 和 0.01 mol/L HAc，再各加 1 滴甲基橙指示剂，观察溶液颜色。

(2)分别在两片 pH 试纸上滴加 1 滴 0.1 mol/L HCl 和 0.1 mol/L HAc 溶液，与标准比色卡对照，判断其 pH。

(3)在 2 支试管中各加入 2.0 mL 0.1 mol/L HCl 和 0.1 mol/L HAc，再各加大小相近

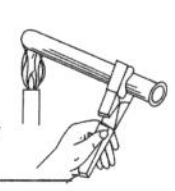

的两粒锌粒并微微加热试管，观察两支试管中的现象有何不同（剩余的锌粒洗净放回回收瓶中）。

用 pH 试纸测定下列溶液（浓度均为 0.1 mol/L）的 pH 并与计算结果比较（表 3-5）。

表 3-5　不同溶液 pH 的实测值与计算值比较

pH	试剂			
	NaOH	$NH_3 \cdot H_2O$	HAc	$NaHCO_3$
测定值				
计算值				

2. 同离子效应

(1)在试管中加入 2.0 mL 0.1 mol/L HAc 溶液，加 1 滴甲基橙，观察溶液颜色变化，然后再加少量固体 NaAc，观察溶液颜色变化并说明原因。

(2)在试管中加入 2.0 mL 0.1 mol/L $NH_3 \cdot H_2O$ 溶液，加 1 滴酚酞指示剂，观察溶液颜色变化，然后再加少量固体 NH_4Cl，观察溶液颜色变化并说明原因。

3. 缓冲溶液的性质和配制

(1) 在试管中加入 10.0 mL 蒸馏水，2 滴 0.01 mol/L HCl，摇匀后，用 pH 试纸测定溶液的 pH。将溶液分成两份，一份加 2 滴 0.1 mol/L HCl，另一份加 2 滴 0.1 mol/L NaOH，再分别测其 pH。

(2)在一支试管中加入 5.0 mL 0.1 mol/L HAc 和 5.0 mL 0.1 mol/L NaAc 溶液，混合摇匀后，用 pH 试纸测定溶液的 pH。将溶液分成两份，一份加 2 滴 0.1 mol/L HCl，另一份加 2 滴 0.1 mol/L NaOH，再分别测其 pH。与上一实验比较，试述可得出什么结论。

(3)配制 pH 为 4.1 的缓冲溶液 10 mL，实验室现有 0.1 mol/L HAc 和 0.1 mol/L NaAc 溶液，先经过计算，再按计算的量配制溶液，并用精密 pH 试纸测试是否符合要求。已知缓冲溶液 pH 由下式决定：

$$\mathrm{pH} = \mathrm{p}K_{\mathrm{a}}^{\ominus} - \lg \frac{c(\mathrm{HAc})}{c(\mathrm{Ac}^-)}$$

若配制缓冲溶液所用的酸和其共轭碱的原始浓度相同，则：

$$\mathrm{pH} = \mathrm{p}K_{\mathrm{a}}^{\ominus} - \lg \frac{V(\mathrm{HAc})}{V(\mathrm{Ac}^-)}$$

4. 盐类的水解

(1) 用 pH 试纸测定下列盐溶液（浓度均为 0.1 mol/L）的 pH，并与计算值进行比较（表 3-6）。

表 3-6　不同盐溶液 pH 的实测值与计算值比较

pH	试剂			
	NaCl	NH_4Cl	NH_4Ac	NaAc
测定值				
计算值				

(2)取少量固体 $Fe_2(SO_4)_3 \cdot 9H_2O$ 于试管中，用水溶解后，观察溶液颜色，然后将其分成 3 份。第 1 份留作比较，第 2 份加 5 滴浓硫酸，摇匀，第 3 份试液用小火加热，将 3 份溶液

进行比较，观察有何异同并解释实验现象。

(3)在一支试管中加入少量固体 $BiCl_3$，用水溶解，观察实验现象，测试溶液的 pH；往溶液中滴加 6 mol/L HCl，再加水稀释，注意观察实验现象，并用平衡移动原理解释这一系列现象。

四、思考题

1. 为什么 H_3PO_4 呈酸性？NaH_2PO_4 溶液呈微酸性？Na_2HPO_4 溶液呈微碱性？Na_3PO_4 溶液呈碱性？

2. 将 10 mL 0.2 mol/L HAc 溶液和 10 mL 0.1 mol/L NaOH 溶液混合，所得溶液是否具有缓冲能力？

3. 将 10 mL 0.2 mol/L NaAc 溶液和 10 mL 0.2 mol/L HCl 溶液混合，所得溶液是否具有缓冲能力？

实验 10　络合反应

一、实验目的

1. 了解几种常见的络合反应并比较络离子与简单离子的区别。

2. 了解影响络合平衡移动的因素。

3. 比较络离子的稳定性。

二、仪器和试剂

1. 仪器

试管、试管架。

2. 试剂

6 mol/L HNO_3、6 mol/L NaOH、浓氨水、0.2 mol/L $NH_4Fe(SO_4)_2$、1% NaCl 溶液、6% $Na_3[Co(NO_2)_6]$溶液、0.5 mol/L KI、0.5 mol/L KSCN、0.2 mol/L $K_3[Fe(CN)_6]$、0.2 mol/L $K_4[Fe(CN)_6]$、0.1 mol/L KNO_3、0.2 mol/L $CuSO_4$、0.1 mol/L $AgNO_3$、0.1 mol/L $HgCl_2$、0.2 mol/L $FeCl_3$、0.2 mol/L Na_2S 水溶液、饱和 NaF 溶液、饱和$(NH_4)_2C_2O_4$溶液。

三、实验内容

1. 常见的几种络合反应

(1)生成难溶络合物。取 $FeCl_3$ 溶液 2 滴，加 $K_4[Fe(CN)_6]$(黄血盐)溶液 2 滴，观察溶液颜色。另分别取 $NH_4Fe(SO_4)_2$溶液和 $K_3[Fe(CN)_6]$(赤血盐)溶液 2 滴于两支试管中，再各加入黄血盐 2 滴，观察实验现象并解释原因。取 KNO_3 溶液 2 滴于一支试管中，滴入 2 滴 $Na_3[Co(NO_2)_6]$溶液，用玻璃棒轻轻搅拌并摩擦试管内壁，则见有难溶黄色沉淀 $K_2Na[Co(NO_2)_6]$析出(沉淀保留做实验 2)。

(2)生成易溶络离子。取 $FeCl_3$ 溶液 2 滴于试管中，加入 KSCN 溶液 1 滴，可见有血红色$[Fe(SCN)_n]^{3-n}$溶液生成(溶液保留做实验 2)。取 $AgNO_3$ 溶液 1 滴于试管中，加入 NaCl 溶液 1 滴，有白色 AgCl 沉淀生成，于其中滴入氨水 1～2 滴(或稍过量)，则 AgCl 沉淀溶解，生成易溶的$[Ag(NH_3)_2]^+$(溶液保留做实验 2)。

(3)转化难溶沉淀为络离子。取 $HgCl_2$ 溶液 4 滴，逐滴加入 KI 溶液，注意观察现象。HgI_2是一种难溶红色沉淀，但它能溶于过量的 KI 溶液中，形成稳定的$[HgI_4]^{2-}$络离子。

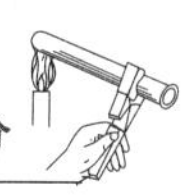

2. 络合平衡的移动

(1)pH 增加对络合平衡的影响。取实验 1 所制得的$[Fe(SCN)_n]^{3-n}$血红色溶液，逐滴加入6 mol/L NaOH，观察颜色变化，写出反应式。

(2)pH 降低对络合平衡的影响。取实验 1 所制得的 $K_2Na[Co(NO_2)_6]$沉淀，加入 6 mol/L HNO_3 数滴，加热，观察 $K_2Na[Co(NO_2)_6]$沉淀的溶解，写出反应式。另取实验 1 所制得的$[Ag(NH_3)_2]^+$络离子，其外配位体为 Cl^-，向其中加入 6 mol/L HNO_3 溶液，观察有无沉淀生成，写出反应式。

(3)pH 改变对较稳定络合反应的影响。取两支试管，各加入 2 滴 $K_4[Fe(CN)_6]$溶液，往其中一支试管中加入 6 mol/L NaOH 溶液 2 滴，往另一支试管中加入 6 mol/L HNO_3 2 滴，观察实验现象并解释原因。

(4)沉淀反应对络合平衡的影响。取一支试管，加入 $CuSO_4$ 溶液 6 滴，再逐滴加入浓氨水，注意颜色变化过程；将溶液分成两份，往其中一支试管中加入 6 mol/L NaOH 1 滴，观察有无 $Cu(OH)_2$ 沉淀生成并解释原因；往另一支试管中滴加 Na_2S 水溶液，观察有何现象产生，写出反应式。

(5)络离子之间的转化。取一支试管，加入 $FeCl_3$ 溶液和 KSCN 溶液各 2 滴，制得血红色的$[Fe(SCN)_n]^{3-n}$溶液，向其中逐滴加入饱和 NaF 溶液至血红色完全褪去为止。加热，然后往溶液中滴加几滴饱和$(NH_4)_2C_2O_4$ 溶液至溶液呈黄色。从溶液颜色变化，比较$[Fe(SCN)_n]^{3-n}$、$[FeF_6]^{3-}$、$[Fe(C_2O_4)_3]^{3-}$ 络合物的稳定性，并说明它们之间的转化条件，写出有关的反应式。

四、思考题

1. 络离子的电离平衡常数表示的意义是什么？如何求得？

2. 影响络合平衡的因素有哪些？

实验 11　氧化还原反应

一、实验目的

1. 了解几种常见的氧化还原反应，熟悉几种常见的氧化剂和还原剂的性能。

2. 了解影响氧化还原反应的条件，熟悉溶液 pH 对氧化还原反应的影响。

3. 定性地比较一些电极反应的电极电势。

二、仪器、试剂和材料

1. 仪器

试管、试管架、试管夹、玻璃棒、吸管、酒精灯、100 mL 烧杯、伏特计。

2. 试剂

6 mol/L HCl、3 mol/L H_2SO_4、6 mol/L NaOH、0.1 mol/L Na_2SO_3、0.1 mol/L KBr、0.1 mol/L KI、0.01 mol/L $KMnO_4$、0.1 mol/L $K_2Cr_2O_7$、0.1 mol/L $FeCl_3$、0.1 mol/L $SnCl_2$、0.1 mol/L $Pb(NO_3)_2$、AsO_4^{3-} 试液、氯水、3% H_2O_2 溶液、1%淀粉溶液、苯、1.0 mol/L $FeSO_4$、1.0 mol/L $ZnSO_4$、1.0 mol/L $CuSO_4$、0.1 mol/L Na_2S 水溶液。

3. 材料

锌片、铜片、铁片、pH 试纸。

三、实验内容

1.几种氧化还原反应

(1)卤素的氧化性比较。取一支试管,加入 KI 以及 KBr 溶液各 1 滴,再加入苯 10 滴,然后逐滴加入氯水,每加 1 滴氯水需用力振荡试管。注意观察苯、水两层溶液颜色的变化。首先可见水层由无色变为棕色,振荡后,水层的棕色变浅或消失,而苯层呈现紫色,表明溶液中的 I^- 被氧化成 I_2。再逐滴加入氯水,苯层紫色加深,后又完全消失而呈现橙黄色,这表明 I_2 又进一步被氧化为 IO_3^-,而溶液中的 Br^- 被氧化为 Br_2。如再继续滴加氯水,则 Br_2 进一步被氧化为 BrCl,苯层的橙黄色变为淡黄色。写出逐步反应的方程式,并说明卤素的氧化能力及卤素离子的还原能力的大小规律。

(2)Fe^{2+} 的还原性及 Fe^{3+} 的氧化性。在试管中加入 0.1 mol/L $FeCl_3$ 溶液 5 滴,逐滴加入 0.1 mol/L $SnCl_2$ 溶液,同时摇动,直到溶液的黄色消失为止。此时溶液中的 Fe^{3+} 转化为 Fe^{2+},试指出反应中的氧化剂和还原剂。再向上述溶液中逐滴加入 3% H_2O_2 溶液,观察颜色变化并说明原因。

(3)$KMnO_4$ 的氧化性及 KI 的还原性。在试管中加入 KI 2 滴、3 mol/L H_2SO_4 4 滴、蒸馏水 1 mL,滴入 $KMnO_4$ 至溶液呈浅黄色,加淀粉溶液 1 滴,可见溶液变为蓝色。试选择一种试剂(如氯水、$SnCl_2$、Na_2SO_3 等)加入溶液,使蓝色褪去,解释上述各现象的原因。

(4)$K_2Cr_2O_7$ 的氧化性与 Na_2SO_3 的还原性。在试管中依次加入 $K_2Cr_2O_7$ 溶液 5 滴、3 mol/L H_2SO_4 2 滴、0.1 mol/L Na_2SO_3 数滴,观察溶液颜色变化,并解释现象发生的原因。

2.氧化剂、还原剂的相对性

(1)H_2O_2 的氧化性。在试管中加入 $Pb(NO_3)_2$ 溶液 5 滴,加入 Na_2S 水溶液数滴至有黑色 PbS 沉淀生成,在沉淀上滴加 H_2O_2 数滴,微热 PbS 沉淀,可以看到黑色沉淀又被氧化为白色的 $PbSO_4$。

(2)H_2O_2 的还原性。在试管中加入 $KMnO_4$ 溶液 5 滴、3 mol/L H_2SO_4 2 滴,加入 H_2O_2 数滴,可见 H_2O_2 被分解而逸出气体(O_2),试管中紫色褪去而生成无色的 Mn^{2+}。

3.氧化还原反应的条件

(1)介质酸碱性对 $KMnO_4$ 氧化性的影响。取 3 支试管,分别加入 Na_2SO_3 溶液 2 滴,在第 1 支试管中加入 3 mol/L H_2SO_4 2 滴,在第 2 支试管中加入 6 mol/L NaOH 溶液 2 滴,在第 3 支试管中加入水 2 滴(也可以不加),然后在 3 支试管中都滴加 $KMnO_4$ 溶液 1 滴,观察各试管中现象并写出化学反应方程式,解释产生上述现象的原因。

(2)酸度对氧化还原反应的影响。取 AsO_4^{3-} 试液 3 滴于试管中,加入 6 mol/L HCl 溶液 1 滴,然后加入淀粉溶液 1 滴和 0.1 mol/L KI 溶液 2 滴,微热溶液呈蓝色;再在此溶液中加入6 mol/L NaOH 溶液数滴,观察产生的现象并解释反应方向改变的原因。

4.电极反应的电极电势

按图 3-2 所示装置原电池,往左边的烧杯中加入 50 mL 1 mol/L $ZnSO_4$ 溶液,往右边的烧杯中加入 50 mL 1 mol/L $FeSO_4$ 溶液,分别将锌片和铁片插入左、右两个烧杯中,用导线将锌片和铁片与伏特计相连,再将盐桥插入两杯溶液中,伏特计指针发生偏转,表示有电流通过伏特计。

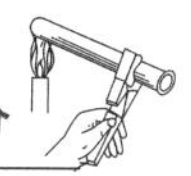

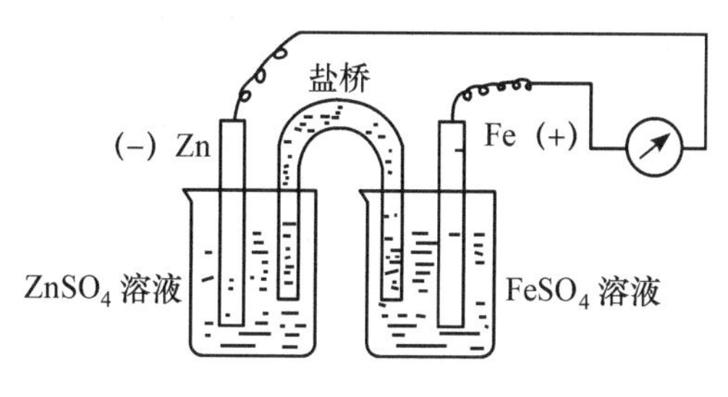

图 3-2　原电池

注：盐桥的制备——称取 1 g 琼脂放入 100 mL 饱和 KCl 溶液中浸泡片刻，加热溶解，趁热注入"U"形玻璃管中（里面不能留有气泡）。

把左边烧杯中的溶液换成 1.0 mol/L $FeSO_4$ 溶液，插入铁片，右边烧杯中的溶液换成 1.0 mol/L $CuSO_4$ 溶液，插入铜片。用导线将铜片和铁片与伏特计相连，再将盐桥插入两杯溶液中，伏特计指针也发生偏转，表示有电流通过伏特计。

四、思考题

1. Fe^{3+} 能将 Cu 氧化为 Cu^{2+}，而 Cu^{2+} 又能将 Fe 氧化成 Fe^{2+}，这两个反应有无矛盾？

2. 为什么伏特计读数可以比较电极电势的大小而不等于原电池电动势？

3. 根据以上实验，试比较 $\varphi^{\ominus}(Zn^{2+}/Zn)$、$\varphi^{\ominus}(Fe^{2+}/Fe)$、$\varphi^{\ominus}(Cu^{2+}/Cu)$ 的相对大小，并指出在第一、第二原电池中，哪个是正极？哪个是负极？

实验 12　离子交换法提纯水

一、实验目的

1. 了解离子交换法提纯水的原理。

2. 掌握离子交换法提纯水的操作。

3. 学习电导率仪的使用。

二、实验原理

离子交换法是被广泛采用的提纯水的方法之一，其水的纯化过程是在离子交换树脂上进行的。离子交换树脂是有机高分子聚合物，它是由交换剂本体和交换基团两部分组成的。例如，聚苯乙烯磺酸型强酸性阳离子交换树脂，就是苯乙烯和一定量的二乙烯苯的共聚物，经过浓硫酸处理，在共聚物的苯环上引入磺酸基（$—SO_3H$）而成。其中的 H^+ 可以在溶液中游离，并与金属离子进行交换。如果共聚物的苯环上引入各种氨基，就成为阳离子交换树脂。如季铵型强碱性阴离子交换树脂 R—NOH，其中 OH^- 在溶液中可以游离，并与阴离子交换。

当天然水通过阳离子交换树脂时，水中的 Ca^{2+}、Mg^{2+}、Na^+ 等结合在树脂上，而 H^+ 进入水中，水通过阴离子交换树脂时，水中的 Cl^-、SO_4^{2-}、HCO_3^- 等与 OH^- 交换。这样水中的杂质被除去，交换出来的 H^+ 和 OH^- 又生成了水。交换反应可以简单表示如下：

$$R—SO_3H+M^+ \rightleftharpoons R—SO_3M+H^+$$

$$R—NOH+X^- \rightleftharpoons R—NX+OH^-$$

$$H^+ +OH^- \rightleftharpoons H_2O$$

三、仪器和试剂

1. 仪器

电导率仪、烧杯、离子交换柱等。

2. 试剂

2 mol/L NaOH、2 mol/L HCl、2 mol/L HNO_3、0.1 mol/L $AgNO_3$、2 mol/L $BaCl_2$、2 mol/L 氨水、铬黑 T 指示剂。

四、实验步骤

1. 树脂处理

(1)取 16 g 732 型强酸性阳离子树脂于烧杯中，加 2 mol/L HCl 溶液 40 mL 浸泡 1 d。倾去溶液时先搅动几分钟，然后用去离子水洗至近于中性。

(2)取 30 g 717 型强碱性阴离子树脂于烧杯中，加 2 mol/L NaOH 溶液 90 mL 浸泡1 d，然后进行相同处理。最后将处理好的阴、阳离子交换树脂混合，搅匀准备装柱。

2. 装柱

在长约 40 cm、直径 1 cm 的交换柱(图 3-3)下部放一层支撑树脂用的玻璃纤维或玻璃布，向柱内充入去离子水至 1/3 高度，并排出玻璃纤维中和尖嘴中的空气，然后将搅成糊状的树脂倾入柱中，注意不能带入气泡。当上部残留水为 1 cm 时也装入一小团玻璃纤维，防止注入自来水时将树脂冲起。在整个操作过程中要一直保持水没过树脂，如果进入空气，会产生缝隙使交换效率降低。如出现这种情况，则应重新装柱或从下端通入去离子水反冲赶走气泡。

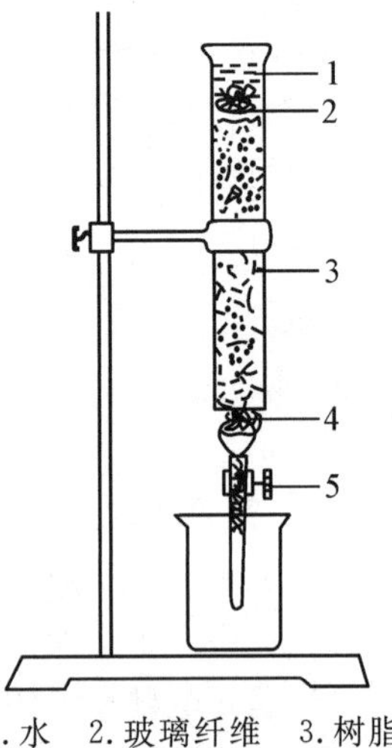

1. 水　2. 玻璃纤维　3. 树脂
4. 玻璃纤维　5. 螺旋夹

图 3-3　离子交换柱

3. 交换

将自来水慢慢注入交换柱中，同时转动活塞使水滴出。当出水量超过 150 mL 后，截流做水质检查，直至水质合格为止。最后回收交换树脂。

4. 水质检查

(1)测定电导率。用电导率仪测定水的电导率可以检查水的纯度，习惯用电阻率表示水的纯度。理想纯水电阻率在 25℃时为 $1.8\times10^{6}\ \Omega\cdot cm$。测定达到这个标准即符合要求。

(2)检验 Ca^{2+}、Mg^{2+}。分别取 2 mL 交换水和自来水各加 2 滴 NH_3-NH_4Cl 缓冲溶液及 1 滴铬黑 T 指示剂，若变成粉红色表示有 Ca^{2+}、Mg^{2+}。

(3)检验 SO_4^{2-}、Cl^-。取 2 mL 交换水，滴加 2 滴 0.1 mol/L $AgNO_3$ 溶液，若有白色沉淀生成，再滴 2 滴 2 mol/L 氨水，此时白色沉淀又溶解，说明溶液中有 Cl^- 存在。再取 2 mL 交换水，滴加 2 滴 2 mol/L HCl 以及 1 滴 2 mol/L $BaCl_2$，若有白色沉淀产生，说明有 SO_4^{2-}。

附：电导率仪的使用

DDS-307A 型电导率仪(以下简称仪器)是实验室测量水溶液电导率必备的仪器，仪

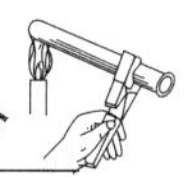

器采用全新设计的外形、大屏幕 LCD 段码式液晶显示，显示清晰、美观。该仪器广泛地应用于石油化工、生物医药、污水处理、环境监测、矿山冶炼等行业及大专院校和科研单位。若配用适当常数的电导电极，可用于测量电子半导体、核能工业和电厂纯水或超纯水的电导率。

仪器的主要特点如下：①仪器采用大屏幕 LCD 段码式液晶显示；②可同时显示电导率/温度值或 TDS/温度值，显示清晰；③具有电导电极常数补偿功能；④具有溶液的手动温度补偿功能。

1. 测量范围

(1)电导率：$0\sim1\times10^{5}$ μS/cm(表 3-7)；

(2)TDS：0～1 999 mg/L；

(3)温度：0～99.9℃。

表 3-7　电极常数及对应最佳电导率测量范围

电极常数/cm^{-1}	电导率量程/(μS/cm)
0.01	0～2.000
0.1	0.2～20.00
1	$2\sim1\times10^{4}$
10	$1\times10^{4}\sim1\times10^{5}$

2. 仪器正常工作条件

(1)环境温度：0～40℃；

(2)相对湿度：不大于 85%；

(3)供电电源：AC(220±22)V；(50±1)Hz；

(4)除地球磁场外无外磁场干扰；

(5)无影响性能的振动存在；

(6)空气中无腐蚀性气体存在。

DDS-307A 型电导率仪由电子单元和电极系统组成，电极系统由电导电极和温度电极构成。DDS-307A 型电导率仪有 5 个操作按键，分别介绍如下：

①“电导率/TDS”键。此键为双功能键，在测量状态下，按一次进入“电导率”测量状态，再按一次进入“TDS”测量状态；在设置“温度”“电极常数”“常数调节”时，按此键退出功能模块，返回测量状态。

②“电极常数”键。此键为电极常数选择键，按此键上部“△”为调节电极常数上升，按此键下部“▽”为调节电极常数下降；电极常数的数值选择为 0.01、0.1、1、10。

③“常数调节”键。此键为常数调节选择键，按此键上部“△”为常数调节数值上升，按此键下部“▽”为常数调节数值下降。

④“温度”键。此键为温度选择键，按此键上部“△”为调节温度数值上升，按此键下部“▽”为调节温度数值下降。

⑤“确定”键。此键为确定键，按此键为确定上一步操作。

3. 电导率仪的使用方法

使用电导率仪测量溶液电导率值需要进行5个主要步骤。它们是：①温度设置（DDS-307A型电导率仪一般情况下不需要用户对温度进行设置，如果用户需要设置温度，请在不接温度电极的情况下，用温度计测出被测溶液的温度，然后按"温度△"或"温度▽"键调节显示值，使温度显示为被测溶液的温度，按"确定"键，即完成当前温度的设置；按"电导率/TDS"键放弃设置，返回测量状态）；②电导电极的准备；③电导电极的电极常数设置；④温度系数的设置；⑤电导率/TDS的测定（此过程期间，会显示来自DDS-307A型电导率仪的状态消息，而且可以通过操作键盘相对应的按键更改用户的参数设置）。

4. 注意事项

使用电导率仪时，应注意以下几点：

(1)使用电极前必须将其放在蒸馏水中浸泡数小时，经常使用的电极应放（贮存）在蒸馏水中。

(2) 为保证仪器的测量精度，必要时在使用仪器前，用该仪器对电极常数进行重新标定。同时应定期进行电导电极常数标定。

(3)在测量高纯度水时应避免污染，正确选择电导电极的常数并最好采用密封、流动的测量方式。

(4)为确保测量精度，使用电极前应用小于0.5 μS/cm的去离子水（或蒸馏水）冲洗2次，然后用被测试样冲洗后方可测量。

(5)防止电极插座受潮，以免造成不必要的测量误差。

实验13　化学反应速率、反应级数和活化能的测定

一、实验目的

1. 了解浓度、温度和催化剂对反应速率的影响。

2. 测定过二硫酸铵和碘化钾反应的平均反应速率、反应级数、速率常数和活化能。

二、基本原理

在水溶液中，过二硫酸铵与碘化钾发生如下反应：

$$(NH_4)_2S_2O_8 + 3KI = (NH_4)_2SO_4 + K_2SO_4 + KI_3$$

反应的离子方程式为：

$$S_2O_8^{2-} + 3I^- = 2SO_4^{2-} + I_3^- \qquad (1)$$

该反应的平均反应速率与反应物浓度的关系可用下式表示：

$$v = \frac{-\Delta c(S_2O_8^{2-})}{\Delta t} \approx k \cdot c^m(S_2O_8^{2-}) \cdot c^n(I^-)$$

式中：$\Delta c(S_2O_8^{2-})$为$S_2O_8^{2-}$在Δt时间内物质的量浓度的改变值；$c(S_2O_8^{2-})$、$c(I^-)$分别为两种离子初始浓度；k为反应速率常数；m和n为反应级数。

为了能够测定$\Delta c(S_2O_8^{2-})$，在混合$(NH_4)_2S_2O_8$和KI溶液时，同时加入一定体积的已知浓度的$Na_2S_2O_3$溶液和作为指示剂的淀粉溶液，这样在反应(1)进行的同时，也进行着反

应(2)：

$$2S_2O_3^{2-}+I_3^- = S_4O_6^{2-}+3I^- \tag{2}$$

反应(2)进行得非常快，几乎瞬间完成，而反应(1)却慢得多，所以由反应(1)生成的 I_3^- 立刻与 $S_2O_3^{2-}$ 作用生成无色的 $S_4O_6^{2-}$ 和 I^-。因此，在反应开始阶段，看不到碘与淀粉作用而显示出来的特有蓝色，但是一旦 $Na_2S_2O_3$ 耗尽，反应(1)继续生成的微量 I_3^- 立即使淀粉溶液显示蓝色。所以蓝色的出现标志着反应(2)的完成。

从反应方程式(1)和(2)的计量关系可以看出，$S_2O_8^{2-}$ 浓度的减少量等于 $S_2O_3^{2-}$ 减少量的 1/2，即

$$\Delta c(S_2O_8^{2-})=\frac{\Delta c(S_2O_3^{2-})}{2}$$

由于 $S_2O_3^{2-}$ 在溶液显蓝色时已全部耗尽，所以 $\Delta c(S_2O_3^{2-})$ 实际就是反应开始时 $Na_2S_2O_3$ 的初始浓度。因此，只要记下从反应开始到溶液出现蓝色所需要的时间 Δt，就可以求出反应(1)的平均反应速率 $\frac{-\Delta c(S_2O_8^{2-})}{\Delta t}$。

在固定 $c(S_2O_3^{2-})$、改变 $c(S_2O_8^{2-})$ 和 $c(I^-)$ 的条件下进行一系列实验，测得不同条件下的反应速率，就能根据 $v=k\cdot c^m(S_2O_8^{2-})\cdot c^n(I^-)$ 的关系推算反应的反应级数。

再由下式可进一步求出反应速率常数 k：

$$k=\frac{v}{c^m(S_2O_8^{2-})\cdot c^n(I^-)}$$

根据阿伦尼乌斯方程，反应速率常数 k 与反应温度有如下关系：

$$\lg k=\frac{-E_a}{2.303RT}+\lg A$$

式中：E_a 为反应活化能；R 为气体常数；T 为绝对温度；A 为频率因子。因此，只要测得不同温度时的 k 值，以 $\lg k$ 对 $1/T$ 作图可得一条直线，由直线的斜率可求得反应的活化能 E_a：

$$斜率=\frac{-E_a}{2.303R}$$

三、仪器和试剂

1. 仪器

秒表、温度计(273～373 K)、玻璃棒、烧杯等。

2. 试剂

0.20 mol/L KI、0.20 mol/L $(NH_4)_2S_2O_8$、0.010 mol/L $Na_2S_2O_3$、0.20 mol/L KNO_3、0.20 mol/L $(NH_4)_2SO_4$、0.20 mol/L $Cu(NO_3)_2$、0.2%淀粉溶液。

四、实验步骤

1. 浓度对反应速率的影响

室温下，按表 3-8 编号 1 的用量分别量取 KI、淀粉、$Na_2S_2O_3$ 溶液于 150 mL 烧杯中，用玻璃棒搅拌均匀。再量取 $(NH_4)_2S_2O_8$ 溶液，迅速加到烧杯中，同时按动秒表，立刻用玻璃棒搅拌均匀。观察溶液，出现蓝色立即停表，记录反应时间。

表 3-8 反应物浓度对反应速率的影响

试剂种类	试剂用量/mL				
	编号 1	编号 2	编号 3	编号 4	编号 5
0.20 mol/L KI	20.0	20.0	20.0	10.0	5.0
0.2%淀粉溶液	4.0	4.0	4.0	4.0	4.0
0.010 mol/L $Na_2S_2O_3$	8.0	8.0	8.0	8.0	8.0
0.20 mol/L KNO_3	—	—	—	10.0	5.0
0.20 mol/L $(NH_4)_2SO_4$	—	10.0	15.0	—	—
0.20 mol/L $(NH_4)_2S_2O_8$	20.0	10.0	5.0	20.0	20.0

用同样的方法进行编号 2～5 实验。为了使溶液的离子强度和总体积保持不变，实验编号 2～5 中所减小的 KI 或$(NH_4)_2S_2O_8$的量分别用 KNO_3 和$(NH_4)_2SO_4$溶液补充。

2. 温度对反应速率的影响

按表 3-8 实验编号 4 的用量分别加入 KI、淀粉、$Na_2S_2O_3$ 和 KNO_3 溶液于 150 mL 烧杯中，搅拌均匀。在一支大试管中加入$(NH_4)_2S_2O_8$溶液，将烧杯和试管中的溶液控制在 10℃左右，将试管中的$(NH_4)_2S_2O_8$溶液迅速倒入烧杯中，搅拌，记录反应时间和温度。

分别在 20℃、30℃、40℃左右的条件下重复上述实验，记录反应时间和温度。

3. 催化剂对反应速率的影响

按表 3-8 实验编号 4 的用量分别加入 KI、淀粉、$Na_2S_2O_3$ 和 KNO_3 溶液于 150 mL 烧杯中，再加入 2 滴 0.020 mol/L $Cu(NO_3)_2$ 溶液，搅拌均匀，将$(NH_4)_2S_2O_8$ 溶液迅速倒入烧杯中，搅拌，记录反应时间。

五、实验记录及结果处理

1. 列表记录实验数据。
2. 分别计算编号 1～5 各个实验的平均反应速率，然后求反应级数和速率常数 k。
3. 分别计算 4 个不同温度实验的平均反应速率以及速率常数 k，然后以 $\lg k$ 为纵坐标，$1/T$ 为横坐标作图，求活化能。
4. 根据实验结果讨论浓度、温度、催化剂对反应速率以及速率常数的影响。

六、思考题

1. 在向 KI、淀粉和 $Na_2S_2O_3$ 混合溶液中加入$(NH_4)_2S_2O_8$时，为什么必须越快越好？
2. 在加入$(NH_4)_2S_2O_8$时，先计时后搅拌或先搅拌后记时，对实验结果各有何影响？

实验 14 凝固点下降法测定硫的相对分子质量

一、实验目的

1. 了解凝固点下降法测定相对分子质量的原理与方法。
2. 观察硫-萘体系冷却过程，练习绘制冷却曲线。

二、基本原理

溶剂中溶解有溶质时，溶液的凝固点就要下降。若溶质不与溶剂生成固溶体，而且溶液是难挥发的非电解质稀溶液，则溶液的凝固点下降值 ΔT_f与溶液的浓度成正比：

$$\Delta T_f = T_f^0 - T_f = K_f \cdot b_B = K_f \cdot \frac{1\,000 m_1}{M \cdot m_2} \quad (1)$$

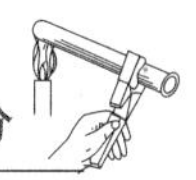

式中：ΔT_f 为凝固点下降值(K)；T_f^0 为溶剂的凝固点(K)；T_f 为溶液的凝固点(K)；K_f 为溶剂的凝固点降低常数(K・kg/mol)；b_B 为溶质的质量摩尔浓度(mol/kg)；M 为溶质的摩尔质量(g/mol)；m_1 和 m_2 分别为溶质和溶剂的质量(g)。

利用溶液的凝固点下降与溶液浓度的关系，可测定溶质的相对分子质量。本实验以萘为溶剂($K_f=6.9$)来测定硫的相对分子质量。

$$M=1\,000K_f \cdot \frac{m_1}{m_2 \cdot \Delta T_f} \tag{2}$$

纯溶剂的凝固点就是它的液相和固相共存时的平衡温度。若将纯溶剂逐步冷却，在未凝固之前，温度将随时间均匀下降。凝固时由于放出热量(熔化热)，因冷却而散失的热量得到了补偿，所以温度将保持不变，直到全部液体凝固后温度才继续均匀下降。其冷却曲线如图 3-4(Ⅰ)所示，A 点所对应的温度 T^0 为纯溶剂的凝固点。但实际过程中常发生过冷现象，即在其凝固点以下才开始析出固体，当开始结晶时由于放出热量，温度又开始上升，待液体全部凝固，温度再均匀下降。这种冷却曲线如图 3-4(Ⅱ)所示，B 点所对应的温度 T^0 才是溶剂的凝固点(一般可通过加强搅拌来避免或减弱过冷现象)。

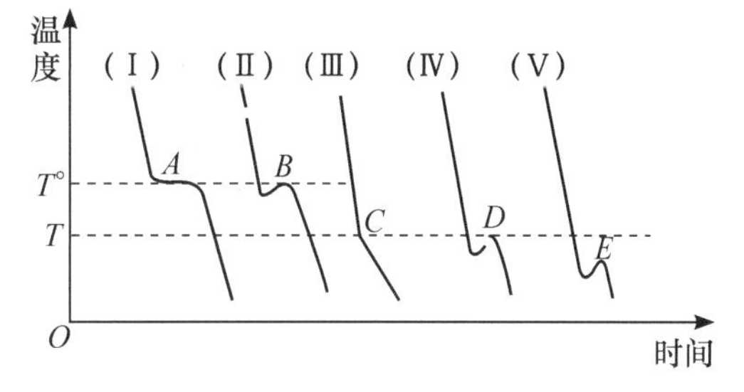

图 3-4　冷却曲线

溶液的凝固点是该溶液的液相与溶剂的固相共存时的平衡温度。若将溶液逐步冷却，其冷却曲线与纯溶剂不同，因为当溶剂一旦开始从溶液中结晶析出，溶液浓度便逐渐增大，溶液的凝固点也随之进一步下降。但又因为在溶剂结晶析出的同时伴有热量放出，温度下降的速率与溶剂第一次开始凝固析出之前有所不同，因而在冷却曲线(Ⅲ)上会出现一个转折点 C，这个转折点对应的温度就是溶液的凝固点，它相当于溶剂从溶液中第一次开始凝固析出的温度。如果有过冷现象，则会出现曲线(Ⅳ)上的 D 点，这时温度回升后出现的最高点才是溶液的凝固点。如果过冷现象严重，则得曲线(Ⅴ)，使凝固点的测定结果偏低。

三、仪器和试剂

1. 仪器

分析天平、托盘天平、烧杯(高型，600 mL)、温度计(1/10 K 刻度，323～373 K)、试管(50 mL)、搅拌棒。

2. 试剂

萘(A. R)、硫黄粉(升华硫)、环己烷(C. P)。

四、实验步骤

1. 纯萘凝固点的测定

按图 3-5 所示装置仪器，其中水浴锅用一个高型烧杯代替。称取 20.0 g 萘，小心倒入一个大试管中，塞上胶塞。加热使大部分萘开始熔化时，取下胶塞，换上装有 1/10 K 刻度的温度计和带有搅拌棒的胶塞，继续加热使萘全部熔化后，停止加热。在不停地搅拌下，从 358 K 开始每隔 30 s 记录一次时间和温度的数据，直到 348 K 为止(可用放大镜观察温度)。

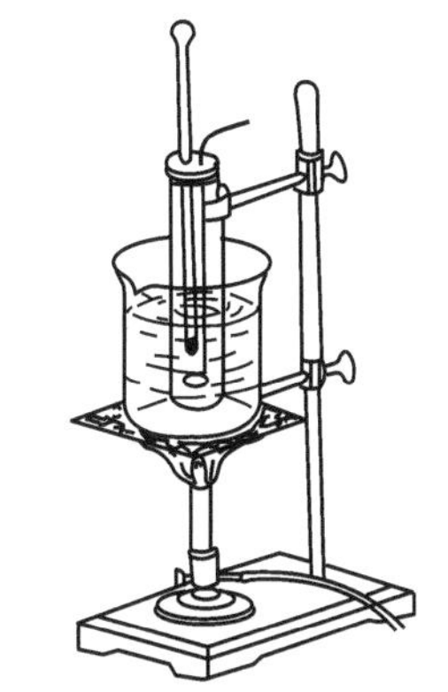

图 3-5　测定凝固点的装置

2. 萘溶液凝固点的测定

将上述试管中的萘重新加热至全部熔化。小心将事先称好的硫粉(1.00 g 左右)倒入试管中,继续加热和搅拌,使硫溶于萘中,得到的硫-萘溶液应是均匀透明的。若有不溶的残余硫,可取下盛水的烧杯以及温度计,隔着石棉网小心用酒精灯加热试管,搅拌至硫全部溶解。停止加热,然后将试管重新放回水浴烧杯中,片刻,将温度计插回试管上(注意温度计的温度指示不要超过最高刻度),加热,使硫-萘溶液温度达 358 K 以上。移开酒精灯,在不断搅拌下,同样从 358 K 至 348 K 每隔 30 s,记录一次时间和温度数据。

实验完毕,清洗试管。方法是:加热试管,使内容物全部熔化后,取出装有温度计和搅拌棒的胶塞(未熔化时切不能拔出温度计,以免折断),把熔融物倒在一个折叠成漏斗形的纸上(小心勿溅在皮肤上),冷却后放入垃圾罐。残留在试管内的硫-萘混合物可用约 5 mL 的环己烷溶解,然后倒入回收瓶中。

五、记录和结果

1. 列表记录温度-时间数据,分别作出溶剂和溶液的冷却曲线,求出它们的凝固点以及 ΔT_f。

2. 计算硫的摩尔质量以及在萘中的分子式。

六、思考题

1. 为什么在本实验中萘可以用托盘天平称取?而硫则要求用分析天平称取?

2. 实验过程中,如果萘或硫放入试管时损失一些,或硫中含有杂质,对结果有何影响?

3. 若溶质在溶液中产生离解、缔合等情况,对实验结果有何影响?

实验 15　硫酸亚铁铵的制备

一、实验目的

1. 熟悉水浴加热、常压过滤和减压过滤等基本操作。

2. 了解复盐的一般特征及制备方法。

二、基本原理

硫酸亚铁铵又称摩尔盐,是浅绿色单斜晶体。它在空气中比一般亚铁盐稳定,不易被氧化,溶于水但不溶于乙醇。

在 0～60℃的温度范围内,由于硫酸亚铁铵在水中的溶解度比硫酸铵、硫酸亚铁小,因此很容易从浓的 $FeSO_4$ 和 $(NH_4)_2SO_4$ 混合溶液中制得结晶的摩尔盐。

本实验先将金属铁屑溶于稀硫酸制得硫酸亚铁溶液:

$$Fe + H_2SO_4 = FeSO_4 + H_2\uparrow$$

然后加入硫酸铵制得混合溶液,加热浓缩,冷却至室温,便析出硫酸亚铁铵复盐:

$$FeSO_4 + (NH_4)_2SO_4 + 6H_2O = (NH_4)_2 \cdot FeSO_4 \cdot 6H_2O$$

三、仪器、试剂和材料

1. 仪器

托盘天平、锥形瓶、蒸发皿、水浴锅等。

2. 试剂

固体 $(NH_4)_2SO_4$、10% Na_2CO_3 溶液、3.0 mol/L 硫酸、95% 乙醇。

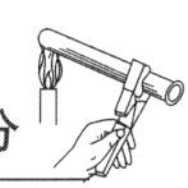

3. 材料

铁屑、称量纸、滤纸。

四、实验步骤

1. 铁屑的净化(除去油污)

由机械加工过程得到的铁屑油污较多,可用碱煮的方法除去:称取 4.2 g 铁屑,放入锥形瓶内,加入 20 mL 10% Na_2CO_3 溶液,缓缓加热约 10 min,用倾析法除去碱液,用水洗净铁屑(如果用纯净的铁屑,可省去这一步)。

2. 硫酸亚铁的制备

往盛有铁屑的锥形瓶中加入约 25 mL 3 mol/L H_2SO_4 溶液,水浴加热(在通风橱中进行),期间取出锥形瓶摇荡若十次并适当补充水分,直至反应基本完全为止。再加入 1 mL 3 mol/L H_2SO_4 溶液。过滤,滤液转移至蒸发皿内。

3. 硫酸亚铁铵的制备

称取 9.5 g $(NH_4)_2SO_4$ 固体加入上述溶液中。水浴加热,搅拌至 $(NH_4)_2SO_4$ 固体完全溶解。继续蒸发浓缩至表面出现晶膜为止。冷却至室温,过滤。用少量乙醇洗涤晶体 2 次。取出晶体放在表面皿上晾干,称重,计算产率。回收产品。

五、思考题

1. 本实验中前后两次水浴加热的目的有何不同?

2. 在制备硫酸亚铁时,如何判断反应基本完全?再加入 H_2SO_4 溶液的目的是什么?

3. 在计算硫酸亚铁铵的产率时,是根据铁用量还是硫酸铵用量?铁用量过多对制备硫酸亚铁铵有何影响?

实验 16　碘化铅溶度积常数的测定

一、实验目的

1. 了解采用分光光度计法测定难溶盐溶度积常数的原理和方法。

2. 学习分光光度计的使用方法。

二、实验原理

碘化铅的溶度积表达式为:

$$K_{sp}^{\ominus}=c(Pb^{2+})\cdot c(I^-)^2$$

$$Pb^{2+}+2\,I^- = PbI_2(s)$$

初始浓度	c	a
反应浓度	$\frac{a-b}{2}$	$a-b$
平衡浓度	$c-\frac{a-b}{2}$	b

由分光光度计测得　$K_{sp}^{\ominus}=\left(c-\frac{a-b}{2}\right)\cdot b^2$

三、仪器、试剂及材料

1. 仪器

722 型分光光度计、2 cm 比色皿 4 个、50 mL 烧杯 6 个、10 mm×200 mm 试管 6 支、吸

量管(1 mL 3 支、5 mL 3 支、10 mL 1 支)、漏斗 3 个。

2. 试剂

6.0 mol/L HCl、0.015 mol/L $Pb(NO_3)_2$、0.035 mol/L KI、0.003 5 mol/L KI、0.020 mol/L KNO_2、0.010 mol/L KNO_2。

3. 材料

滤纸 、擦镜纸、橡胶塞。

四、实验内容

1. 绘制 I^- 浓度标准曲线

在 5 支干净、干燥的比色管中分别加入 1.00、1.50、2.00、2.50、3.00 mL 0.003 5 mol/L KI 溶液，再分别加入 2.00 mL 0.020 mol/L KNO_2 溶液、3.00 mL 去离子水及 1 滴 6.0 mol/L HCl。摇匀静置 5 min 后，分别倒入比色皿中。以水作参比溶液，在 520 nm 波长下测定吸光度。以测得的吸光度数据为纵坐标，以相应的 I^- 浓度为横坐标，绘制 I^- 浓度的标准曲线图。

氧化后得到的 I_2 浓度应小于室温下 I_2 的溶解度。不同温度下，I_2 的溶解度见表 3-9：

表 3-9 不同温度下 I_2 在水中的溶解度

温度/℃	溶解度/(g/100 g)
20	0.029
30	0.056
40	0.078

2. 制备 PbI_2 饱和溶液

(1)取 3 支干净、干燥的比色管，按表 3-10 用吸量管加入 $Pb(NO_3)_2$ 溶液(0.015 mol/L)、KI 溶液(0.035 mol/L)、去离子水，使每个比色管中溶液的总体积为 10.00 mL。

表 3-10 不同浓度 PbI_2 溶液的制备

试管编号	$V[Pb(NO_3)_2]$/mL	$V(KI)$/mL	$V_水$/mL
1	5.00	3.00	2.00
2	5.00	4.00	1.00
3	5.00	5.00	0.00

(2)用塞子塞紧比色管，充分振荡比色管，大约摇 10 min 后，再静置 3～5 min。

(3)在装有干燥滤纸的干燥漏斗上，将制得的含有 PbI_2 固体的饱和溶液过滤，同时再用 3 支干燥的比色管接取滤液。弃去沉淀，保留滤液。

(4)另取 3 支干燥比色管，用吸量管分别注入 1 号、2 号、3 号 PbI_2 饱和溶液的滤液各 2.00 mL，再分别注入 4.00 mL KNO_2 溶液(0.01 mol/L)及 1 滴 HCl 溶液(6.0 mol/L)。摇匀后，分别倒入比色皿(2 cm)中，以水作参比溶液，在 520 nm 波长下测定溶液的吸光度。

五、数据记录和处理

将实验数据及计算结果填入表 3-11。

表 3-11　PbI_2 溶度积常数的测定

项目	试管编号		
	1	2	3
$V[Pb(NO_3)_2]$/mL			
V(KI)/mL			
$V_水$/mL			
溶液总体积/mL			
a(I^- 的初始浓度)/(mol/L)			
稀释后溶液的吸光度			
由标准曲线查得稀释后 I^- 的浓度/(mol/L)			
b(推算 I^- 的平衡浓度)/(mol/L)			
b^2			
$a-b$(I^- 的减小浓度)/(mol/L)			
c(Pb^{2+} 的初始浓度)/(mol/L)			
$\frac{a-b}{2}$(Pb^{2+} 的减小浓度)/(mol/L)			
$\left(c-\frac{a-b}{2}\right)$($Pb^{2+}$ 的平衡浓度)/(mol/L)			
$K_{sp}^{\ominus}=\left(c-\frac{a-b}{2}\right)\cdot b^2$			
溶度积常数的平均值			

六、思考题

1. 制备 PbI_2 饱和溶液时为什么要充分摇荡？

2. 如果使用湿的比色管配制比色溶液，对实验结果将产生什么影响？

附：几种分光光度计的使用

一、581-G 型光电比色计

1. 工作原理

581-G 型光电比色计构造如图 3-6 所示。

光源发出的复合光经反光镜反射，通过隔热玻璃和滤光片，变成近似的单色光。此单色光通过比色杯时，被溶液吸收掉一部分，剩余的光照在光电池上，产生光电信号。电流大小用检流计测量，可在检流计标尺上直接读出吸光度(A)或透光度(T)。

2. 使用方法

581-G 型光电比色计的外板如图 3-7 所示，其使用方法大致分为以下几个步骤：

(1)接通 220 V 电源。

(2)将开关拨到“1”处，检流计灯亮，检流计刻度尺上出现光标。旋动比色计上部零点调节器，将光标调到标尺的零位上(即透光度为零)。

(3)在比色杯中分别装入参比溶液和标准(或样品)溶液，放入比色杯架中，盖好暗盒盖，插入所需的滤光片。

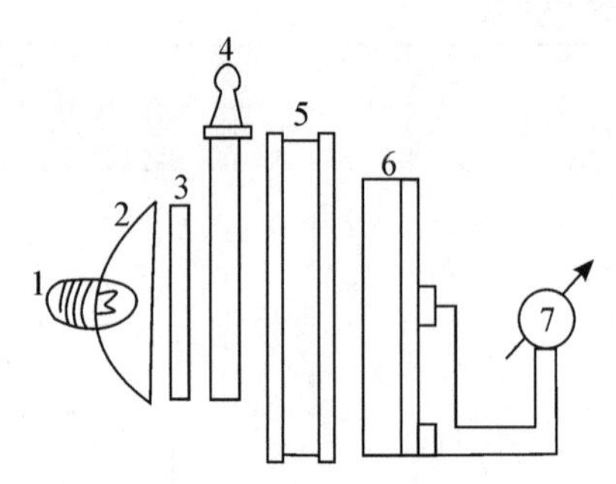

1. 光源　2. 反光镜　3. 隔热玻璃
4. 滤光片　5. 比色杯　6. 硒光电池　7. 检流计

图 3-6　581-G 型光电比色计的基本构造

1. 零点调节器　2. 开关旋钮　3. 滤光片
4. 比色杯架　5. 粗细调节器　6. 刻度标尺

图 3-7　581-G 型光电比色计的外形

(4)将开关拨到"2"处，预热 5～15 min，使光源达到稳定状态。将参比溶液推入光路，旋动粗、细调节器使检流计光标指在透光度为 100%处。

(5)将标准(或样品)溶液推入光路，即可直接读出吸光度(*A*)值。

(6)每次使用完毕，将开关拨至"0"处，将滤光片和比色杯从仪器中取出，将比色杯洗涤干净放回原处。将粗、细调节器以逆时针方向转到零位。切断电源，将仪器罩好。

二、72 型分光光度计

1. 工作原理

72 型分光光度计是一种普及型的可见分光光度计，适用波长范围为 420～700 nm。其基本构造如图 3-8 所示。

光源由磁饱和稳压器和 10 V 钨丝灯泡提供。白光经过透光窗、反光镜和透镜后，成为平行光进入棱镜，经分光后的各种波长的单色光，被反射镜反射再经过透镜，聚焦于出光狭缝上。反射镜和透镜装在一个可旋转的转盘上，它的旋转角度是由波长调节器上的转轮带动控制的，因此旋转波长调节器转轮即可在出光狭缝的后面得到一定波长的单色光。单色光通过比色杯和光量调节器(调节光电池受光面积)，射到硒光电池上，产生光电流，使检流计发生偏转。光"线"投影光源是检流计的光源。

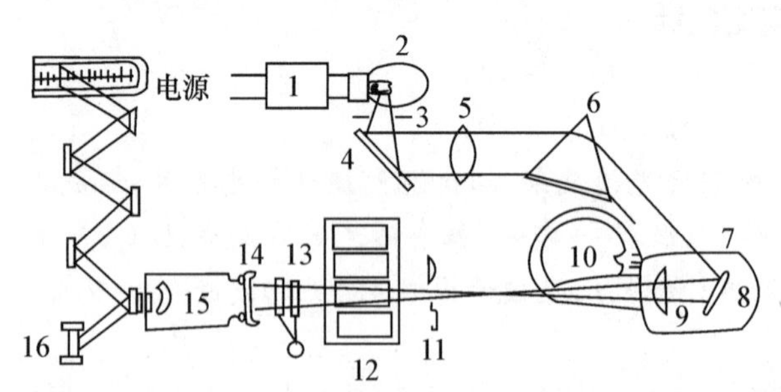

1. 磁饱和稳压器　2. 光源　3. 透光窗　4. 反光镜　5. 透镜　6. 玻璃棱镜
7. 转盘　8. 反光镜　9. 透镜　10. 转轮　11. 出光狭缝　12. 比色杯架
13. 光量调节　14. 硒光电池　15. 悬镜式检流计　16. 光"线"投影光源

图 3-8　72 型分光光度计的基本构造

2. 使用方法

72 型分光光度计安装示意图，如图 3-9 所示。

磁饱和稳压器接220 V交流电源。单色器(内有棱镜、透镜、波长盘、光量调节器等)一边与稳压器相连(用2根导线),另一边与检流计相连(用3根导线把单色器和检流计相对应的红点、绿点、黄点相连),检流计再与220 V交流电相连。

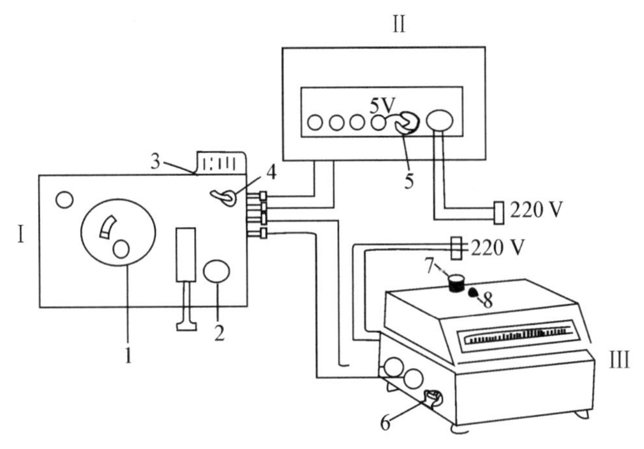

Ⅰ.单色器　Ⅱ.稳压器　Ⅲ.检流计

1.波长盘　2.光量调节器　3.光路闸门　4,5,6.开关　7.检流计粗调　8.检流计细调

图3-9　72型分光光度计的安装

使用该仪器时,可按以下步骤操作:

(1)按上述方法将仪器接好后,先把稳压器电源开关、检流计电源开关以及单色器光源开关拨到“光”的位置上,然后给稳压器及检流计接通220 V交流电源。

(2)将单色器上的光路闸门关闭(拨向黑点处),并将光量调节旋到最小位置。打开稳压器电源开关,再打开单色器电源开关,这时钨丝灯泡亮,预热10 min。

(3)打开检流计电源开关 ,光标即出现在标尺上,用零点调节器将光标调至透光度标尺的“0”点上。

(4)用波长调节器将仪器调至所需波长处。

(5)打开光路闸门(拨向红点处),调节光量调节器,至检流计指在透光度为“100%”处。经2～3 min照射,待光电流趋于稳定,关闭光路闸门。

(6)将盛有参比溶液和样品溶液的比色杯放入比色杯架内,盖上比色杯暗箱盖,以免杂光干扰。然后将参比溶液推入光路,调好检流计零点,打开光路闸门,用光量调节器将检流计上光标调至吸光度为“0”处(即透光度为100%处)。

(7)推入样品溶液,在检流计的标尺上直接读出它的吸光度。

(8)每次使用完毕,应先关闭光源开关后关闭电源开关,将光量调节到最小位置,取出比色杯,洗净擦干,放回原处,罩上仪器。登记仪器使用卡。

3.简易检查与维修

(1)检查分光系统。打开比色杯暗箱盖子,拿出比色杯架,插入一块白纸,打开光路闸门,将波长调节器由700 nm处向420 nm方向慢慢转动,观察从出光狭缝射出的光线的颜色,看是否与波长调节器所示的波长符合,如果符合,说明正常。为了进一步检查分光系统的质量,可用$KMnO_4$溶液检查,测定最大吸收波长是否在(525±10)nm处。检查方法是:移取$c\left(\frac{1}{5}KMnO_4\right)=0.1$ mol/L $KMnO_4$溶液放于容量瓶中,用水稀释至刻度,充分摇匀后,装入 1 cm 比色杯中，以蒸馏水为参比溶液，在波长 460、480、500、510、515、520、525、530、535、540、550、570 nm 处分别测定吸光度(注意每换一个波长测定时都用参比溶液调零)，然后绘制吸收曲线。如果 $KMnO_4$ 溶液的最大吸收波长在(525±10)nm 范围内，则此仪器的分光系统是准确的。否则须要卸下波长调节器，调节刻度盘的角度，使之符合要求。

(2)仪器的维护

①防潮。比色仪器的光电池受潮后，灵敏度会急剧下降，甚至失效。因此，比色仪器应放在干燥的地方，并应在光电池附近即比色杯暗箱里放入干燥剂，并定时烘干干燥剂，以保持干燥。比色时，不得将溶液洒入比色杯暗箱里，若洒入应及时擦干。

②防光。光电池受强光照射或长时间连续照射，光电池会发生“疲劳”，甚至缩短寿命，因此，比色仪器应放在避光的地方，比色杯暗箱应盖严。进行比色时，将光路闸门拨到红点处，比色结束后及时将其拨回黑点处。

③防震。比色仪器应安放在牢固的工作台上，最好安放在水泥台面上。使用时防止震动，否则将影响检流计读数。搬动时，应使检流计短路，以免受震损坏。

④防腐蚀。使用过程中严防腐蚀性气体和酸、碱溶液侵入机件内部，避免在酸雾较多的室内使用仪器。

(3)常见故障及其排除

①看不到检流计光标。首先看小灯泡亮不亮，如果小灯泡亮，在无光电流通过的条件下，光标多数情况是移向左边的，用零点钮调节(扭动方向与光标移动方向相反，即向左扭，光标右移)；如果有光电流通过，一般光标移到最右侧，用光量调节钮调回(光量调节钮扭动方向与光标移动方向一致，即要把光标左移，光量调节钮向左旋动)。少数情况是灯座固定螺丝松动，小灯泡位置不正确所致，这时应调整小灯泡位置使光标出现。如果灯泡不亮，在电源正常接通情况下，灯泡可能被烧坏，要更换小灯泡。此时要松开灯泡底座固定螺丝，将小灯泡取出，换上新的灯泡，调节好灯泡位置，使光标清晰可见，然后拧紧螺丝。

②放入参比溶液后，光标调节不到吸收度的零位(即透光度的 100%)。原因可能是：a. 光电源电压不足。稳压器有两种输出电压，5.5 V 和 10 V，连到 5.5 V 调不到 $T=100\%$，就换成 10 V；b. 灵敏度低，可选择灵敏度挡；c. 线路接触不良，须检查接点情况；d. 光电池失效，应更换新的光电池。

③如果人体接触机壳时，光标跳动，可能是仪器的地线没有接通，这时要接好地线。

④如果仪器外壳带电(弱电)，接上地线后即好。

4. 注意事项

(1)比色前先检查比色杯之间的透光度是否符合要求，如果不符合，应该用无水乙醇擦干净，至它们的透光度之差小于 0.5%才能使用。

(2)比色时，比色杯位置一定要正好对准出光狭缝，稍有偏移，测出的吸光度值就有很大的误差。产生位置偏移的原因有二：一是比色架上的卡片放的方向不对。带弯勾的一端应放在前面，平面的一端放在后面；二是比色杯架未拉(或推)到位。

(3)要保护好比色杯的透光面，拿比色杯要拿毛玻璃面，擦比色杯要用镜头纸擦。洗比色杯、装溶液等操作要在实验台上进行，以免失手打坏。

(4)比色杯要用所装溶液漂洗 3 次，并装到 4/5 处为宜，不要装得太满。装完溶液后，杯里不应有气泡，杯外用镜头纸擦干，不应有水痕。

三、721型分光光度计

1. 工作原理

721型分光光度计是在72型分光光度计的基础上改进而成的，由于它采用GD-7型光电管作光电转换元件，故它的光谱响应范围较72型的硒光电池宽，可适用的波长范围为360～800 nm。其基本构造如图3-10所示。

由光源发出的光，射到聚光镜上，汇聚后再经过平面反射镜转角90°，反射至入射狭缝，由此入射到单色器内，狭缝正好位于球面准直镜的焦面上，当入射光线经过准直镜反射后，就以一束平行光射向棱镜，在其中色散后依原路稍偏转一个角度反射回来，再经过物镜反射后，就汇聚在出光狭缝上(出光狭缝和入光狭缝是一体的)。从单色器出来的光束经过透镜，使光束在进入狭缝之后和进入比色杯之前再一次聚光，以保证光束进入比色杯时是很集中的，不会产生比色杯架挡光的现象。通过比色杯的光经过光门射到光电管上，产生的光电流输入微安表，显示吸光度读数。

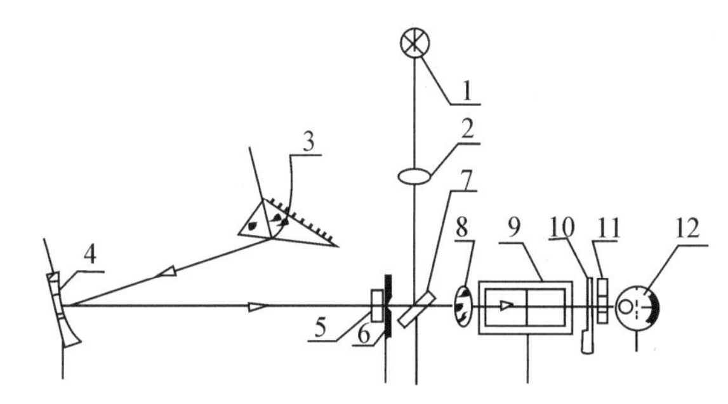

1. 光源　2. 聚光镜　3. 棱镜　4. 准直镜　5. 保护玻璃　6. 狭缝
7. 反光镜　8. 聚光透镜　9. 比色杯　10. 光门　11. 保护玻璃　12. 光电管

图3-10　721型分光光度计的基本构造

2. 使用方法

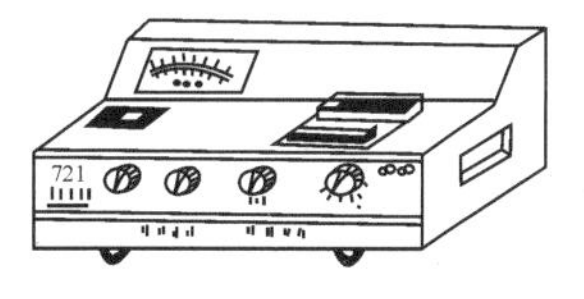

图3-11　721型分光光度计的外形

721型分光光度计的外形如图3-11所示，使用该仪器时，可按以下步骤操作。

(1)在仪器尚未接通电源前，检查电表的指针是否位于“0”刻度上，如果不在“0”刻度上，可用电表的校正螺丝进行调节。

(2)将仪器的电源接通，打开比色杯暗箱盖，仪器预热10 min，选择需用的单色光波长。

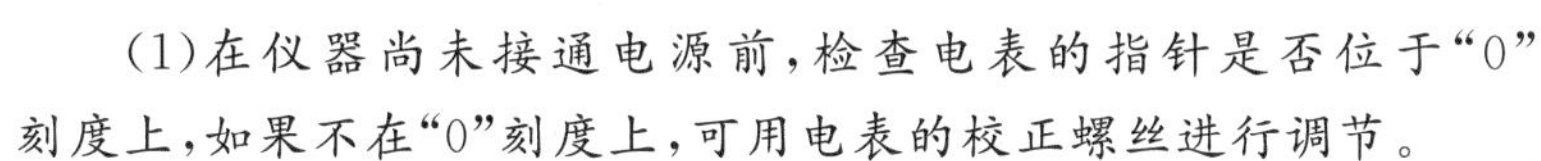

(3)选择灵敏度放大器，灵敏度共有5挡，是逐步增加的，其中“1”最低。选挡原则是：在参比溶液能调到“100”的情况下，尽可能采用灵敏度较低挡。灵敏度不够高时再逐渐升高，但改变灵敏度后须重新调节“0”和“100”。

(4)调节“0”电位器，使电表指针在“0”位上，然后将比色杯暗箱盖上。将盛有参比溶液的比色杯拉入光路，使光电管受光。旋转电位器，使电表指针在“100”位置上。

(5)按(4)连续几次调节“0”和“100”。

(6)上述步骤完成后，即可进行测定，将比色杯架拉杆轻轻拉出，使待测溶液进入光路。此时，微安表所指的读数即为该溶液的吸光度。

实验17 卤 素

一、实验目的

1. 掌握卤素的氧化性和卤素离子的还原性。

2. 掌握次卤酸盐的氧化性。

3. 了解卤素的歧化反应。

4. 了解实验中制备卤化氢的方法及它们的性质。

5. 了解某些金属卤化物的性质。

二、仪器、试剂及材料

1. 仪器

玻璃片、分液漏斗、铅皿、带支管的大试管、氯气发生器装置(公用)。

2. 试剂

氯水、溴水、碘水、饱和 H_2S 水溶液、CCl_4、品红溶液、淀粉溶液、浓氨水、红磷、固体 I_2、固体 KCl、固体 KBr、固体 KI、固体 $KClO_3$、固体 CaF_2、固体 NaCl、石蜡、浓 H_3PO_4、0.1 mol/L KIO_3、0.5 mol/L KBr、0.1 mol/L NaF、0.5 mol/L 和 0.1 mol/L $Na_2S_2O_3$、0.5 mol/L 和 0.01 mol/L KI、6 mol/L 和 2 mol/L KOH;含 Cl^-、Br^-、I^- 混合液,丢失标签的 KClO、$KClO_3$、$KClO_4$ 试剂。

3. 材料

碘化钾-淀粉试纸、pH 试纸、醋酸铅试纸。

三、实验内容

1. 卤素单质在不同溶剂中的溶解性

分别试验并观察少量的氯、溴、碘在水、CCl_4、碘化钾水溶液中的溶解情况,以表格形式写出实验结果,并作理论解释。

2. 卤素的氧化性

(1)分别以 0.1 mol/L KBr、0.1 mol/L KI、CCl_4、氯水、溴水等试剂,设计一系列试管实验,说明氯、溴、碘的置换次序。记录有关实验现象,写出反应式。

(2)氯水、溴水、碘水氧化性差异的比较。分别向氯水、溴水、碘水溶液中滴加 0.1 mol/L $Na_2S_2O_3$ 溶液及饱和 H_2S 水溶液,观察现象,写出反应式。

(3)氯水对 Br^-、I^- 混合溶液的氧化顺序。在试管内加入 0.5 mL(约 10 滴)0.1 mol/L KBr 溶液及 2 滴 0.1 mol/L KI 溶液,然后再加入 0.5 mL CCl_4,仔细观察 CCl_4 液层颜色的变化,写出有关反应式。

通过以上实验说明卤素氧化性递变顺序。

3. 卤素离子还原性(在通风橱内进行)

(1)分别向 3 支盛有少量(绿豆大小)KBr、KI、KCl 固体的试管中加入约 0.5 mL 浓硫酸。观察现象并选用合适的试纸或试剂检验各试管中逸出的气体产物。提供选择的试纸或试剂分别有醋酸铅试纸、碘化钾-淀粉试纸、pH 试纸、浓氨水。观察现象,写出反应式。

(2)Br^-、I^- 还原性的比较。分别利用 KBr、KI、$FeCl_3$ 溶液之间的反应,说明 Br^-、I^- 还原性的差异,写出反应式。

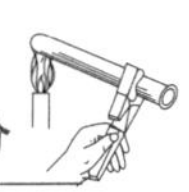

通过以上实验比较卤素离子还原性的相对强弱。

4. 氯的歧化反应(在通风橱内进行)

取氯水10 mL,逐滴加入2 mol/L KOH至溶液呈弱碱性(用pH试纸检验)。将溶液分成4份,第1份溶液与2 mol/L HCl反应,选择合适的试纸检验气体产物,写出有关反应式;另外3份留作次氯酸钾氧化性实验用。

另取5 mL 6 mol/L KOH溶液,水浴加热溶液近沸腾后通入氯气。待有晶体析出后,用冰水冷却试管,滤去溶液,观察产物。晶体留作氯酸钾氧化性实验用。写出氯气在热碱溶液中歧化的反应式。

5. 次卤酸盐及卤酸盐的氧化性

(1)次氯酸钾的氧化性。将由实验4制得的3份次氯酸钾溶液分别与0.1 mol/L $MnSO_4$溶液、品红溶液及用H_2SO_4酸化了的碘化钾-淀粉溶液反应。观察现象,写出反应式。

(2)氯酸钾的氧化性

①取少量由实验4制得的$KClO_3$晶体置于试管中,加入少许浓盐酸,注意逸出气体的气味,检验气体产物,写出反应式,并作出解释。

②检验由实验室配制的饱和$KClO_3$溶液与0.1 mol/L Na_2SO_3溶液在中性及酸性条件下(用H_2SO_4)的反应,用$AgNO_3$验证反应产物,解释该实验如何说明$KClO_3$氧化性与介质酸碱性的关系。

③取少量$KClO_3$晶体,用1～2 mL水溶解后,加入少量CCl_4及0.1 mol/L KI溶液数滴,摇动试管,观察试管内水相及有机相的变化。再加入6 mol/L H_2SO_4酸化溶液,观察变化,写出反应式。解释不能用HNO_3或HCl来酸化溶液的原因。

(3)钾的氧化性

①卤酸盐的氧化性(在通风橱内进行)。饱和溴酸钾溶液经H_2SO_4酸化后,分别与0.5 mol/L KBr溶液及0.5 mol/L KI溶液反应,观察现象并检验反应产物,写出反应式。

②碘酸盐的氧化性。0.1 mol/L KIO_3溶液经3 mol/L H_2SO_4酸化后,加入几滴淀粉溶液,再滴加0.1 mol/L Na_2SO_3溶液,观察现象,写出反应式。改变加入试剂顺序(先加Na_2SO_3最后滴加KIO_3),观察现象,写出反应式。

③溴酸盐与碘酸盐的氧化性比较。往少量饱和$KBrO_3$溶液中加入少量浓H_2SO_4,溶液酸化后加入少量碘片,振荡试管,观察现象,写出反应式。

通过以上实验总结氯酸盐、碘酸盐、溴酸盐的氧化性。

6. 卤化氢的制备与性质(在通风橱内进行)

(1)氟化氢的制备与性质。在一块涂有石蜡的玻璃片上,用小刀刻下字迹。在铅皿或塑料盖上放入约1 g固体CaF_2,加入几滴水调成糊状后,滴入1～2 mL浓H_2SO_4,立即用刻有字迹的玻璃片覆盖。1～2 h后,用水冲洗玻璃片并刮去玻璃片上的石蜡后,可清晰地看到玻璃片上的字迹。解释现象,写出反应式。

(2)分别试验少量固体NaCl、KBr、KI与浓H_3PO_4的反应,适当微热,观察现象并写出反应式。

(3)碘化氢的制备与性质(在通风橱内进行)。装置如图3-12所示,干燥的大试管内装有粉状的碘及在干燥器干燥过的红磷(I_2 : P=1 : 6),稍微加热试管,从分液漏斗中滴加少量水,反应生成的气体被导入一支干燥的小试管中。将烧红了的玻璃棒插入收集碘化氢的试管中，观察现象，写出反应式。

7. 金属卤化物的性质

(1)卤化物的溶解度比较

①分别向盛有 0.1 mol/L NaF、NaCl、KBr、KI 溶液的试管中滴加 0.1 mol/L $Ca(NO_3)_2$ 溶液，观察现象，写出反应式。

②分别向盛有 0.1 mol/L NaF、NaCl、KBr、KI 溶液的试管中滴加 0.1 mol/L $AgNO_3$ 溶液，制得的卤化银沉淀经离心分离后，分别与 2 mol/L HNO_3、2 mol/L $NH_3 \cdot H_2O$ 及 0.5 mol/L $Na_2S_2O_3$ 溶液反应，观察沉淀是否溶解，写出反应式。解释氟化物与其他卤化物溶解度的差异及变化规律。

(2)卤化银的感光性。将制得的 AgCl 沉淀均匀地涂在滤纸上，滤纸上放上一把钥匙，光照约 10 min 后取出钥匙，可清楚地看到钥匙的轮廓。卤化银见光分解以氯化银较快，碘化银最慢。

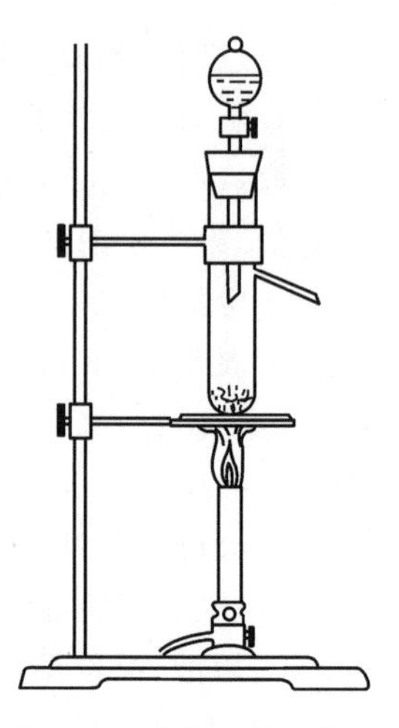

图 3-12　碘化氢的制备

8. 卤素离子和未知物的鉴别

(1)混合液中含 Cl^-、Br^-、I^-，试设计分离检出方案。

(2)现有 3 瓶丢失了标签的无色液体试剂，它们分别是 KClO、$KClO_3$、$KClO_4$，请设计实验方法加以鉴别。

四、思考题

1. 进行卤素离子还原性实验时应注意哪些安全问题？

2. 如何区别次氯酸钠溶液和氯酸钠溶液？如何比较次氯酸钠和氯酸钾的氧化性？

3. 用 $AgNO_3$ 检出卤素离子时，为什么要先用 HNO_3 酸化溶液再用 $AgNO_3$ 检出？向一种未知溶液中加入 $AgNO_3$，如果不产生沉淀，能否认为溶液中不存在卤素离子？

安全知识

1. 氯气有毒和刺激性，少量吸入会刺激鼻咽部，引起咳嗽和喘息。大量吸入会导致严重损害，甚至死亡。因此，进行有关氯气的实验，必须在通风橱内进行。

2. 溴蒸气对气管、肺部、眼、鼻、喉都有强烈的刺激作用。进行有关溴的实验，应在通风橱内进行，不慎吸入溴蒸气时，可吸入少量氨气和新鲜空气解毒。液态溴具有很强的腐蚀性，能灼烧皮肤，严重时会使皮肤溃烂。移取液态溴时，须戴橡胶手套。溴水的腐蚀性虽比液溴弱些，但在使用时，也不允许直接由瓶内倒出，而应用滴管移取，以防溴水接触皮肤。如果不慎把溴水溅在手上，应及时用水冲洗，再用经稀硫代硫酸钠溶液充分浸透的绷带包扎处理。

3. 氟化氢气体有剧毒和强腐蚀性，主要对骨骼、造血系统、神经系统、牙齿及皮肤黏膜造成伤害，吸入会使人中毒。氢氟酸能灼伤皮肤。因此，在使用氢氟酸和进行有关氟化氢气体的实验时，应在通风橱内进行，在移取氢氟酸时，必须戴上橡胶手套，用塑料管吸取。

4. 氯酸钾是强氧化剂，保存不当时容易引起爆炸。它与硫、磷的混合物是炸药，因此，绝对不允许将它们混在一起。氯酸钾容易分解，不宜大力研磨，烘干或烤干。在进行有关氯酸

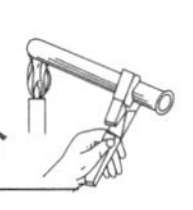

钾的实验时，如同进行其他有强氧化性物质实验一样，应将剩下的试剂回收处理，一律不准倒入废酸缸中。

实验 18　碱金属和碱土金属

一、实验目的

1. 比较碱金属、碱土金属的活泼性。

2. 比较碱土金属氢氧化物及其盐类溶解度。

3. 比较锂、镁盐的相似性。

4. 了解焰色反应的操作并熟悉使用金属钾、钠、汞的安全措施。

二、仪器、试剂及材料

1. 仪器

离心机、镊子、蒸发皿、坩埚、点滴板、玻璃棒等。

2. 试剂

汞、95%乙醇、凡士林、烧石膏、植物油、0.01 mol/L $KMnO_4$、2 mol/L 新制 NaOH、2 mol/L 新制 $NH_3 \cdot H_2O$、饱和 NH_4Cl、饱和 $K[Sb(OH)_6]$、饱和 $NaHC_4O_6$、饱和$(NH_4)_2C_2O_4$、饱和 NaCl、2 mol/L HAc、0.5 mol/L $(NH_4)_2CO_3$、0.5 mol/L $MgCl_2$、0.5 mol/L Na_3PO_4；浓度均为 1 mol/L 的 LiCl、NaF、Na_2CO_3、$NaHPO_4$、NaCl、KCl、$CaCl_2$、$SrCl_2$、$BaCl_2$、K_2CrO_4、$MgCl_2$、Na_2SO_4和 $NaHCO_3$；未知液(均为 1 mol/L)：NaOH、NaCl、$MgSO_4$、K_2CO_3；失落标签的试剂(均为 1 mol/L)：$(NH_4)_2SO_4$、HNO_3、Na_2CO_3、$BaCl_2$、NaOH、NaCl、H_2SO_4；混合离子溶液：K^+、Mg^{2+}、Ca^{2+}、Ba^{2+}。

3. 材料

钾、钠、镁、钙、砂纸、镍丝、滤纸、钴玻璃片。

三、实验内容

1. 碱金属、碱土金属活泼性的比较

(1)向教师领取一小块金属钠，用滤纸吸干表面的煤油，立即放在蒸发皿中，加热。金属钠开始燃烧时即停止加热。观察现象，写出反应式。产物冷却后，用玻璃棒轻轻捣碎产物，然后将其转至试管中，加入少量水使其溶解、冷却，观察有无气体产生，检验溶液 pH。用1 mol/L H_2SO_4 酸化溶液后，加入 1 滴 0.01 mol/L $KMnO_4$ 溶液，观察现象，写出反应式。

(2)取一小段金属镁条，用砂纸除去表面氧化层，点燃，观察现象，写出反应式。

(3)钠、钾、镁、钙与水的作用。①分别取一小块金属钠及金属钾，用滤纸吸干表面煤油后，放入两个盛有水的烧杯中，并用合适大小的漏斗盖好，观察现象，检验反应后溶液的酸碱性，写出反应式。②取两小段镁条，除去表面氧化膜后，分别投入盛有冷水和热水的两支试管中，对比反应的不同，写出反应式。③取一小块金属钙置于试管中，加入少量水，观察现象。检验水溶液的酸碱性，写出反应式。

(4)钠汞齐与水的反应。用带有钩嘴的滴管吸取两滴汞置于小坩埚(切勿带入水)中，再取一小块金属钠，吸干表面煤油，放入汞滴中，用玻璃棒压入汞滴内，形成钠汞齐。由于反应放出大量的热，可能有闪光发生，同时发出响声。钠汞齐按钠汞比例的不同可呈固、液状态。

将制得的钠汞齐转移至盛有少量水的烧杯中，观察反应情况并与钠与水的反应作比较(反应后汞要回收，切勿散失)。

根据以上反应，总结碱金属、碱土金属的活泼性。

2. 碱土金属氢氧化物溶解性比较

以 $MgCl_2$、$CaCl_2$、$BaCl_2$ 及新配制的 2 mol/L NaOH 和 $NH_3 \cdot H_2O$ 溶液作试剂，设计系列试管实验，说明碱土金属氢氧化物溶解度的大小顺序。

3. 碱金属微溶盐及碱土金属难溶盐

(1)碱金属微溶盐

①锂盐。取少量 1 mol/L LiCl 溶液分别与 1 mol/L NaF、Na_2CO_3 及 Na_2HPO_4 溶液反应，观察现象，写出反应式(必要时可微热试管观察)。

②钠盐。于少量 1 mol/L NaCl 溶液中加入饱和 $K[Sb(OH)_6]$ 溶液，放置数分钟，如无晶体析出，可用玻璃棒摩擦试管内壁。观察现象，生成的晶型沉淀是 $Na[Sb(OH)_6]$ 晶体。

③钾盐。于少量 1 mol/L KCl 溶液中加入 1 mL 饱和酒石酸氢钠($NaHC_4H_4O_6$)溶液，观察 $KHC_4H_4O_6$ 晶体的析出。

(2)碱土金属难溶盐

①碳酸盐。分别用 $MgCl_2$、$CaCl_2$、$BaCl_2$ 溶液与 1 mol/L Na_2CO_3 溶液反应，制得的沉淀经离心分离后，分别与 2 mol/L HAc 及 HCl 反应，观察沉淀是否溶解。另外，分别取少量 $MgCl_2$、$CaCl_2$、$BaCl_2$ 溶液，加入 1～2 滴饱和 NH_4Cl 溶液、2 滴 1 mol/L $NH_3 \cdot H_2O$、2 滴 0.5 mol/L $(NH_4)_2CO_3$，观察沉淀是否生成，写出反应式，并解释实验现象。

②草酸盐。分别向 $MgCl_2$、$CaCl_2$、$BaCl_2$ 溶液中滴加饱和 $(NH_4)_2C_2O_4$ 溶液，制得的沉淀经离心分离后，分别与 2 mol/L HAc 及 HCl 反应，观察现象，写出反应式。

③铬酸盐。分别向 1 mol/L $MgCl_2$、$SrCl_2$、$BaCl_2$ 溶液中滴加 1 mol/L K_2CrO_4 溶液，观察沉淀是否生成。沉淀经分离后，分别与 2 mol/L^{-1} HAc 及 HCl 反应，观察现象，写出反应式。

④硫酸盐。分别向 1 mol/L $MgCl_2$、$CaCl_2$、$BaCl_2$ 溶液中滴加 1 mol/L Na_2SO_4，观察沉淀是否生成。沉淀经离心分离后，试验其在饱和 $(NH_4)_2SO_4$ 溶液中及浓 HNO_3 中的溶解性。解释现象，写出反应式并比较硫酸盐溶解度的大小。

⑤磷酸镁铵的生成。于 0.5 mL $MgCl_2$ 溶液中加入几滴 2 mol/L HCl 及 0.5 mL Na_2HPO_4 溶液，再加入 4～5 滴 2 mol/L $NH_3 \cdot H_2O$，振荡试管，观察现象，写出反应式。

4. 锂、镁盐的相似性

(1)分别向 1 mol/L LiCl、$MgCl_2$ 溶液中滴加 1.0 mol/L NaF 溶液，观察现象，写出反应式。

(2)1 mol/L LiCl 溶液与 0.1 mol/L Na_2CO_3 溶液作用，0.5 mol/L $MgCl_2$ 溶液与 1 mol/L $NaHCO_3$ 溶液作用，观察实验现象，写出反应式。

(3)往 1 mol/L LiCl 溶液与 0.5 mol/L $MgCl_2$ 溶液中分别滴加 0.5 mol/L Na_3HPO_4 溶液，观察现象，写出反应式。

由以上实验说明锂、镁盐的相似性并给予解释。

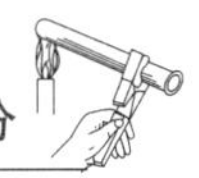

5. 焰色反应

取一根镍丝，反复蘸取浓盐酸溶液后，在氧化焰中烧至近于无色。在点滴板上分别滴入1～2滴1 mol/L $LiCl$、$CaCl_2$、$BaCl_2$、$NaCl$、KCl、$SrCl_2$溶液，用洁净的镍丝蘸取溶液后在氧化焰中灼烧，分别观察火焰颜色。对于钾离子的焰色，应透过钴玻璃片观察。记录各离子的焰色。

6. 未知物及离子的鉴别

(1)现有5种溶液，分别为$NaOH$、$NaCl$、$MgSO_4$、K_2CO_3、Na_2CO_3，试选用合适试剂加以鉴别。

(2)现有$(NH_4)_2SO_4$、HNO_3、Na_2CO_3、$BaCl_2$、$NaOH$、$NaCl$、H_2SO_4试剂，试利用它们之间的相互反应加以鉴别。

(3)混合溶液中含有K^+、Mg^{2+}、Ca^{2+}、Ba^{2+}，请设计分离检出步骤。

7. 应用实验

(1)石膏的硬化。加水，将石膏调成糊状，然后把表面涂有一层很薄的凡士林的硬币压在石膏上，数小时后，取出硬币，观察现象，写出反应式，并作解释。

(2)肥皂的制作。于一小烧杯中放入约5 g植物油，再加入20 mL 95%(*V*/*V*)的乙醇和15 mL 40%(*m*/*V*)的NaOH溶液，然后小心加热，微沸，不断搅拌至溶液黏稠为止。皂化完成后要检验皂化是否彻底，方法是：取几滴试液，加入5 mL蒸馏水，加热，试样应完全溶解，没有油滴出现。将已皂化完全的肥皂液倒入盛有150 mL饱和食盐溶液的烧杯中，静置。待肥皂全部浮到溶液表面上时，即可取出，用少量水冲洗后再用布包好，压缩成块，经自然干燥，制成肥皂。

四、思考题

1. 为什么在比较$Mg(OH)_2$、$Ca(OH)_2$、$Ba(OH)_2$溶解度的实验中，所用的NaOH溶液必须是新配制的？如何配制不含CO_2的NaOH溶液？

2. 钠汞齐的制备实验中，若不慎从水中吸取汞时带入少量水，对实验有什么影响？不慎将汞滴到实验桌面或地面上时，应及时采取什么措施？

3. 如何分离Ca^{2+}、Ba^{2+}？是否可用硫酸分离Ca^{2+}、Ba^{2+}？为什么？

4. 如何分离Mg^{2+}、Ca^2？$Mg(OH)_2$与$MgCO_3$为什么都可溶于饱和NH_4Cl溶液中？

安全知识

1. 金属钾、钠通常应保存在煤油中，放在阴凉处。使用时，应在煤油中切割成小块，用镊子夹取，再用滤纸吸干其表面煤油，切勿与皮肤接触。未用完的金属碎屑不能乱丢，可加少量酒精，使其缓慢分解。

2. 人体吸入汞蒸气后，会引起慢性中毒，因此汞应保存于水中。取用汞时，须用特制的末端弯成弧状的滴管吸取，不能直接倾倒，最好用盛有水的搪瓷承接着。当不慎洒落汞珠时，应尽量地用滴管吸取回收，然后在可能残留汞珠的地方撒上一层硫粉，并摩擦之，使汞转化为难挥发的硫化汞，或洒上硫酸铁溶液，使残留的汞与Fe^{3+}发生氧化还原反应。

3. 学生在进行金属钠、钾或钠汞齐与水的反应时，需经指导教师指导或示范后才能进行实验。

实验 19　氮和磷

一、实验目的

1. 掌握氨和铵盐、硝酸和硝酸盐的主要性质。

2. 掌握磷酸盐的主要性质。

3. 掌握亚硝酸及其盐的性质。

二、仪器、试剂和材料

1. 仪器

温度计、水槽、试管、试管架、烧杯、坩埚、表面皿等。

2. 试剂

硫黄粉、固体 NH_4NO_3、固体 NH_4Cl、固体 $Ca(OH)_2$、固体 KNO_3、固体 $Cu(NO_3)_2$、固体 $AgNO_3$、固体 $FeSO_4 \cdot 7H_2O$、固体 Na_2HPO_4、固体 $(NH_4)_2SO_4$、固体 PCl_5、饱和 $NaNO_2$ 溶液(0.1 mol/L 和 0.5 mol/L)、0.1 mol/L $Na_4P_2O_7$、0.1 mol/L $NaPO_3$、0.1 mol/L Na_2HPO_4、0.1 mol/L NaH_2PO_4、0.1 mol/L HNO_3、浓 $NH_3 \cdot H_2O$、饱和 H_2S 水溶液、奈氏试剂[$K_2(HgI_4)+KOH$]、对氨基苯磺酸、α-萘胺、四氯化碳、蛋白溶液、酚酞溶液。

3. 材料

铜片、锌片、铝屑、石蕊试纸、pH 试纸。

三、实验内容

1. 氨和铵盐的性质

(1)氨的实验室制备及其性质

①制备。将 3 g NH_4Cl 及 3 g $Ca(OH)_2$ 混合均匀后,装入一支干燥的大试管中,制备和收集氨气。用塞子塞紧氨气收集管管口,留作下列实验使用。

②性质。a. 在水中的溶解。把盛有氨气的试管倒置在盛有水的大烧杯或水槽中,在水下打开塞子,轻轻摇动试管,观察现象。当水柱停止上升后,用手指堵住管口并将试管从水中取出。b. 氨水的酸碱性。试验上述试管内溶液的酸碱性。c. 氨的加合作用。在一个小坩埚内滴入几滴浓氨水,再把一个内壁用浓盐酸湿润过的烧杯罩在坩埚上,观察现象,写出反应式。

(2)铵盐的性质及检出

①铵盐在水中溶解的热效应。在试管中加入 2 mL 水,测量水温后再加入 2 g NH_4NO_3,用小玻璃棒轻轻搅动溶液,再次测量溶液温度,记录温度变化,并作解释。

②铵盐的热分解。分别在 3 支干燥的小试管中加入约 0.5 g NH_4Cl、NH_4NO_3、$(NH_4)_2SO_4$,用试管夹夹好,管口贴上一条已湿润的石蕊试纸,均匀加热试管底部。观察这 3 种铵盐的热分解的异同,分别写出反应式。

③铵盐的检出反应。a. 气室法检出。取几滴铵盐溶液置于一个表面皿中心,取另一个表面皿并在其中心贴附一条湿润的 pH 试纸,然后在铵盐溶液中滴加 6 mol/L NaOH 溶液至呈碱性,将贴有 pH 试纸的表面皿盖在铵盐的表面皿上形成“气室”,将气室置于水浴上微

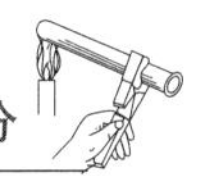

热，观察 pH 试纸颜色的变化。b. 取几滴铵盐溶液，加入 2 滴 2 mol/L NaOH 溶液，然后再加入 2 滴奈氏试剂[$K_2(HgI_4)+KOH$]，观察红棕色沉淀的生成。

2. 亚硝酸及其盐的性质

(1)亚硝酸的生成与分解。将已用冰水冷冻过的约 1 mL 饱和 $NaNO_2$ 溶液与约 1 mL 3 mol/L H_2SO_4 混合均匀，观察现象；溶液放置一段时间后，观察现象，并作解释。反应式为：

$$2NaNO_2+H_2SO_4=2HNO_2+Na_2SO_4$$

$$2HNO_2=N_2O_3(\text{蓝色})+H_2O$$

$$N_2O_3=NO+NO_2(\text{棕色})$$

(2)亚硝酸的氧化性。取少量 0.1 mol/L KI 溶液，用 H_2SO_4 酸化，再加入几滴 $NaNO_2$ 溶液，观察反应及产物的颜色变化，微热试管，观察现象，写出反应式。

(3)亚硝酸的还原性。取几滴 $KMnO_4$ 溶液，用 H_2SO_4 酸化，然后滴加 0.1 mol/L $NaNO_2$溶液，观察现象，写出反应式。

(4)亚硝酸根的检出

①取 1～2 滴 0.1 mol/L $NaNO_2$溶液，用几滴 6 mol/L HAc 酸化后，加入 1 滴对氨基苯磺酸和 1 滴萘胺溶液，溶液应显红色，表明溶液中含有 NO_2^-(注：NO_2^- 的浓度不宜太高，否则红紫色将很快褪去，生成褐色沉淀与黄色溶液)。

②在少量 $NaNO_2$ 溶液中加入 1～2 滴 0.1 mol/L KI 溶液，用 H_2SO_4 酸化后，加入几滴四氯化碳，振荡试管，观察现象。四氯化碳层显紫色，表明溶液中含有 NO_2^-。

3. 硝酸及其盐的性质

(1)稀硝酸与浓硝酸的氧化性比较。分别进行浓硝酸与硫化氢、浓硝酸与金属铜、稀硝酸与金属铜、稀硝酸与金属锌的反应，写出它们的反应式。总结稀硝酸与浓硝酸还原的规律，并验证稀硝酸与 Zn 反应产物中 NH_3 或 NH_4^+ 的存在。

(2)硝酸盐的热分解。分别试验固体 KNO_3、$Cu(NO_3)_2$、$AgNO_3$ 的热分解，用火柴余烬检验反应生成的气体，说明它们热分解反应的异同。写出反应式并作理论解释。

(3)硝酸盐的检验。取少量固体 $FeSO_4\cdot 7H_2O$ 于试管中，滴加 1 滴 0.5 mol/L $NaNO_3$ 溶液及 1 滴浓硫酸，观察现象。反应式为：

$$3Fe^{2+}+NO_3^-+4H^+=3Fe^{2+}+NO+2H_2O$$

$$Fe^{2+}+NO+SO_4^{2-}=Fe(NO)SO_4(\text{棕色})$$

4. 磷酸盐的性质

(1)磷酸盐的酸碱性

①分别检验正磷酸盐、焦磷酸盐、偏磷酸盐水溶液的 pH。

②分别检验 Na_3PO_4、Na_2HPO_4、NaH_2PO_4水溶液的 pH。取等量的 $AgNO_3$ 溶液，分别加入上述溶液中，产生沉淀后，检验溶液的 pH 有无变化并给予解释。

(2)磷酸盐的生成与性质。分别向 0.1 mol/L Na_3PO_4、0.1 mol/L Na_2HOP_4和 0.1 mol/L NaH_2PO_4溶液中加入 $CaCl_2$溶液，观察有无沉淀生成；再加入 2 mol/L $NH_3\cdot H_2O$，观察有无变化，继续加入2 mol/L HCl，观察有无变化，试给予解释并写出反应式。

(3)磷酸根、焦磷酸根、偏磷酸根的鉴别

①分别向 0.1 mol/L Na_3PO_4、0.1 mol/L $Na_4P_2O_7$ 和 0.1 mol/L $NaPO_3$ 溶液中加入

0.1 mol/L $AgNO_3$ 溶液，观察现象，并检验生成的沉淀能否溶于 2 mol/L HNO_3。

②以 2 mol/L HAc 溶液酸化磷酸盐溶液、焦磷酸盐溶液，然后分别加入蛋白溶液，观察现象。

把以上实验结果填在表 3-12 中，并说明磷酸根、焦磷酸根的鉴别方法。

表 3-12　磷的含氧酸盐的性质

鉴别步骤	磷的含氧酸盐		
	Na_3PO_4	$Na_4P_2O_7$	$NaPO_3$
滴加 $AgNO_3$			
沉淀在 2 mol/L HNO_3 中			
HAc 酸化后加入蛋白溶液			

(4)磷酸盐的转化。在坩埚中放入少许研细了的 NaH_2PO_4 粉末，小心加热，待水分完全蒸发后，大火灼烧15 min，冷却，检验产物中磷酸根的存在形式，写出反应式(注：用 $AgNO_3$ 鉴定产物时，加 HAc 溶液可以消除少量 PO_4^{3-} 对其他离子的干扰)。

四、思考题

1. $(NH_4)_2SO_4$、NH_4Cl 等铵盐溶于水时，是吸热还是放热？为什么？

2. 在铵盐的热分解实验中，在 NH_4Cl 试管中较冷的试管壁上附着的白色霜状物质是什么？如何证实？

3. 使用浓硝酸和硝酸盐时，应注意哪些安全问题？

4. 浓硝酸和稀硝酸与金属、非金属及一些还原性化合物反应时，N(Ⅴ)的主要还原产物是什么？

5. 为什么在一般情况下不使用 HNO_3 作为酸性反应介质？

6. 实验室中用什么方法制备氮气？直接加热 NH_4NO_2 的方法可以吗？为什么？

7. 如何分别检出 $NaNO_2$、$Na_2S_2O_3$、KI 溶液？

8. PCl_5 水解后加入 $AgNO_3$ 时，为什么只有 AgCl 沉淀出来而 Ag_3PO_4 却不沉淀？如何使 Ag_3PO_4 沉淀？

安全知识

1. 除 N_2O 外，所有氮的氧化物都有毒，其中尤以 N_2O 为甚。大气中 N_2O 的允许含量为每升空气不得超过 0.005 mg。目前 N_2O 中毒尚无特效药物治疗，一般只能输入氧以帮助呼吸和血液循环。二氧化氮(NO_2)主要对人体造成：黏膜损害引起肿胀充血，呼吸系统损害引起各种炎症，神经系统损害引起眩晕、无力、痉挛、面部发绀等，造血系统损害破坏血红素等。人体吸入高浓度的氮氧化物将迅速出现窒息以至死亡。因此，凡涉及氮氧化物生成的反应均应在通风橱内进行。

2. 实验室常见的磷有白磷和红磷。红磷毒性较小。白磷为蜡状结晶体，燃点为 318 K，在空气中易氧化，毒性很大，常保存于水中或油中。磷化氢是无色、恶臭、剧毒的气体。固体 PCl_3 和 PCl_5 都有腐蚀性，使用时应注意。

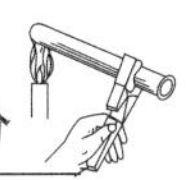

实验20　硫及其化合物

一、实验目的

1.掌握硫化氢、硫代硫酸盐的还原性，二氧化硫的氧化还原性及过硫酸盐的强氧化性。

2.掌握硫的含氧酸及其盐的性质。

二、仪器和试剂

1.仪器

蒸馏烧瓶、分液漏斗、蒸发皿等。

2.试剂

硫黄粉、锌粉、汞、活性炭、品红溶液、饱和 H_2S 水溶液、氯水、碘水、固体 Na_2SO_3、固体 $K_2S_2O_8$、固体 $CdCO_3$、0.002 mol/L $MnSO_4$、0.01 mol/L $KMnO_4$；待鉴别溶液(均为 0.1 mol/L)：Na_2S、Na_2SO_3、$Na_2S_2O_3$、Na_2SO_4、$K_2S_2O_8$。

三、实验内容

1.单质硫的性质

(1)硫的熔化和弹性硫的生成。取约 3 g 硫粉加入试管中缓慢加热，观察硫黄颜色的变化。待硫粉熔化至沸腾后迅速将其倾入一盛有冷水的烧杯中，观察颜色变化并检验其弹性。弹性硫放置一段时间后，观察其变化，试给予解释。

(2)硫的化学性质

①硫与汞的反应。在一个瓷坩埚中加入一小滴汞，然后加入少量硫黄粉，用玻璃棒搅动使之混合。观察现象，写出反应式。产物最后集中回收。

②硫与浓硝酸的反应(在通风橱内进行)。取少量硫粉，加入试管中与浓硝酸加热反应数分钟，观察现象，写出反应式。自行设计方案验证反应产物。

③硫的氧化性质。在蒸发皿内混合好约 1 g 锌粉及 2 g 硫粉，用烧红了的玻璃棒接触混合物，观察现象，写出反应式。设计方案验证反应产物。

2.硫的氧化物——二氧化硫

(1)二氧化硫的制备(在通风橱内进行)。在蒸馏瓶内放入 5 g Na_2SO_3，分液漏斗内装浓硫酸。缓慢地向蒸馏瓶滴加浓 H_2SO_4，观察现象，写出反应式。

(2)二氧化硫的性质

①还原性。取 1 mL 的 0.01 mol/L $KMnO_4$ 溶液，用 H_2SO_4 酸化后通入 SO_2 气体，观察现象，写出反应式。

②氧化性。向饱和 H_2S 水溶液中通入 SO_2 气体，观察现象，写出反应式。

③漂白作用。向品红溶液中通入 SO_2 气体，观察现象。

(3)SO_3^{2-} 的检出。由于含 SO_3^{2-} 的溶液中往往还含有少量 SO_4^{2-}，会干扰 SO_3^{2-} 的检出，因此须将 SO_4^{2-} 预先除去。请自行设计分离步骤并验证某试样中含有 SO_3^{2-}，写出分离过程示意图及有关反应方程式。

3.硫代硫酸盐的制备与性质

(1)制备。向烧杯中加入约 8 g Na_2SO_3、3 g 已研细了的硫黄粉及 50 mL 水。在不断搅拌下煮沸5 min。待反应完毕后加入少量活性炭粉作脱色剂。过滤并弃去残渣,滤液转移至蒸发皿中,水浴加热浓缩,至液体表面出现结晶为止。自然冷却,晶体析出后抽滤。写出反应式。产物留作后续实验用。

(2)性质。取少量自制 $Na_2S_2O_3 \cdot 5H_2O$ 晶体溶于 5 mL 水中,进行以下实验。

①向溶液中滴加 2 mol/L HCl 溶液,观察现象,写出反应式并解释该现象说明 $Na_2S_2O_3$ 的什么性质。

②向溶液中滴加碘水,观察现象,写出反应式并解释该实验说明 $Na_2S_2O_3$ 的什么性质。

③向溶液中滴加氯水,设法证实反应后溶液中有 SO_3^{2-}。写出反应式。

④往有 4 滴 0.1 mol/L $AgNO_3$ 的试管中滴加 $Na_2S_2O_3$ 溶液,仔细观察反应现象,写出反应式并解释该实验说明 $Na_2S_2O_3$ 的什么性质。

4. 过二硫酸钾的氧化性

(1)往有 2 滴 0.002 mol/L $MnSO_4$ 溶液的试管中加入约 5 mL $AgNO_3$ 溶液,用 H_2SO_4 酸化后,加入 2 滴 $AgNO_3$ 溶液,再加入少量 $K_2S_2O_8$ 固体,水浴加热,观察溶液的颜色变化。另取一支试管,不加入 $AgNO_3$ 溶液,进行同样实验。比较上述两个实验的现象有何异同并解释原因,写出反应式。

(2)取少量 0.1 mol/L KI 溶液用硫酸酸化后,加入少量 $K_2S_2O_8$ 固体,观察现象,写出反应式。

5. 硫化氢的还原性

(1)取几滴 0.1 mol/L $MnSO_4$ 溶液用 H_2SO_4 酸化后,通入 H_2S 气体,观察现象,写出反应式。

(2)取几滴 0.1 mol/L $K_2Cr_2O_7$ 溶液用 H_2SO_4 酸化后,通入 H_2S 气体,观察现象,写出反应式。

四、思考题

1. 用 $CdCO_3$(s)分离 S^{2-} 彻底吗?为什么?体系中加入了 $CdCO_3$ 后将引入什么离子?如何除去?

2. 如何证实混合液中有 $S_2O_3^{2-}$?

3. 为什么 SO_8^{2-} 与 $S_2O_8^{2-}$ 的分离用 Sr^{2+} 而不用 Ba^{2+}?

4. 为什么在含 SO_3^{2-} 的试液中加入 $BaCl_2$ 溶液后,生成白色沉淀不足以证实是 SO_3^{2-}?

5. 现有 5 种已失落标签的试剂,分别是 Na_2S、Na_2SO_3、$Na_2S_2O_3$、Na_2SO_4、$K_2S_2O_3$,试用实验方法加以鉴别。

6. 如何证实亚硫酸盐中存在 SO_4^{2-}?为什么亚硫酸盐中常常有硫酸盐而硫酸盐中却很少有亚硫酸盐?怎样检验 SO_4^{2-} 盐中的 SO_3^{2-}?

7. 比较 $S_2O_8^{2-}$ 与 $M_nO_4^-$ 氧化性的强弱,$S_2O_3^{2-}$ 与 I^- 还原性的强弱。为什么 $K_2S_2O_3$ 与 Mn^{2+} 的反应要在酸性介质中进行?$Na_2S_2O_3$ 与 I_2 的反应能否在酸性介质中进行?为什么?

安全知识

1. 二氧化硫具有刺激性气味,对人体及环境有毒害与污染作用,主要对人体造成黏膜及呼吸道损害,引起流泪、流涕、咽干、咽痛等症状及呼吸系统炎症。人体大量吸入会导致窒息

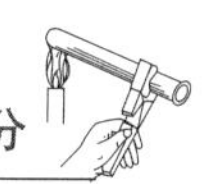

死亡。因此凡进行涉及产生二氧化硫的反应都要采取相应措施，减少二氧化硫逸出并在通风橱内进行。

2.硫化氢具有强烈的臭鸡蛋气味，是毒性较大的气体，主要引起中枢神经系统中毒，与呼吸酶中的铁质结合使酶活性减弱，造成黏膜损害及呼吸系统损害。轻者产生头晕、头痛、呕吐等症状，严重时可引起昏迷、意识丧失、窒息而致死亡。因此，凡涉及硫化氢的反应都应在通风橱内进行。

实验21 金属各类化合物的性质

一、实验目的

了解 s、p、d 各区金属元素化合物的性质。

二、仪器、试剂及材料

1.仪器

离心机、酒精灯、试管、试管架等。

2.试剂

浓 HNO_3(2.0 mol/L 和 6.0 mol/L)、浓 HCl(2.0 mol/L 和 6.0 mol/L)、2.0 mol/L 浓 H_2SO_4、饱和 H_2S、2.0 mol/L NaOH、$NH_3 \cdot H_2O$(2.0 mol/L 和 6.0 mol/L)、1.0 mol/L NaF、0.1 mol/L KCl、0.1 mol/L NaCl、0.1 mol/L $BaCl_2$、0.1 mol/L $MgCl_2$、1.0 mol/L NH_4Cl、0.1 mol/L $AlCl_3$、0.1 mol/L $SbCl_3$、0.1 mol/L $CrCl_3$、0.1 mol/L $FeCl_3$、0.1 mol/L $CoCl_2$、0.1 mol/L $SnCl_2$、0.1 mol/L $HgCl_2$、0.1 mol/L KBr、0.1 mol/L NaBr、KI(0.1 mol/L 和 2.0 mol/L)、0.1 mol/L $NaNO_3$、0.1 mol/L $Ca(NO_3)_2$、0.1 mol/L $Zn(NO_3)_2$、0.1 mol/L $Pb(NO_3)_2$、0.1 mol/L $Cd(NO_3)_2$、0.1 mol/L $Hg(NO_3)_2$、0.1 mol/L $Hg_2(NO_3)_2$、0.1 mol/L $Bi(NO_3)_3$、0.1 mol/L $AgNO_3$、0.1 mol/L $FeSO_4$、0.1 mol/L $NiSO_4$、0.1 mol/L $MnSO_4$、0.1 mol/L $CuSO_4$、0.1 mol/L $K_2Cr_2O_7$、0.1 mol/L K_2CrO_4、0.1 mol/L $NaNO_3$、0.1 mol/L KSCN、0.1 mol/L $Na_2S_2O_3$、Na_2S(0.1 mol/L 和 0.5 mol/L)、0.1 mol/L EDTA、铜屑、固体 MnO_2、固体 PbO_2、固体 ZnO、固体 Cr_2O_3、固体 $NaNO_3$、固体 $Pb(NO_3)_2$、固体 $AgNO_3$、淀粉溶液。

3.材料

$Pb(Ac)_2$ 试纸。

三、实验内容

1.金属离子与强碱作用

(1)取 0.1 mol/L $AgNO_3$、0.1 mol/L $Hg_2(NO_3)_2$、0.1 mol/L $Hg(NO_3)_2$ 溶液，分别与 2.0 mol/L NaOH 溶液反应，观察现象并解释原因。

(2)取 0.1 mol/L $MgCl_2$、0.1 mol/L $FeCl_3$、0.1 mol/L $Cd(NO_3)_2$ 溶液，分别与 2.0 mol/L NaOH 溶液反应，观察现象并解释原因。

(3)取 0.1 mol/L $AlCl_3$、0.1 mol/L $SnCl_2$、0.1 mol/L $CrCl_3$、0.1 mol/L $Zn(NO_3)_2$ 溶液，分别与过量的 2.0 mol/L NaOH 溶液反应，观察现象并解释原因。

(4)取 0.1 mol/L $FeSO_4$、0.1 mol/L $CoCl_2$、0.1 mol/L $MnSO_4$溶液，分别与 2.0 mol/L NaOH 溶液反应，并在空气中放置一段时间，观察现象并解释原因。

2.金属离子与氨水作用

(1)取 0.1 mol/L $AlCl_3$、0.1 mol/L $SbCl_3$、0.1 mol/L $Pb(NO_3)_2$、0.1 mol/L $MnSO_4$、0.1 mol/L $FeSO_4$、0.1 mol/L $FeCl_3$ 溶液，分别与 2.0 mol/L 氨水溶液反应，并在空气中放置一段时间，观察现象并作理论解释。

(2)取 0.1 mol/L $CoCl_2$、0.1 mol/L $NiSO_4$、0.1 mol/L $CuSO_4$、0.1 mol/L $Zn(NO_3)_2$、0.1 mol/L $AgNO_3$ 溶液，分别与 2.0 mol/L 氨水溶液反应，并在空气中放置片刻，观察现象并作理论解释。

(3)取 0.1 mol/L $AgNO_3$ 溶液与 2.0 mol/L $NH_3 \cdot H_2O$ 溶液作用，0.1 mol/L $Hg_2(NO_3)_2$、0.1 mol/L $Hg(NO_3)_2$ 分别与含有 1.0 mol/L NH_4Cl 溶液的 6.0 mol/L $NH_3 \cdot H_2O$ 溶液反应，观察现象并作理论解释。

(4)向 $CuSO_4$溶液中加铜屑和浓 HCl，加热煮沸成泥黄色，加水稀释，取出未反应的铜屑，离心分离，弃去上清液，在沉淀中加入 2.0 mol/L $NH_3 \cdot H_2O$ 溶液，观察现象并作理论解释。

3.金属氧化物

(1)将铜屑置于酒精灯的氧化焰上灼烧成黑色氧化铜，然后将其投入 2.0 mol/L H_2SO_4 溶液中，待反应结束，取出未反应的铜屑，向溶液中逐滴加入 6.0 mol/L 氨水至过量，再加 0.1 mol/L Na_2S 溶液，观察现象。

(2)将固体 MnO_2、PbO_2 分别与浓 HCl 作用并加热，检查逸出的气体。

(3)检查固体 ZnO、Cr_2O_3 的酸碱性。

试述本实验说明了金属氧化物的哪些性质。

4.金属硫化物

(1)向 0.1 mol/L KCl、0.1 mol/L $Ca(NO_3)_2$、1.0 mol/L NH_4Cl 溶液中分别加入 0.1 mol/L Na_2S 溶液，观察有无沉淀生成。

(2)取用 2.0 mol/L HCl 溶液酸化后的 0.1 mol/L $Zn(NO_3)_2$、0.1 mol/L $CoCl_2$、0.1 mol/L $FeSO_4$、0.1 mol/L $CrCl_3$ 溶液，分别加入饱和 H_2S 水溶液，观察有无沉淀生成。再分别滴加 2.0 mol/L $NH_3 \cdot H_2O$，观察有何现象。

(3)取 0.1 mol/L $Pb(NO_3)_2$、0.1 mol/L $Cd(NO_3)_2$、0.1 mol/L $Bi(NO_3)_3$ 溶液，分别加入饱和 H_2S 水溶液，然后加入 2.0 mol/L HCl 溶液，观察沉淀是否溶解。再加浓 HCl，观察有何现象。

(4)在 3 支试管中分别加 2 滴 0.1 mol/L $SbCl_3$ 溶液和 3 滴 0.1 mol/L Na_2S 溶液。在第 1 支试管中加入 0.5 mol/L Na_2S 溶液至沉淀溶解，再滴加 2.0 mol/L HCl 溶液；在第 2 支试管中先加 2.0 mol/L HCl 溶液，观察沉淀是否溶解，再加 6.0 mol/L HCl 溶液，观察有何现象；在第 3 支试管中加入 2.0 mol/L NaOH 溶液，至沉淀溶解。

(5)向 0.1 mol/L $CuSO_4$溶液中加饱和 H_2S 水溶液，离心分离，弃去上清液，在沉淀中加入 6.0 mol/L HNO_3 溶液，并加热。

(6)向 0.1 mol/L $Hg_2(NO_3)_2$ 溶液中加饱和 H_2S 水溶液，离心分离，弃去上清液，在沉淀中加入浓 HCl，观察沉淀是否溶解。再加几滴浓 HNO_3 并加热，观察沉淀是否溶解。

归纳各种金属硫化物的溶解方法。

5.金属卤化物

(1)向 0.1 mol/L $AgNO_3$、0.1 mol/L $Hg(NO_3)_2$、0.1 mol/L $CuSO_4$、0.1 mol/L $FeCl_3$

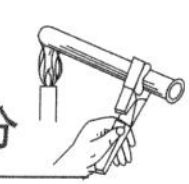

溶液中分别加入 0.1 mol/L KI 溶液，再加入 2.0 mol/L KI 溶液。

(2)向 0.1 mol/L $Ca(NO_3)_2$、0.1 mol/L $AgNO_3$ 溶液中分别加入 1.0 mol/L NaF 溶液。

(3)依次加入下列溶液：①向 0.1 mol/L $Pb(NO_3)_2$ 溶液中加入 0.1 mol/L NaCl，再加入 2.0 mol/L HCl；②向 0.1 mol/L $AgNO_3$ 溶液中加入 0.1 mol/L NaCl，再加入 2.0 mol/L $NH_3 \cdot H_2O$；③向 0.1 mol/L KBr 溶液中加入 0.1 mol/L $AgNO_3$ 溶液，再加入 0.1 mol/L $Na_2S_2O_3$。

观察现象，试述本实验说明了金属卤化物的哪些性质。

6. 硝酸盐、亚硝酸盐的性质

(1)分别加热固体 $NaNO_3$、$Pb(NO_3)_2$、$AgNO_3$，检查逸出的气体(NO_2 有毒，须在通风橱中进行)。

(2)取 0.1 mol/L $Bi(NO_3)_3$ 溶液加水稀释，再加 2.0 mol/L HNO_3 溶液。

(3)向 0.1 mol/L $AgNO_3$ 溶液中加入 0.1 mol/L $NaNO_2$ 溶液。向 0.1 mol/L KI 溶液中加入 0.1 mol/L $NaNO_2$ 溶液，再加入 2 滴 2.0 mol/L H_2SO_4溶液。

(4)向 0.1 mol/L $NaNO_3$ 溶液加 0.1 mol/L KI 溶液，加 2 滴淀粉溶液，再加 2 滴 2.0 mol/L 的 H_2SO_4溶液。

观察以上实验现象，归纳硝酸盐、亚硝酸盐的性质。

7. 硫酸盐、铬酸盐

(1)向 0.1 mol/L $BaCl_2$、0.1 mol/L $Pb(NO_3)_2$ 溶液中分别加入 2.0 mol/L H_2SO_4，再分别加入浓硫酸，观察沉淀溶解情况。

(2)向 0.1 mol/L $K_2Cr_2O_7$、0.1 mol/L K_2CrO_4溶液中分别加入 0.1 mol/L $Pb(NO_3)_2$ 溶液，观察现象。

(3)向 0.1 mol/L $K_2Cr_2O_7$溶液中加饱和 H_2S 水溶液，观察现象。

(4)向 0.1 mol/L K_2CrO_4溶液中，先加 2.0 mol/L HCl 溶液，再加 2.0 mol/L NaOH 溶液，观察溶液有何变化。

8. 配位化合物

按下列每组中给出溶液的顺序依次加入各试剂，观察每一步实验现象：

(1)0.1 mol/L $FeCl_3$、0.1 mol/L KSCN、1.0 mol/L NaF、0.1 mol/L EDTA。

(2)0.1 mol/L $CuSO_4$、2.0 mol/L NaOH、6.0 mol/L $NH_3 \cdot H_2O$、0.1 mol/L EDTA、0.1 mol/L Na_2S。

(3)0.1 mol/L $AgNO_3$、0.1 mol/L NaCl、2.0 mol/L $NH_3 \cdot H_2O$、0.1 mol/L NaBr、0.1 mol/L $Na_2S_2O_3$、0.1 mol/L KI、2.0 mol/L KI、0.1 mol/L Na_2S。

(4)0.1 mol/L $HgCl_2$、0.1 mol/L $SnCl_2$(过量)。

(5)0.1 mol/L $HgCl_2$、2.0 mol/L KI(至生成的沉淀溶解)、0.1 mol/L $SnCl_2$(过量)。

实验 22　难溶无机化合物的性质

一、实验目的

了解难溶无机化合物的性质。

二、实验原理

用不同方法使难溶无机化合物进入水溶液，是无机化学实验中的一项重要操作。根据溶度积规则，如果采用不同措施，利用离子反应以降低溶液中组成离子的浓度，可使这些化合物溶解于水。对于某些物质，必须采用熔融转化的方法才能使之成为可溶性物质。例如，α-Al_2O_3、灼烧后的 Cr_2O_3、β-H_2SnO_3、β-H_2TiO_3 等，利用酸碱试剂都不能使之溶解。通常采用碱熔或盐熔法使它们转变成可溶的盐，反应式为：

$$Al_2O_3(s)+2NaOH(s)\xrightarrow{熔融}2NaAlO_2+H_2O$$

$$Cr_2O_3(s)+3K_2S_2O_7(s)\xrightarrow{熔融}Cr_2(SO_4)_3+3K_2SO_4$$

$$H_2SnO_3(s)+2NaOH(s)\xrightarrow{熔融}2Na_2SnO_3+2H_2O$$

$$H_2TiO_3(s)+2NaOH(s)\xrightarrow{熔融}Na_2TiO_3+2H_2O$$

生成的 $NaAlO_2$、$Cr_2(SO_4)_3$、Na_2SnO_3、Na_2TiO_3 均可溶于水。

三、仪器、试剂和材料

1. 仪器

离心机、铁坩埚、泥三角、酒精灯、铁三脚架、坩埚钳、试管等。

2. 试剂

浓 HNO_3(2.0 mol/L 和 6.0 mol/L)、浓 HCl(2.0 mol/L 和 6.0 mol/L)、2.0 mol/L H_2SO_4、2.0 mol/L NaOH、$NH_3 \cdot H_2O$(2.0 mol/L 和 6.0 mol/L)、0.1 mol/L $Pb(NO_3)_2$、0.1 mol/L $Bi(NO_3)_3$、0.1 mol/L $Cd(NO_3)_2$、0.1 mol/L $CuSO_4$、0.1 mol/L NaCl、0.1 mol/L $BaCl_2$、0.1 mol/L $AlCl_3$、0.1 mol/L $FeCl_3$、0.1 mol/L $ZnCl_2$、0.1 mol/L $HgCl_2$、0.1 mol/L $SnCl_4$、0.1 mol/L KBr、KI(0.1 mol/L 和 2.0 mol/L)、0.1 mol/L Na_2S、0.5 mol/L Na_2SiO_3、饱和 Na_2CO_3、0.1 mol/L $(NH_4)_2C_2O_4$、0.1 mol/L $Na_2S_2O_3$、固体 $CaCO_3$、固体 ZnO、固体α-Al_2O_3、灼烧后的 Cr_2O_3、固体 $K_2S_2O_7$、固体 NaOH。

3. 材料

$Pb(Ac)_2$ 试纸。

四、实验内容

1. 酸碱溶解法

(1)酸溶解

①取 1 mL 0.1 mol/L $FeCl_3$ 溶液于试管中，加 2.0 mol/L NaOH 溶液至有大量红棕色生成，弃去上清液，向沉淀中滴加 2.0 mol/L HCl 溶液，观察沉淀的溶解。

②向 0.5 mL 0.1 mol/L $ZnCl_2$ 溶液中滴加 0.1 mol/L Na_2S 溶液，至有白色沉淀生成，弃去上清液，在沉淀中滴加 2.0 mol/L HCl 溶液，观察沉淀的溶解。

③用 2.0 mol/L HNO_3 溶液溶解 $Bi(NO_3)_3$ 的水解产物。

④向 1 mL 0.1 mol/L $CuSO_4$ 溶液中滴加 2.0 mol/L NaOH 溶液，至有浅蓝色沉淀生成，加热至沉淀变成黑色，弃去上清液，在沉淀中滴加 2.0 mol/L H_2SO_4 溶液，观察沉淀是否溶解。

⑤取少量 $CaCO_3$ 固体于试管中，滴加 2.0 mol/L HCl 溶液，观察现象。

⑥取几滴 0.1 mol/L $BaCl_2$ 溶液于试管中，加几滴 0.1 mol/L $(NH_4)_2C_2O_4$ 溶液，观察

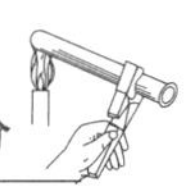

有何现象。弃去上清液，滴加 6.0 mol/L HCl 溶液，观察沉淀是否溶解。

(2)碱溶解

①向 2 mL 0.5 mol/L Na_2SiO_3 溶液中滴加 6.0 mol/L HCl 溶液，至 pH 为 5～10，微热至出现胶冻状物，然后滴加 2.0 mol/L NaOH 溶液，观察现象。

②取少量固体 ZnO 于试管中，滴加 2.0 mol/L NaOH 溶液，观察现象。

③向 1 mL 0.1 mol/L $AlCl_3$ 溶液中滴加 6.0 mol/L $NH_3 \cdot H_2O$ 溶液，至有大量白色沉淀，离心分离，在沉淀中滴加 2.0 mol/L NaOH 溶液，观察现象。

2. 配位溶解法

(1)向 0.1 mol/L $AgNO_3$ 溶液中加入 0.1 mol/L NaCl 溶液，至有白色沉淀生成，弃去上清液，向沉淀中滴加 2.0 mol/L $NH_3 \cdot H_2O$ 溶液至沉淀全部溶解。

(2)分别以 0.1 mol/L KBr 溶液和 0.1 mol/L KI 溶液代替 0.1 mol/L NaCl 溶液，并以 0.1 mol/L $Na_2S_2O_3$ 溶液和 2.0 mol/L KI 溶液代替 2.0 mol/L $NH_3 \cdot H_2O$ 溶液，重复实验 2(1)。

(3)向 2 滴 0.1 mol/L $SnCl_4$ 溶液中加入 2 滴 0.1 mol/L Na_2S 溶液，观察现象。再多加几滴 Na_2S 溶液，观察有何变化。

(4)用 0.1 mol/L $HgCl_2$ 溶液代替 0.1 mol/L $SnCl_4$ 溶液，重复实验 2(3)。

3. 氧化还原溶解法

(1)取 5 滴 0.1 mol/L $CuSO_4$ 溶液于试管中，加 5 滴 0.1 mol/L Na_2S 溶液，有黑色沉淀生成。离心分离，在沉淀中滴加 2 mL 6.0 mol/L HNO_3 溶液，加热，观察现象。

(2)以 0.1 mol/L $AgNO_3$ 溶液代替 0.1 mol/L $CuSO_4$ 溶液，并以浓 HNO_3 代替 6.0 mol/L HNO_3 溶液，重复实验 3(1)。

4. 协同溶解法

(1)向 5 滴 0.1 mol/L $Cd(NO_3)_2$ 溶液中加入 5 滴 0.1 mol/L Na_2S 溶液，观察现象。离心分离，向沉淀中滴加 2.0 mol/L HCl 溶液，观察沉淀是否溶解。再滴加 6.0 mol/L HCl 溶液，观察有何现象。

(2)以 0.1 mol/L $Pb(NO_3)_2$ 溶液代替 0.1 mol/L $Cd(NO_3)_2$ 溶液，并以浓 HCl 代替 6.0 mol/L HCl 溶液，重复实验 4(1)。

(3)在 2 支试管中各加入 2 滴 0.1 mol/L $HgCl_2$ 溶液和 0.1 mol/L Na_2S 溶液，离心分离，弃去上清液，在一支试管中加浓 HCl，在另一支试管中加浓 HNO_3，微热，观察两试管中沉淀是否溶解。小心地将两试管溶液混合，微热，摇荡试管，观察沉淀是否溶解。

5. 沉淀转化溶解法

向 5 滴 0.1 mol/L $BaCl_2$ 溶液中加入 2 滴 2.0 mol/L H_2SO_4 溶液，加约 2 mL 水，离心分离，弃去上清液。将沉淀用去离子水洗涤 2～3 次，加入 2 mL 左右 Na_2CO_3 饱和溶液，充分搅拌，离心分离，将上清液转移至另一支干净试管中，检查 SO_4^{2-}。在沉淀中加入 2 mL 饱和 Na_2CO_3 溶液，充分搅拌，离心分离，弃去上清液，再用去离子水洗涤沉淀 2～3 次，滴加 2.0 mol/L HCl 溶液，观察现象。

6. 熔融转化溶解法

(1)称取 2 g α-Al_2O_3 和 2 g NaOH 于铁坩埚内混合均匀后，加热至熔融状态，继续加热 1～2 min 后，冷却至室温，用水溶解，观察产物溶解情况。

(2)取 1 g 灼烧后的 Cr_2O_3 和 5 g $K_2S_2O_7$ 于坩埚内混合均匀后，加热至熔融状态，片刻后，冷却至室温，再用水溶解，观察产物溶解情况。

实验 23 从废干电池中提取氯化铵

一、实验目的

1. 熟悉无机物的实验室提取、制备、提纯、分析等方法和技能。
2. 学习实验方案的设计。
3. 了解废弃物中有效成分的回收利用方法。

二、实验原理和材料准备

日常生活中用的干电池为锌锰干电池，其负极为电池壳体的锌电极，正极是被 MnO_2(为增强导电能力，填充有碳粉)包围着的石墨电极，电解质是氯化锌和氯化铵的糊状物。其电池反应为：

$$Zn+2NH_4Cl+2MnO_2=Zn(NH_3)_2Cl_2+2MnOOH$$

在使用过程中，锌皮消耗最多，MnO_2 只起氧化作用，NH_4Cl 作为电解质没有消耗，碳粉是填料。因此回收处理废干电池可以获得多种物质，如铜、锌、二氧化锰、氯化铵以及碳棒等。

回收时，剥去电池外壳包装纸，用螺丝刀撬开顶盖，用小刀挖去沥青层，即可用钳子慢慢拔出碳棒(连同铜帽)。用剪刀或钢锯片把废电池外壳剥开，即可取出里面的黑色物质，它为二氧化锰、碳粉、氯化铵和氯化锌等的混合物。把这些黑色混合物倒入烧杯中，按每节大电池加入蒸馏水 50 mL 左右，搅拌、溶解、过滤，滤液可用于提取氯化铵，滤渣可用于制备 MnO_2 及锰的化合物。电池的外壳可用于制锌或锌盐。

三、从黑色混合物中提取氯化铵

1. 要求

(1)设计实验方案，提取并提纯氯化铵。

(2)产品定性检验：①证实其为铵盐；②证实其为氯化物；③判断有无杂质存在。

2. 提示

已知滤液的主要成分是 $ZnCl_2$ 和 NH_4Cl，两者在不同温度下的每 100 g 水中的溶解度(g)见表 3-13。

表 3-13 不同温度下 NH_4Cl 和 $ZnCl_2$ 在水中的溶解度 g/100 g

物质	温度/K								
	273	283	293	303	313	333	353	363	373
NH_4Cl	29.4	33.2	37.2	31.4	45.8	55.3	65.6	71.2	77.3
$ZnCl_2$	342	363	395	437	452	488	541	—	614

氯化铵在 100℃时开始显著地挥发，338℃时离解，350℃时升华。

氯化铵和甲醛作用生成六次甲基四胺盐酸，后者用 NaOH 标准溶液滴定，便可求出产品中氯化铵的含量。有关反应为：

$$4NH_4Cl+6HCHO=(CH_2)_6N_4+4HCl+6H_2O$$

测定步骤如下：

准确称取约 0.2 g 固体 NH_4Cl 产品 2 份，分别置于锥形瓶中。加 30 mL 蒸馏水、2 mL 40%甲醛（以酚酞为指示剂，预先用 0.1 mol/L NaOH 中和，以除去甲醛中的甲酸）、3～4 滴酚酞指示剂，摇匀，放置 5 min，然后用 0.1 mol/L NaOH 标准溶液滴定至溶液变红色，30 s 不褪色即为终点。

用同样的方法测定另一份试样，然后计算 NH_4Cl 含量的平均值。

第4篇 分析化学实验部分

一、分析化学实验课的学习方法

实验主要由学生独立完成，因此实验效果与正确的学习态度和学习方法密切相关。分析化学实验的学习方法应抓住下述三个环节。

1. 实验前

预习是实验课前必须完成的工作，是做好实验的前提。但是，这个环节往往没有引起学生足够的重视，甚至有的学生不预习就进行实验，对实验的目的与要求并不清楚，结果是浪费了时间，浪费了药品。为了确保实验的质量，实验前学生应认真阅读有关实验教材，弄清实验目的和原理、主要操作步骤、注意事项、计算方法和实验中误差的来源等。同时，应做好预习报告，以便实验时参阅并进行记录。

预习实验报告的内容应包括主要操作步骤、实验注意事项、实验数据的记录表格等。对没有预习或预习不符合要求者，任课教师有权停止本次实验。

2. 实验时

实验是培养学生独立工作和思维能力的重要环节，学生必须认真、独立地完成实验任务，要认真进行每一步操作，仔细观察实验现象，并联系理论认真思考，不能“照方抓药”式地做实验。具体地，应做到以下4点：

(1)随时把实验中出现的现象和必要的数据记录在预习报告中相应表格内。实验的原始记录不得用铅笔填写，更不允许随意涂改实验数据。

(2)在实验中遇到疑难问题或者“反常现象”时，首先应认真分析实验操作过程，思考其原因。为了解决问题，可在教师指导下重做或补充某些实验。

(3)在正式实验前，要熟悉实验中所用的仪器和药品。不能随意进行实验，以免损坏仪器、浪费药品，甚至发生意外事故。

(4)实验中自觉养成良好的科学习惯，遵守实验室工作规则。实验过程中应始终保持整齐、清洁。

3. 实验后

实验结束后，要将实验的原始记录交给教师审阅后方能离开实验室。

及时整理实验结果和数据，写出实验报告。实验报告是每次实验的总结，它反映每个学生的实验水平，学生必须严肃、认真、如实地填写。实验报告一般包括6部分内容：

(1)实验目的。简述实验目的。

(2)实验原理。简述实验有关基本原理和主要反应方程式。

(3)实验步骤。尽量采用表格、框图、符号等形式清晰、明了地表示。

(4)实验现象和数据记录。实验现象要表达正确，数据记录要完整，绝不允许主观臆造、弄虚作假。

(5)计算和分析结果。数据计算务必将所依据的公式和主要数据表达清楚，并运用误差理论正确处理和分析数据。

(6)实验讨论。解释本实验的现象,针对本实验中遇到的疑难问题和补充的实验,提出自己的见解和收获;分析产生实验误差的原因;也可对实验方法、教学方法、实验内容等提出自己的意见;完成教师指定的思考问题。

二、半微量定性分析基本操作

半微量定性分析是一种精细的工作,因此在操作技术上必须有较严格的要求。实验的成败和工作效率的高低,与实验者的操作技术水平有直接关系。所以在做实验前有必要介绍半微量定性分析基本操作技术,并要求学生通过实验逐步学会和熟练掌握这些基本操作技术,以提高实验能力和科学工作水平。

1.仪器的洗涤

在半微量定性分析中,仪器的清洁十分重要。许多定性反应的灵敏度很高,仪器的沾污会导致错误的结论。因此,要特别重视仪器的洗涤。

一般玻璃仪器,如烧杯、离心管等常用仪器,如无特殊的污垢,可用自来水润湿后用毛刷蘸肥皂液或去污粉刷洗,再用自来水冲洗,最后用少量的蒸馏水润洗 2～3 次。洗净的仪器应能完全被水润湿,不挂水珠。

若仪器内有油污,则须用重铬酸钾的浓硫酸溶液(俗称洗液)处理。首先用自来水冲洗仪器后,擦干,再加入少量洗液于仪器内,转动仪器使内壁布满洗液,放置数分钟后,将洗液倒回原瓶内(洗液未变绿前可反复使用)。用洗液洗过的仪器,先用自来水冲洗,再用蒸馏水润洗 2～3 次,方可将仪器洗净。

2.试剂的取用

从试剂瓶取溶剂时,启开的瓶塞应倒放在台面上,手持试剂贴有标签的一侧,然后慢慢地倾倒溶液。

从滴瓶取用溶剂时,轻压橡胶胶头,使试剂吸入滴管。滴加时要保持滴管垂直,避免倾斜或倒立,否则试剂流入橡胶胶头,将试剂沾污并腐蚀橡胶胶头。滴管尖端不能触及容器内壁,以免沾污试剂。用完试剂后,将滴管及时放回原瓶中,并将余液挤回原瓶,以免弄错、沾污试剂。使用时应注意,不能使用其他滴管吸取试剂,只能使用试剂瓶所附滴管。

3.沉淀和沉淀完全的检查

沉淀反应常在离心管或点滴板上进行。在离心管中进行沉淀时,用滴管吸取试剂滴入盛有被检测离子的离心管中,每加 1 滴试剂应充分摇动(用玻璃棒在靠近管底处沿管搅拌,如图 4-1 所示),直到沉淀完全。

检验沉淀完全的方法是:将沉淀离心沉降,在上层清液中沿管壁再加 1 滴沉淀剂,如清液不浑浊,表示沉淀完全。否则应继续滴加沉淀剂,直到沉淀完全。

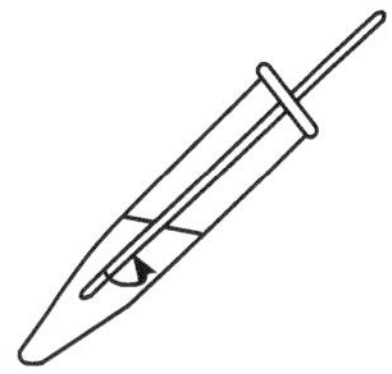

图 4-1　离心管的搅动

4.离心沉降

离心沉降是指利用离心力的作用将沉淀的微粒沉降在离心管的底部,从而使溶液完全澄清。使用离心机时应注意:

(1)将装有混合物的离心管放在离心机的离心管套中,在其对称位置上放装有等量水的离心管,以保持平衡。

(2)打开启动旋钮时,速度应由慢渐快。

(3)离心时间和速度应由沉淀的性质决定。晶形沉淀,转速 1 000 r/min,1～2 min 即可停止;无定形沉淀,转速 2 000 r/min,3～4 min 停止。

(4)关闭离心机时,转速应由快到慢直至自动停止。不要关得太快,以免损坏离心机。

5.沉淀与溶液的分离

经过离心沉降后的上层清液叫离心液。移出离心液时,可用毛细滴管吸取上层清液注入另一个离心管中,使沉淀和溶液完全分离。在用毛细滴管吸取溶液时,必须在插入溶液之前捏瘪橡胶胶头,排出其中的空气,将离心管倾斜,把毛细滴管尖端伸入离心溶液液面下,但不可触及沉淀(切勿插入溶液后再捏胶头),然后慢慢放松橡胶胶头,使溶液慢慢吸入毛细滴管中(图 4-2)。在沉淀比较紧密的情况下,也可以用倾斜法将溶液直接倒入另一个离心管中(图 4-3)。

图 4-2　用吸出法将沉淀和溶液分离

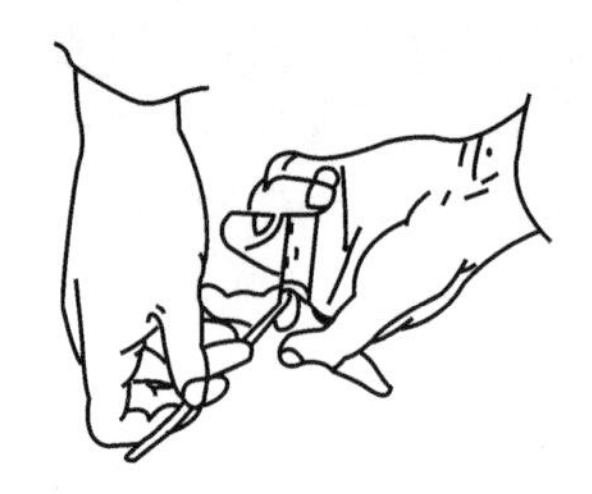

图 4-3　用倾斜法将沉淀和溶液分离

6.沉淀的洗涤

沉淀与清液分离后,沉淀中仍有少量离心液和离心液中的离子,因此必须仔细洗涤沉淀,否则溶液中所带有的杂质可能污染沉淀,从而使分析结果不准确。

洗涤沉淀的方法:在沉淀上加入为沉淀体积 2～3 倍的洗涤液,用玻璃棒充分搅拌后,离心沉降,弃去洗涤液。一般洗涤 2～3 次即可。洗涤时将离心管倾斜,充分搅动,使沉淀颗粒与大量洗涤液接触,以提高洗涤效果(图 4-4)。

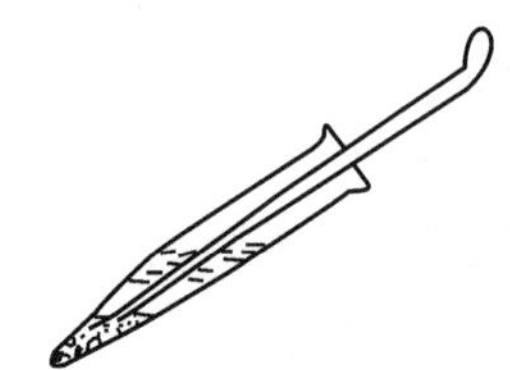

图 4-4　沉淀的洗涤

7.加热、蒸发和灼烧

盛于离心管中的溶液不得直接在火上加热,直接加热易使溶液溅出或造成溶液烧干,且离心管也易烧裂,应放在水浴中加热。在 200～300 mL 烧杯内加入 1/3～2/3 的自来水,然后将其放在石棉网上加热,保持烧杯内水微沸,即可得一水浴装置。

将溶液浓缩蒸干或灼烧,一般可在有柄蒸发器或微坩埚中进行(图 4-5)。在水浴上加热最安全。如欲加速蒸发,可在石棉网或沙浴上用微火加热,待蒸发至将干时,立即停止加热,而利用石棉网余热蒸发至干,从而避免因强热使某些化合物挥发或某些盐分解成难溶氧化物。

图 4-5　蒸发用的器具

8.点滴反应

点滴分析通常在点滴板或滤纸上进行。如在滤纸上进行,要选择质地较厚而又疏松的定量滤纸,规格通常为 2 cm×2 cm。

(1)对于在点滴板上进行的点滴反应,若生成有色沉淀宜在白色点滴板上进行,若生成白色沉淀则宜在黑色点滴板上进行。

(2)滤纸上的点滴分析通过生成的斑点颜色来鉴定某些离子是否存在。具体操作是:先将毛细滴管的尖端浸入试液液面下 1～2 mm 处,使液体因毛细管作用而上升,然后将毛细管尖端垂直地与滤纸中央接触,轻压在纸上,待潮湿斑点的直径扩大到数毫米时,移开毛细管。在斑点中央将盛有试剂的另一支毛细管依上法与滤纸接触,如图 4-6 所示,如此操作直到反应发生为止。

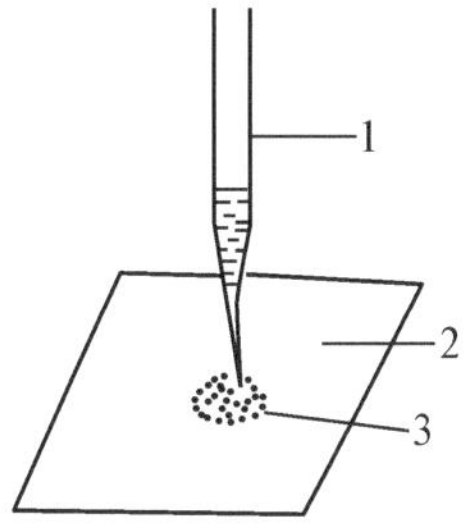

1. 毛细管　2. 反应纸　3. 湿斑

图 4-6　在滤纸上进行的点滴反应

9. 焰色反应

将铂丝或镍丝弯成直径 2～3 mm 的环,置于无色氧化焰中灼烧,然后浸入 HCl 溶液中,再进行灼烧,如此反复灼烧至铂丝或镍丝使火焰不呈任何颜色,此时,金属丝已清洁。然后再蘸取试液在氧化焰中灼烧,根据火焰的颜色确定是哪一种离子。

焰色反应的试样可以是固体,也可以是溶液。固体试样(硫化物、砷化物除外)可用被蒸馏水润湿的铂丝(或其他金属丝)蘸取后灼烧。液体试样可以用铂丝尖端小环蘸取后置于火焰中灼烧。需要注意的是,不能将铂丝放在还原焰中灼烧,以免生成碳化铂,使铂丝脆断。

10. 检验气体的方法

(1)气室反应。气室是两块小表面皿合在一起构成的,如图 4-7 所示,将试纸润湿后贴在上面表面皿凹面上,然后在下面表面皿中滴加试液和试剂,立即将贴好试纸的表面皿盖好,待反应发生后观察试纸颜色的变化。

(2)验气装置。将反应生成的气体与适当的试剂作用,可达到检验生成气体的目的。一般采用的验气装置如图 4-8 所示,由离心管配上具有金属丝环的塞子组成。先用金属丝环蘸上 1 滴验气试剂使之成膜,然后在离心管中加入能与试液反应产生气体的试剂,迅速将塞子盖好,观察环中液膜的变化。

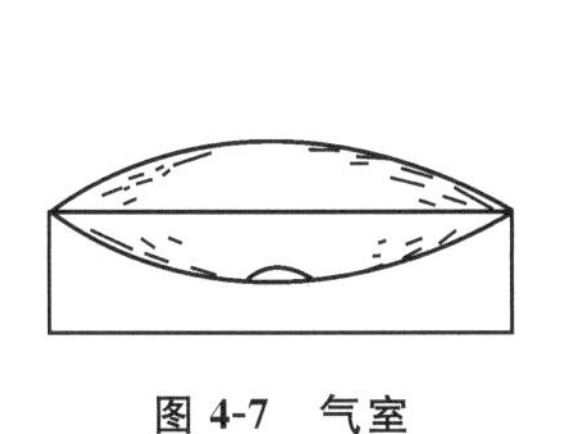

图 4-7　气室

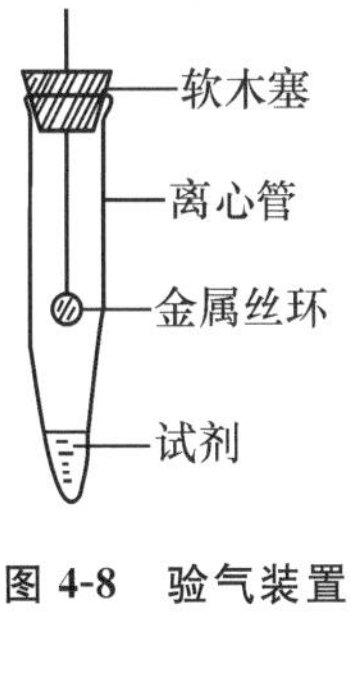

软木塞
离心管
金属丝环
试剂

图 4-8　验气装置

三、有效数字的概念

在科学实验中,为了得到准确的结果,不仅要准确地选用实验仪器测定各种量的数值,还要正确地记录和运算。实验所获得的数值,不仅表示某个量的大小,还反映测量这个量的准确程度。因此实验中各种量应采用几位数字,运算结果应保留几位数字,是很严格的事,不能随意增减和书写。例如,在测量液体的体积时,在最小刻度为 1 mL 的量筒中测得为 20.7 mL,其中 20 是量筒的刻度读出来的,而 0.7 是估计的,它的有效数字是三位。

如果该液体用最小刻度为 0.1 mL 的滴定管来测量，测得为 20.75 mL，其中 20.7 是直接从滴定管的刻度读出的，而 0.05 是估计的，它的有效数字是 4 位。所以有效数字是指在科学实验中实际能测量到的数字。在这个数中，除最后一位数是“可疑数字”，其余各位数都是准确的。

有效数字的位数是根据测量仪器和观察的精确程度来决定的，任何超过仪器精确程度的数字都是不正确的。例如，某物在台秤上称量为 4.8 g，表示准确到 0.1 g，所以该物的质量的范围为(4.8±0.1)g，有效数字是二位，但不能表示为 4.80 g 或 4.800 0 g，因为台秤只能准确称量到 0.1 g，小数点后一位数已经是可疑数，小数点后第二位、第三位、第四位数就没有意义。有效数字的位数还反映了测量的误差。例如，某铝片在分析天平上称量得 0.610 0 g，表示铝片的实际质量在(0.610 0±0.000 1)g 范围内，测量的相对误差为 0.02%(0.000 1÷0.610 0×100%=0.02%)。若少表示一位数即 0.610 g，则表示铝片的测量质量在(0.610±0.001)g 范围内，其测量相对误差为 0.20%(0.001÷0.610×100%=0.20%)。准确度比前者低一个数量级。可见，由于表示不恰当而降低了测量准确度也是不正确的。

有效数字的位数可以从下面几个数字来说明：

0.004 5→二位

0.003 0→二位

48.3→三位

0.048 3→三位

5.008→四位

0.500 0→四位

5 000→有效数字位数不确定

从上面这几个数可以看出，“0”如果在数字的前面，只起到定位作用，不是有效数字。因为“0”与所取的单位有关，例如，体积 0.004 5 L 和 4.5 mL，准确度完全相同；“0”如果在数字的中间或末端，则表示一定的数值，应该包括在有效数字的位数中。另外，像 5 000 这样的数字，有效数字不好确定，应该根据实际的有效数字位数写成 5×10^3(一位有效数字)，5.0×10^3(二位有效数字)、5.00×10^3(三位有效数字)等。

在 pH、lg$K$ 等对数值中，其有效数字的位数仅取决于小数部分的位数，整数部分决定该数是 10 的多少次方。例如，pH=11.02，即 $c(H^+)=9.5\times10^{-12}$ mol/L，所以 pH=11.02，其有效数字为二位，而不是四位。

此外，在定量分析中，还会经常遇到一些倍数或分数的关系，这些倍数或分数是自然数，不是测量所得，因此，应将它们视为有无限多位的有效数字。

化学运算中，保留有效数字的规则有如下几点。

(1)记录测定数值时，只保留一位可疑数字。

(2)当有效数字位数确定后，其余数字(尾数)应一律弃去。舍去办法采用“四舍六入五留双”的原则，即当尾数≤4 时，舍去；尾数≥6 时，进位；当尾数为 5 时，是否进位取决于保留数字末位是奇数还是偶数，若为奇数则舍弃 5 后进位，若为偶数(包括 0)则舍去 5 后不进位。总之，应保留偶数，即“成双”之意。例如，将下列数字处理成四位有效数字时，其结果为：

3.145 4→3.145

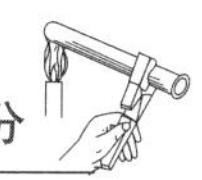

3.613 6→3.614

3.653 5→3.654

4.654 5→4.654

4.650 5→4.650

(3)计算有效数字时，若第一位有效数字≥8，其有效数字的位数可多算一位。例如，9.26 可按四位有效数字计算。

(4)在加减法中，和或差的有效数字的保留，应以小数点后位数最少(即绝对误差最大)的数为依据。例如，将 0.126、1.050 30 及 25.23 三个数相加，则应以 25.23 为依据，第二位小数已属可疑，其余两个数据可按“四舍六入五留双”的原则整理，只保留两位小数，则三者之和为：

$$0.13+1.05+25.23=26.41$$

(5)在乘除法中，积或商的有效数字的保留，应以其中有效数字位数最少(即相对误差最大)的数据为依据。而与小数点后的位数和小数点的位置无关。例：

$$0.126\times1.050\,30\times25.23=?$$

上述三个数中，第一个数是三位有效数字，它的有效数字位数最少，其相对误差最大，应以此数为依据，其余二数按“四舍六入五留双”原则处理，只保留三位有效数字，然后相乘：

$$0.126\times1.05\times25.2=3.333\,96=3.33$$

计算结果应为 3.33，若为 3.333 96 是不合理的。

实验 24　分析天平称量练习

一、实验目的

1.掌握空气阻尼分析天平的称量方法。

2.掌握直接称量和差减称量的方法。

3.了解在称量中有效数字的运用。

二、仪器和试样

1.仪器

TG-528B 型(或其他型号)阻尼分析天平 1 台、50 mL 烧杯 1 个、称量瓶 1 个。

2.试样

固体 Na_2CO_3、风干研细的土壤。

三、实验步骤

1.观察并检查分析天平

(1)检查砝码和游码是否齐全，以及各砝码位置是否正确。

(2)对照天平结构图，观察天平各部件以及所处的正确位置。如天平梁和吊耳的位置是否正常。

(3)检查天平是否处于水平位置。如不水平，可调节天平箱前下方的两个调水平螺丝，使水泡水准器中的水泡位于正中。

(4)天平盘上如有灰尘或其他落入的物体，应该用软毛刷清扫干净。

2. 天平零点的测定

端坐于天平的前面，沿顺时针方向轻轻转动旋钮(即打开旋钮)，使天平梁放下，指针稳定后，读出天平的零点(读至小数点后一位，如 9.0、10.8 等)。测出的零点一般不应超出中心点 1 刻度，即零点应该在指针标尺中 9.0～11.0。如超出这个范围，可通过天平梁上的零点调节螺丝进行调节。

3. 直接称量练习

(1)打开天平左边门，将称量物(干燥小烧杯)放入天平左盘中央，随手关天平门。打开天平右边门，用镊子夹取估计质量的砝码，轻放在右盘上。半开升降钮，观察指针偏转的情况，判断砝码是否合适。增减砝码，重复上述操作，直到砝码合适，即加 10 mg 太重，减 10 mg 太轻，砝码比重物轻。关好天平右边门，再移动游码，使平衡点与放称重物前的零点重合。

(2)称量物的实际质量就是砝码质量与游码在游码标尺上所表示的质量之和(可简称为“左减右加”)，记录小烧杯质量 m_1(准确记录到小数点后四位)。

4. 差减法(减量法)称量练习

差减法适用于称量易吸水、易氧化、易吸收二氧化碳的物质。在分析实验中往往需要称取几个少量的试样或基准物质，用差减法称量简便快捷，因此采用得最多。

差减法常用的容器是称量瓶(图 4-9)，它带有磨口玻璃塞，可防止试样吸收空气中的水分。称量瓶较轻可以直接在天平上称量。先称量出装有试样的称量瓶总质量，再从称量瓶中倒出一定量试样，称出剩余试样和称量瓶的总质量，前后两次称量之差，即为倒出试样的质量。

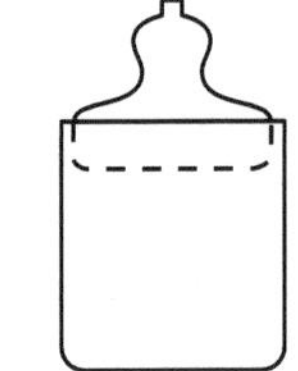
图 4-9　称量瓶

要准确称出一定量的试样，实验操作必须严格。称量瓶平时存放在干燥器中，取称量瓶时不能直接用手拿取，以免沾污称量瓶而造成称量误差。可戴干净细纱手套或用二三层干净纸条套在称量瓶上拿取(图 4-10)。本实验以称取一定量(0.9～1.1 g)Na_2CO_3 为例，对差减法做称量练习，其称量步骤如下：

(1)测定天平零点。

(2)用宽 2 cm、长 10 cm 的纸条套住称量瓶，将其从干燥器中取出，将称量瓶轻轻地置于天平左盘中央。取出纸条，称出其质量，记下称量瓶和试样的总质量 m_2。

(3)调节砝码，使其减轻 1 g，用纸条套住称量瓶从天平上取出，在小烧杯上方取下瓶盖(用纸条套取)。轻轻敲击称量瓶口上部，倾出约 1 g 试样于小烧杯中(图 4-11)。勿使试样洒落容器外面。将称量瓶慢慢立起，在小烧杯上方将盖盖好。重新将称量瓶和剩余试样一起称量。

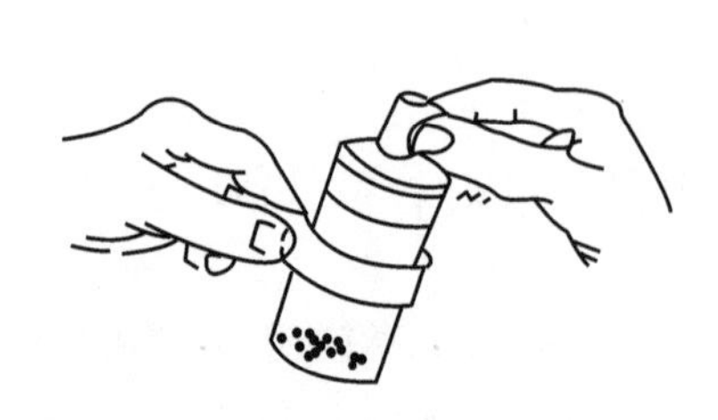
图 4-10　用纸条裹着拿取称量瓶及盖

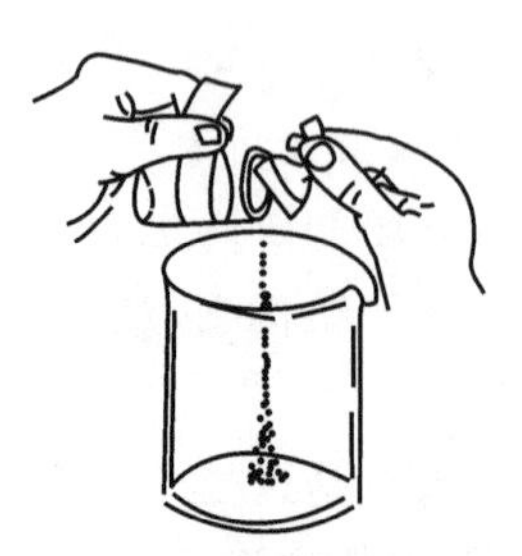
图 4-11　减量法称取样品

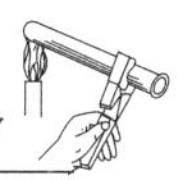

半开旋钮，若指针向右移动，说明倒出的试样少于1 g，这时再加上100 mg砝码。若指针偏右，则表示倒出来的试样小于0.9 g，应再继续小心倾出(注意不应一下敲取过多)；若指针向左，则表示倒出来的试样大于0.9 g，因此称取的试样在0.9～1.0 g，符合要求，记下称量瓶和试样(倾出后)的准确质量m_3。

半开旋钮，若指针向左移动，说明倒出的试样多于1 g，这时减去100 mg砝码。若指针向左，则表示倒出来的试样大于1.1 g，称取失败；若指针向右，则表示倒出来的试样小于1.1 g，因此称取的试样在1.0～1.1 g，符合要求，记下称量瓶和试样的准确质量m_3。

两次称量之差(m_2-m_3)即为试样质量(注意：在每次加减砝码和取放称量瓶时，一定要先关好旋钮，使天平梁托起)。

用差量法称取每一份试样时，最好在1～2次内能倒出所需要的量，以减少试样的损失和吸湿。

(4)称出小烧杯加试样的质量，记为m_4。

(5)检查(m_2-m_3)的质量是否等于小烧杯中增加的质量(m_4-m_1)。如不相等，求出差值，分析原因。要求称量的绝对值小于0.5 mg。

5.称量后的注意事项

(1)检查天平是否休止，砝码是否如数归入砝码盒原位。

(2)检查天平内是否有任何遗落的药品，如有，可用毛刷清理干净。

(3)将天平两边侧门关好，罩好天平罩。

(4)最后在天平使用记录簿上登记，并请教师签字。

四、思考题

1.为什么每次称量前都要测定零点？零点是否一定要在“10.0”处？若不在“10.0”处，应如何处理最后读数？

2.称量时，若指针向右移动，应加砝码还是减砝码？若指针向左移动，又应如何加减砝码？

3.什么情况下用直接法称量？什么情况下用差减法(减量法)称量？

4.差减法称量过程中，能否采用药匙加取试样？为什么？

5.使用天平时，为什么要强调轻开轻关天平旋钮？为什么必须先关闭旋钮才可以取放称量物体、加减砝码？否则会引起什么后果？

6.在称量的记录和计算中，如何正确运用有效数字？

实验25　氯化钡中结晶水含量的测定

一、实验目的

1.熟悉天平的使用。

2.掌握气化法测定挥发性成分的方法和操作技术。

3.学会烘箱和干燥剂的使用方法。

二、实验原理

在农业生产和科学实验中，常对分析样品进行含水量的测定。因为只有在测定含水量的基础上，才能计算样品中各被测成分的质量分数。另外，在粮食、种子、饲料等贮藏过程中也经常测定其含水量，以确保贮藏安全。物质的水分一般有两种形式，一种是吸湿水，一种是内部水，如细胞水和结晶水等。

结晶水是水合结晶物质中结构内部的水，水分子作为物质晶体结构单元存在于水合结晶物质中。例如，$BaCl_2 \cdot 2H_2O$、$CuSO_4 \cdot 5H_2O$、$Na_2SO_4 \cdot 10H_2O$ 中的水，都是结晶水。含结晶水的化合物具有恒定的化学组成。当加热到一定温度时，结晶水即可汽化逸出，其温度往往因物质的不同而异。$BaCl_2 \cdot 2H_2O$ 的结晶水，当加热到 120～125℃时即可失去。称取一定量的结晶氯化钡，在烘箱中以上述温度加热烘干至恒重，就可根据试样减轻的质量计算结晶水的含量。

此法也可以用来测定试样中的吸湿水的含量，如土壤、植物体的水分测定等。吸湿水含量随空气的温度变化而变化，在加热到 105～110℃时就能失去。

三、仪器和试剂

1. 仪器

分析天平 1 台、烘箱 1 台、干燥器 1 个、称量瓶 2 个、坩埚钳 1 把、台式天平 1 台。

2. 试剂

固体 $BaCl_2 \cdot 2H_2O$。

四、实验内容

1. 试样的称取

取称量瓶两个，洗净后编号，置于烘箱中，将瓶盖取下横放于瓶口上，在 120～125℃的温度下烘烤 1 h。用坩埚钳将称量瓶取出，放入干燥器中（注意不要把称量瓶盖盖上），冷却至室温，在分析天平上准确称重。然后将称量瓶再次烘干（约烘 30 min），称重，如此反复，直至恒重。

在分析天平上称取样品两份（每份 1.4～1.5 g），分别置于已恒重的称量瓶内，盖好盖子，分别准确称重。然后将称得的质量减去称重瓶的质量，即可得到 $BaCl_2 \cdot 2H_2O$ 试样质量 m_1。

2. 烘干结晶水

将盛有试样的称量瓶放入热至 120～125℃的烘箱内，瓶盖仍横搁在瓶口上，约烘烤 2 h。用坩埚钳取出称量瓶，放入干燥器内，冷却至室温后，迅速取出，盖好瓶盖，准确称重。然后再重复上述烘干（约 30 min）、称量步骤，直至恒重。最后将称得的质量减去称量瓶的质量，即得到失去结晶水的试样质量 m_2。按下式计算氯化钡中的结晶水的质量分数：

$$w_{结晶水} = \frac{m_1 - m_2}{m_{样}} \times 100\%$$

五、思考题

1. 什么叫恒重？

2. 为什么称量瓶在装样前要烘干至恒重？

3. 烘干后，为什么要冷却至室温才能称量？温度高时称量对结果有何影响？

【注意事项】

1. 测定结果与 $BaCl_2 \cdot 2H_2O$ 颗粒大小以及在烘箱内放置时间有一定关系。

2. 烘干后的称量瓶必须冷却至室温称量，而且称量速度要快。

实验 26　灰分的测定

一、实验目的

1. 掌握测定灰分的方法和操作技术。

2. 学会马弗炉等仪器的使用方法。

二、实验原理

将烘干的试样如小麦、玉米、茶叶、烟叶、饲料等放入马弗炉中，在一定温度下灼烧，使有机质燃烧，生成 CO_2 和水而除去，剩余的不可燃烧部分全部是无机物质(包括金属化合物及盐类)，称为灰分。可利用质量法测定其含量。

三、仪器和试样

1. 仪器

马弗炉、电子恒温控制器、坩埚(带盖)、坩埚钳、干燥器、分析天平、烘箱、电炉。

2. 试样

小麦。

四、实验内容

称取小麦 2 g(m)放入已知质量(m_1)的坩埚中，置于电炉上，半开盖子，先低温碳化，至不冒黑烟，取下，稍冷后再转入马弗炉中。慢慢升高温度至 500～550℃，灼烧 1 h，关闭电源，先微开炉门降温，然后打开炉门冷却至 100℃左右，用长坩埚钳取出坩埚，放入干燥器内，冷却至室温，称重。再灼烧半小时，冷却称重，直至恒重(m_2)(两次称量之差小于 0.2 mg 为恒重)。

按下式计算灰分的质量分数：

$$w_{\text{灰分}} = \frac{m_2 - m_1}{m} \times 100\%$$

五、思考题

1. 为什么在电炉上加热时坩埚盖要半开而不能全开或盖严？如何判断灰化是否完全？

2. 坩埚取出后，为什么要稍冷才能放入干燥器中？

实验 27　水溶性硫酸盐中硫酸根的测定

一、实验目的

1. 熟悉质量分析法的基本操作。

2. 掌握硫酸钡质量法的原理与分析方法。

二、实验原理

水溶性硫酸盐中的硫酸根，可用 $BaCl_2$ 作沉淀剂，以 $BaSO_4$ 为沉淀形式和称量形式进行测定。

试样溶于水后，用稀盐酸酸化，加热至接近沸腾，在不断搅动下，缓慢加入热、稀的 $BaCl_2$ 溶液，使 SO_4^{2-} 与 Ba^{2+} 作用，形成难溶于水的沉淀。在盐酸介质中进行沉淀是为了防止产生碳酸钡、磷酸钡、砷酸钡沉淀以及氢氧化钡等共沉淀。同时，适当提高酸度，增加 $BaSO_4$ 在沉淀过程中的溶解度，以降低其相对过饱和度，有利于获得较好的晶形沉淀。所得沉淀经陈化、过滤、洗涤、烘干、灰化和灼烧，即可得到 $BaSO_4$ 的称量形式。

三、仪器和试剂

1. 仪器

瓷坩埚(25 mL)2 个、玻璃漏斗 2 个、定量滤纸(慢速)。

2. 试剂

固体 Na_2SO_4、2 mol/L HCl 溶液、10% $BaCl_2$ 溶液、0.1 mol/L $AgNO_3$ 溶液。

四、实验内容

准确称取在 100～120℃下干燥过的 Na_2SO_4 试样两份(每份 0.4～0.5 g，记录为 m)，分别置于 2 个 400 mL 烧杯中，各加入水 25 mL，搅拌溶解，再加入 2 mol/L HCl 溶液 6 mL，用水稀释至约 200 mL。盖上表面皿，将溶液加热至沸腾。

取 10 mL 10% $BaCl_2$ 溶液两份，分别置于 2 个小烧杯中，加水稀释约 1 倍后加热至沸腾。然后在不断搅拌下趁热将 $BaCl_2$ 溶液逐渐滴入 Na_2SO_4 试液中。沉淀作用完毕后，静置 1～2 min。待 $BaSO_4$ 沉淀下沉，于上层清液中加入 1～2 滴 $BaCl_2$ 溶液，仔细观察有无浑浊出现，以检验其沉淀是否完全。若沉淀完全，盖上表面皿，微沸 10 min，于水浴(约 90℃)中保温陈化 1 h(或在室温下陈化 12 h)，放置冷却后，进行过滤。

沉淀用倾析法经慢速滤纸过滤。用热蒸馏水作洗涤剂，洗涤沉淀 3～5 次(每次约用 20 mL 洗涤液)。最后将沉淀小心地转移到滤纸上，再继续洗涤沉淀，直到洗涤滤液中 $AgNO_3$ 溶液检查不出 Cl^- 为止。

将盛有沉淀的滤纸折成小包，移入 800～850℃中的马弗炉中灼烧 1 h，取出，置于干燥器内冷却，称重。第二次灼烧 15～20 min，冷却后准确称重，直至恒重，记录为 $m(BaSO_4)$。

根据所得质量，按下式计算试样中硫酸根的质量分数：

$$w(SO_4^{2-}) = \frac{m(BaSO_4) \times \dfrac{M(SO_4^{2-})}{M(BaSO_4)}}{m} \times 100\%$$

五、思考题

1. 沉淀剂的用量是怎样计算的？为什么要过量？
2. 为什么制备 $BaSO_4$ 沉淀时要加 HCl？HCl 加入太多有什么影响？
3. 为什么制备 $BaSO_4$ 沉淀要在稀溶液中进行？不断搅拌的目的是什么？
4. 为什么沉淀 $BaSO_4$ 在热溶液中进行而在冷却后进行过滤？

附：质量分析的基本操作

质量分析是称取一定质量的样品，将其中欲测成分以单质或化合物的状态分离出来，根据单质或化合物的质量，计算该成分在样品中的含量的一种定量分析方法。由于样品中被测成分性质的不同，采用的分离方法各异，按分离方法的不同，质量分析可分为挥发法、萃取法、沉淀法。

一、挥发法

若被测成分具有挥发性或可以转变为可挥发的气体，则可以采用挥发法(又叫汽化法)

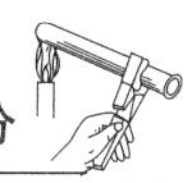

进行定量测定。

有的样品经过加热或与某种试剂作用，被测成分生成挥发性物质逸出，然后根据样品所减轻的质量，可以计算被测成分的百分含量。有的可以用某种吸收剂把逸出的挥发物吸收，根据吸收的增重来计算被测成分的含量。

挥发法的重要操作技术是称量和干燥，称量在天平相关章节中已讲过。干燥，由于各种样品性质的不同，所采用的干燥方法有下列几种。

1. 常压下加热干燥

对性质稳定的样品，可以采用常压加热干燥，使被测成分逸出。常用的仪器是电烘箱。如样品中水分的测定，吸湿水一般在105℃左右逸出，结晶水一般在120℃左右逸出。

有些样品在未达到规定的干燥温度时就熔化，则应先将样品置于较低的温度下干燥至大部分水分除去后，再按规定温度干燥。如测定$NaH_2PO_4 \cdot H_2O$的干燥失重时，先在60℃以下干燥1 h，然后置于105℃干燥至恒重。

2. 减压加热干燥

有些样品在常压下加热时间过长，常易分解，可将其置于减压干燥箱中进行减压加热干燥。在减压(减压至残压20 mm汞柱以下)条件下，可降低干燥的温度(通常在60～80℃)，缩短干燥时间，避免样品长时间受热分解变质。

3. 干燥剂干燥

当具有升华性、低熔点以及受热易分解、氧化或水解等特点的样品，不能采用上述方法干燥时，可将其放置在盛有干燥剂的干燥器中，干燥至恒重。若常压下干燥，水分不易除去，可将其置于减压干燥器中干燥。

二、萃取法

萃取质量法根据被测成分在两种互不相溶的溶剂中分配比的不同，通过多次萃取达到分离的目的，然后进行蒸发、干燥、称重和计算被测成分的质量分数。脂肪、生物碱等就是采用这一方法进行测定的。如奎宁生物碱的测定，称取一定量的样品，粉碎磨细，加氨液至呈碱性，使奎宁游离，用氯仿分次萃取，直至生物碱提尽为止，过滤氯仿液，滤液在水浴上蒸发，干燥、称重，即可算出奎宁的质量分数。

三、沉淀法

沉淀法的操作程序是：称取一定质量的样品，使其溶解(称为样品的预处理)，然后加入适当的沉淀剂使被测成分形成难溶的化合物沉淀出来，将沉淀过滤、烘干、灼烧后称其质量，根据沉淀(称量形式)的质量求出样品中被测成分的质量分数。

1. 样品的预处理

用洁净的烧杯，配上合适的玻璃棒和表面皿。玻璃棒不要太长，一般应比烧杯高6 cm，表面皿的直径应稍大于烧杯口直径。烧杯内壁和底不应有裂纹。

称取样品于烧杯中，用适当溶剂溶解，一般能溶于水的样品，应以水溶解，不溶于水的可用酸、碱或氧化剂进行溶解，或采用熔融法处理后溶解。

溶解样品时应注意以下几点。

(1)若无气体生成，可取下表面皿，将溶剂沿紧靠杯壁的玻璃棒加入，或沿杯壁加入。一边加一边搅拌，直至样品完全溶解，然后盖上表面皿。

(2)溶解时若有气体生成(如CO_2或H_2S)，为防止溶液溅失，应先加入少量水润湿样品，盖好表面皿，再从表面皿与烧杯间缝隙处滴加溶剂，待气泡消失后，再用玻璃棒搅拌，使其溶解。样品溶解后，用洗瓶吹洗表面皿和烧杯内壁。

(3)有些样品须加热溶解，可在电炉和酒精灯上进行，但只能微热或微沸，不能暴沸。加热时须盖上表面皿。

(4)如样品溶解后须加热蒸发，可在烧杯口放上玻璃三角或在杯沿上挂3个玻璃钩，再盖上表面皿，加热蒸发。

2.沉淀剂的选择

沉淀剂最好具有挥发性。为使沉淀反应进行完全，常加过量的沉淀剂，因此沉淀中不可避免地含有过量的沉淀剂，若沉淀剂是挥发性的物质，在干燥灼烧时便可除去。故应尽可能地采用挥发性的物质作沉淀剂。如沉淀 Fe^{3+} 时选用挥发性的 $NH_3 \cdot H_2O$ 而不用 NaOH 等作沉淀剂。

当没有合适的挥发性沉淀剂而不得不使用非挥发性沉淀剂时，则沉淀剂的用量不宜过多。

沉淀剂应具有选择性。沉淀剂只与被测成分作用产生沉淀，而不与其他共存物作用。这样可以省去分离干扰物的操作。

有机沉淀剂应用范围较广泛，有机沉淀剂通常有以下几个特点。

(1)选择性高，甚至是特效的。

(2)沉淀在水中溶解度很小，被测成分可定量地沉淀完全。

(3)容易生成大颗粒的粗晶形沉淀，易于过滤和洗涤。

(4)有机沉淀剂分子质量大，少量被测成分可生成较大质量的沉淀，能提高分析结果的准确度和灵敏度。

(5)常温下烘干称重，不需要高温灼烧。

常用有机沉淀剂如表4-1所示。

表4-1 常用有机沉淀剂

试剂	沉淀条件	被沉淀的元素
丁二酮肟 $CH_3—C{=}NOH$ $\vert$ $CH_3—C{=}NOH$	酒石酸，NH_3，稀酸	Ni，Au，Pd，Se
四苯硼酸钠 $NaB(C_6H_5)_4$		K，Rb，Cs，NH_4^+
邻氨基苯甲酸	弱酸	Cd，Co，Cu，Fe(Ⅱ、Ⅲ)，Pb，Mn，Hg，Ni，Ag，Zn
8-羟基喹啉	HAc-NaAc缓冲液	Ag，Al，Bi，Cd，Co，Cr，Cu Fe，Ga，Hg，In，Ia，Mn，Mo Nb，Ni，Pb，Re，Sb，Ta Th，Ti，U，V，W，Zn，Zr
	HAc-NaAc，EDTA NaAc-NaOH，酒石酸 NaAc-NaOH，酒石酸，EDTA NH_3-NH_4Ac NH_3-NH_4Ac，EDTA	Mo，W，V，Ti，U Cu，Zn，Cd，Mg Cu 除Mo，W，V，As，Sb外所有金属离子 U， Ti，Fe，Al，Cu，Be

使用无机沉淀剂进行分离，其分离效果和选择性不如有机沉淀剂好。经常采用的无机沉淀剂有氢氧化物、硫化物、草酸盐等，其中以 NaOH 沉淀剂用得多。在实际工作中，应考虑被沉淀离子的浓度、共存离子、溶液的温度及沉淀作用等其他因素。

3. 沉淀

对处理好的样品溶液进行沉淀时，应根据沉淀是晶形或非晶形来选择不同沉淀条件。

(1)晶形沉淀的沉淀方法

①被沉淀的溶液要冲稀一些。

②沉淀时应将溶液加热。

③沉淀速度要慢，同时应搅拌。沉淀时，左手拿滴管逐滴加沉淀剂，右手持玻璃棒不断搅拌。滴加时滴管口应接近液面，以防溶液溅出。应轻轻地搅拌，玻璃棒勿触碰烧杯壁和杯底。

④陈化。沉淀后应进行陈化，用表面皿将烧杯盖好，以免灰尘落入。放置过夜或在石棉网上加热近沸 30 min。

⑤检查沉淀是否完全。沉淀陈化后，沿烧杯内壁加入少量沉淀剂，若上层清液出现浑浊或沉淀，说明沉淀不完全，可补加适量沉淀剂，使沉淀完全。

(2)非晶形沉淀的沉淀方法。沉淀时应用较浓的沉淀剂，加入沉淀剂和搅拌的速度均可快些。沉淀完全后要用蒸馏水稀释，不用放置陈化，有时也可加入电解质等。

4. 过滤和洗涤

(1)漏斗的选择。质量分析用的漏斗应为长颈的，一般颈长 15～20 cm，锥形顶角为 60°(滤纸应紧贴于漏斗)。为使颈内易保留水柱，加快过滤速度，直径应小些，一般为 3～5 mm，出口处呈 45°。滤纸折叠放入后，滤纸的上缘应低于漏斗上缘 1.0～1.5 cm(图 4-12e)，绝不能超出漏斗边缘。

(2)滤纸的折叠和放置。漏斗洗涤后，取一张滤纸对折，使其圆边重合(图 4-12b)，第二次折叠时，应根据漏斗的圆锥角大小，如正好是 60°，把滤纸折叠成 90°，滤纸在漏斗中展开，恰好与漏斗的内壁密合。如漏斗的圆锥角不为 60°，就要改变第二次折叠的角度，至滤纸和漏斗紧密贴合为止。用手轻按滤纸，所得圆锥体的一边为三层，另一边为一层(图 4-12c)。然后取出滤纸，将三层厚的外层撕下一角，保存在干燥的表面皿中，以备擦沉淀用。展开滤纸

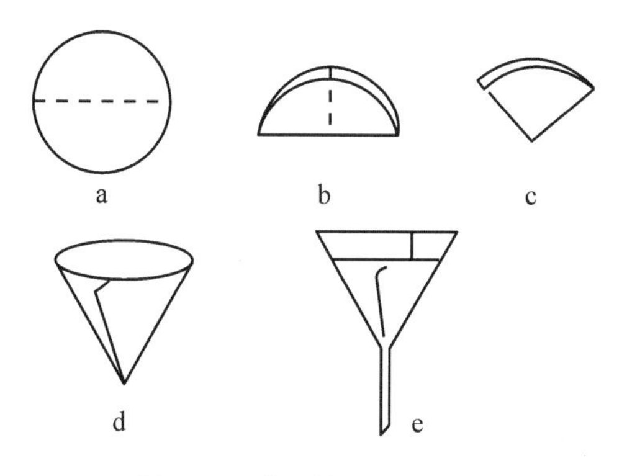

图 4-12　滤纸的折叠和放置

呈圆锥状(图 4-12d)。

把折叠好的滤纸放入漏斗中,三层的一边应在漏斗颈出口短的一侧。用手按紧三层的一边,然后用洗瓶注入少量水润湿滤纸,轻压滤纸赶出气泡。再加水至滤纸边缘,使水全部流出。漏斗颈内应全部被水充满,形成“水柱”。若没有形成水柱,可用手指堵住漏斗下口,揭起滤纸一边,用洗瓶向滤纸和漏斗的缝隙处加水,使漏斗颈和锥体的大部分被水充满。最后,压紧滤纸边缘,放开堵出口的手指,使形成“水柱”。

(3)过滤。过滤前,将有沉淀的烧杯倾斜静置(图 4-13)。拿烧杯时勿搅起沉淀。进行过滤时,将漏斗正放在漏斗架上,用一个洁净的烧杯接收滤液,使漏斗颈出口长的一边紧贴烧杯壁(图 4-14)。为避免滤液飞溅,漏斗架的高低以漏斗颈的出口处不接触滤液为准。

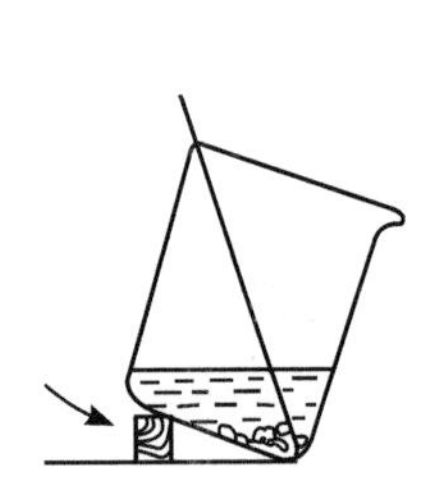

图 4-13　带有沉淀的烧杯倾斜静置

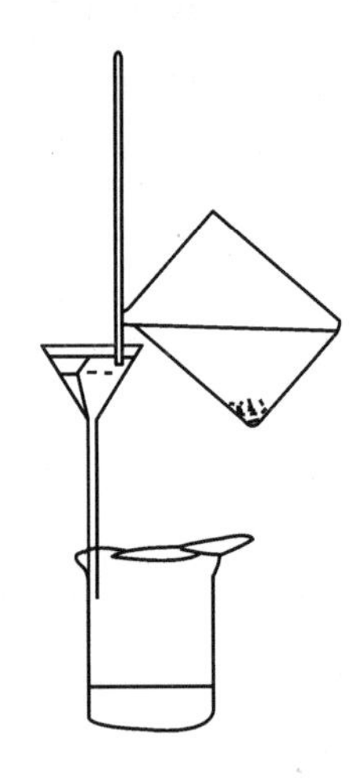

图 4-14　倾注法过滤

过滤时,为使滤纸的小孔不被沉淀颗粒堵塞,使过滤进行较迅速,常用倾注法,即待沉淀静置澄清后,将上层的清液分次倾倒在滤纸上,沉淀仍留在烧杯中,为避免溅失,倾注时应沿着玻璃棒进行(图 4-14)。玻璃棒下端靠近滤纸折成三层的一边,沿着玻璃棒倾注清液,随着溶液的倾入,将玻璃棒渐渐提高,以免触及液面。当漏斗中的液体表面离滤纸边缘约 5 mm 时(图 4-14),应停止倾注,以免清液中的少许沉淀超过滤纸上缘,使沉淀损失。滤至沉淀上的清液全部倾入滤纸上为止。仔细观察滤液,如滤液完全透明不含沉淀微粒,可把滤液弃去。如果滤液还需分析,则应保留。

(4)沉淀洗涤。在烧杯中沉淀上沿玻璃棒加约 25 mL 蒸馏水或洗液,充分搅拌,放置澄清,沉淀下降后,用倾注法过滤,每次尽量将上清液倾出。搅起沉淀,小心地将悬浊液沿玻璃棒加在滤纸上。加少量洗液重复操作 4 次,即可将大量沉淀转移到滤纸上。烧杯中剩下极少量沉淀,可用图 4-15 所示方法转移,把烧杯倾斜并将玻璃棒架在烧杯口上,玻璃棒下端对着滤纸折成三层的一边,用洗瓶吹出洗液,冲洗烧杯内壁,将残余的沉淀完全转移到滤纸上。沉淀全部转移后,可用洗瓶吹洗液,自上而下螺旋式地淋洗滤纸上的沉淀(图 4-16),使沉淀集中到滤纸的底部,折叠时沉淀不致损失。注意淋洗时吹出的洗液不要直冲滤纸中央,应沿滤纸上端边缘流下,便于洗净全部沉淀和整张滤纸。

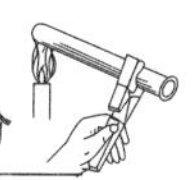

图 4-15　最后少量沉淀的转移

图 4-16　洗涤漏斗中的沉淀

沉淀是否洗净，须作定性检查。取一支干净的试管，收集几毫升滤液，加适当试剂，观察滤液中是否显示某种离子反应，如无反应，可认为洗净。否则还需继续洗涤，直至洗净为止。过滤和洗涤必须连续进行，一次完成，不能中途放置或隔夜，否则沉淀干涸凝结后，难以洗净。

5. 沉淀的干燥和灼烧

(1) 干燥器的准备和使用。首先将干燥器擦净，烘干多孔瓷板，通过一个纸筒将干燥剂装入干燥器的底部，然后放上瓷板。干燥器的使用参照前文相关章节。

常用的干燥剂有无水氯化钙、变色硅胶等。由于各种干燥剂吸收水的能力是有一定限度的，因此，干燥器中空气并不是绝对干燥的，只是湿度降低而已，所以灼烧和干燥后的坩埚和沉淀，如在干燥器中放置时间过长，可能吸收少量水分而使质量增加，应加以注意。

(2) 坩埚的准备。将坩埚洗净擦干后，用马弗炉或酒精灯灼烧至恒重(灼烧空坩埚与灼烧沉淀条件相同)。

用酒精喷灯的宽大火焰灼烧 20～30 min，灼烧时勿使焰心与坩埚底部接触，因为焰心温度较低，不能达到灼烧的目的。并且焰心与外层火焰温度相差较大，以致坩埚底部受热不均匀而容易损坏。用酒精喷灯灼烧坩埚时，坩埚应平放在泥三角上(图 4-17)。灼烧完毕，移去喷灯。用在火焰上微热的坩埚钳夹住坩埚，将其放入干燥器内，坩埚钳嘴须保持洁净，用后将钳嘴向上放于台上。干燥器盖不要盖严，待稍冷后再盖严。冷却至室温后，用坩埚钳夹取坩埚，放于天平盘上称量，记录其质量。重复操作，加热灼烧、冷却、称量。两次质量之差不超过 0.2～0.3 mg 为恒重。

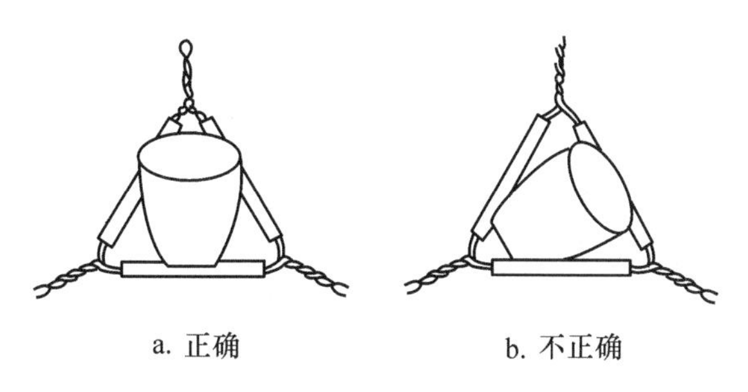

图 4-17　坩埚在泥三角上的位置

(3)沉淀和滤纸的烘干。欲从漏斗中取出沉淀和滤纸,须用玻璃棒从滤纸的三层处,小心地将滤纸与漏斗拨开,用洁净手将滤纸和沉淀取出。若是晶体沉淀,一般体积小可按图4-18所示方法包裹沉淀。沉淀包好后,放入已恒重的坩埚内,滤纸层数较多的一面向上。若是无定形沉淀,因沉淀量较多,将滤纸的边缘向内折,把圆锥体敞口封上,如图4-19所示,再用玻璃棒轻轻转动滤纸包,以便擦净漏斗内壁可能沾有的沉淀。最后用洁净手将滤纸包转移到已恒重的坩埚内,使它倾斜放置,滤纸包的尖端朝上。

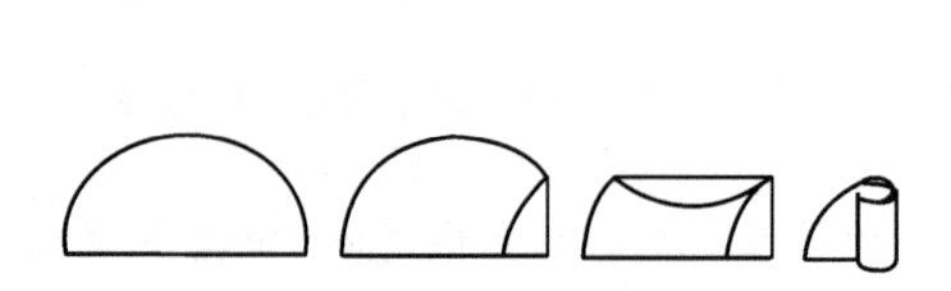

图4-18 晶形沉淀的包裹方法

图4-19 无定形沉淀的包裹方法

沉淀和滤纸的烘干应在酒精灯或电炉上进行。在酒精灯上烘干时,将放有沉淀的坩埚斜放在泥三角上(注意:滤纸层数较多的一面向上),坩埚底部枕在泥三角的一边上,坩埚口朝泥三角的顶角,如图4-20a所示,调好酒精灯。为使滤纸和沉淀快速干燥,应用反射焰,即用小火加热坩埚盖的中部,使热空气流进入坩埚内部,水蒸气从坩埚上面逸出。

(4)滤纸的炭化和灰化。滤纸和沉淀干燥后(这时滤纸只是被干燥,而不变黑),将酒精灯逐渐移至坩埚底部,并逐渐加大火焰,炭化滤纸(图4-20b)。炭化时如果着火,应立即移去火焰,加盖密闭坩埚,火即熄灭,勿用嘴吹,以免沉淀飞溅损失。继续加热至全部炭化(滤纸变黑)。炭化后加大火焰,使滤纸灰化,呈灰白色,而不是黑色。为使灰化较快进行,应随时用坩埚钳夹住坩埚使之转动,但不要使坩埚中沉淀翻动,以免沉淀损失。沉淀的烘干、炭化和灰化过程也可在电炉上进行,应注意温度不能太高,这时坩埚是直立的,坩埚盖不能盖严,其他操作和注意事项与在酒精灯上的相同。

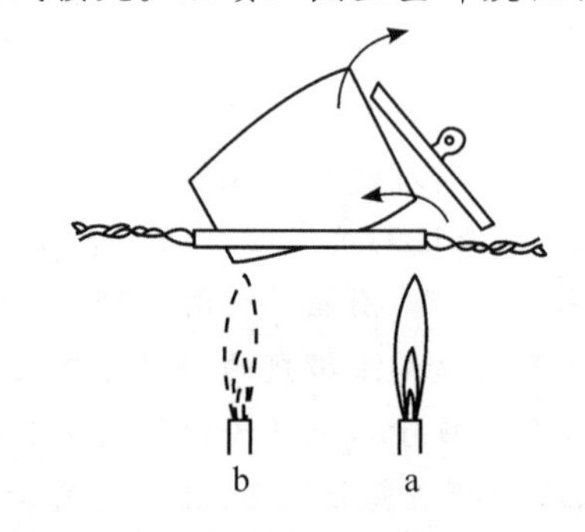

图4-20 沉淀的烘干(a)与滤纸的炭化(b)

(5)沉淀的灼烧。沉淀和滤纸灰化后,将坩埚移入马弗炉中(根据沉淀性质调节适当温度),盖上坩埚盖(稍移开一点)。灼烧的温度一般在800℃左右,灼烧20~30 min。取出坩埚,移至炉口,至红热稍退后,再将坩埚从炉中取出放在洁净瓷板上,待坩埚稍冷后,再将坩埚移至干燥器中,盖好盖子,随后须开启干燥器盖1~2次,待冷却至室温(一般需30 min左右)称重。应注意,每次灼烧、冷却、称重的时间要保持一致。

另外,有些沉淀烘干后即可得到固定组成,不需在坩埚中灼烧。热稳定性差的沉淀,也不用在坩埚中灼烧,在微孔玻璃坩埚中烘干至恒重就可以,应将微孔玻璃坩埚放在表面皿上,再放入烘箱中烘干。根据沉淀的性质确定干燥的温度,一般第一次烘干约2 h,第二次烘干45~60 min,如此重复,每次烘干、冷却、称重的时间要保持一致。

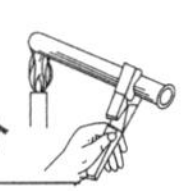

实验 28　酸碱标准溶液的配制和比较滴定

一、实验目的

1. 熟练地掌握酸碱近似浓度溶液的配制方法。

2. 通过比较滴定，初步掌握滴定操作技术。

二、实验原理

化学分析中常需要一定浓度的(通常为 0.1 mol/L)酸、碱溶液，但市售的酸和碱的浓度过高，纯度也不定(如 HCl 和 H_2SO_4 浓度都不一定，固体 NaOH 中常含有一些 Na_2CO_3 和水分)。因此，只能将它们配制成近似浓度的溶液，然后通过比较滴定和标定来确定它们的准确浓度。

配制一定浓度的酸、碱溶液是根据等物质的量定律进行的，即溶液稀释前后，溶质的物质的量不变($c_1V_1=c_2V_2$)。

酸标准溶液通常用 HCl 或 H_2SO_4 来配制。因为 HCl 不会破坏指示剂，同时大多数氯化物易溶于水，HCl 又稳定，所以多用 HCl 来配制。当样品需要过量的标准酸共同煮沸时，以 H_2SO_4 标准溶液为好，尤其标准酸浓度大时，更应如此。不用硝酸或醋酸，因为硝酸有氧化性而醋酸酸性太弱。

碱标准溶液常用 NaOH 或 KOH，也可用 $Ba(OH)_2$ 来配制。NaOH 标准溶液应用最多，但它易吸收空气中的 CO_2 和水分，还能腐蚀玻璃，长期保存要放在塑料瓶中。

由于 HCl 和 NaOH 不够稳定，也不易获得纯品，所以用间接法来配制其标准溶液。酸碱中和反应的实质是：

$$H^+ + OH^- = H_2O$$

NaOH 和 HCl 溶液反应到达等量点时，所用的酸和碱的物质的量恰好相等，这种关系如下：

$$c(\mathrm{HCl}) \cdot V(\mathrm{HCl}) = c(\mathrm{NaOH}) \cdot V(\mathrm{NaOH})$$

$$\text{即 } c(\mathrm{HCl})/c(\mathrm{NaOH}) = V(\mathrm{NaOH})/V(\mathrm{HCl})$$

因此，只要标定其中任何一种溶液的浓度，通过比较滴定的结果(体积比)，可以算出另一种溶液的准确浓度。

三、仪器和试剂

1. 仪器

50 mL 碱式滴定管 1 支、20 mL 移液管 1 支、250 mL 锥形瓶 2 个、量筒 2 个(100 mL 和 10 mL 各 1 个)、烧杯 3 个、200 mL 试剂瓶 2 个(带玻璃塞和带橡胶塞的各 1 个)、台秤(公用)等。

2. 试剂

浓 HCl(相对密度为 1.18～1.19，含 HCl 为 37.23%)、固体 NaOH、酚酞指示剂(0.2% 酚酞乙醇溶液)。

四、实验内容

1. 溶液的配制

(1)0.1 mol/L HCl 标准溶液的配制。用干净的 10 mL 量筒量取浓 HCl 3.3 mL，倒

入已加入少量蒸馏水的烧杯中，用蒸馏水稀释至 200 mL，倒入试剂瓶中，摇匀，贴好标签。

(2)0.1 mol/L NaOH 标准溶液的配制。用台秤称取 0.8 g 固体 NaOH，放入烧杯中，用蒸馏水溶解，稀释至 200 mL，倒入试剂瓶中，用橡胶塞塞紧，摇匀，贴上标签。

2. 比较滴定

(1)先把移液管和碱式滴定管洗干净，洗净程度以管壁均匀润滑且不挂水珠为准。

(2)用所配制的 0.1 mol/L HCl 溶液润洗移液管 2 次，再移取 20.00 mL HCl 于锥形瓶中，加酚酞指示剂 2 滴，摇匀备用。

(3)将 0.1 mol/L NaOH 溶液装入碱式滴定管中(先润洗 2 次)，然后进行滴定，滴定至溶液由无色变为微红色，约 30 s 不褪色，即为终点。准确记录消耗碱溶液的体积。平行测定 2 次，每次滴定前，都要把滴定管装满。

分别计算每毫升 NaOH 溶液相当于多少毫升 HCl 溶液，即求出 $V(HCl)/V(NaOH)$。要求两次测定结果的相对相差小于 0.2%(即如酸溶液的用量相同，两次所用碱溶液的体积相差不超过 0.05 mL)，否则重新滴定。

通过比较滴定，只要用基准物标定出其中一种溶液的准确浓度，再根据 $c_{酸} \cdot V_{酸} = c_{碱} \cdot V_{碱}$，就可以求出另一种溶液的准确浓度。

五、数据记录和结果处理

将实验数据及计算结果填入表 4-2。

表 4-2 酸碱标准溶液比较滴定

测定项目	实验次数	
	Ⅰ	Ⅱ
$V(HCl)/mL$		
$V(NaOH)/mL$		
$V(HCl)/V(NaOH)$		
$V(HCl)/V(NaOH)$的平均值		
相对相差/%		

六、思考题

1. 用量筒量取 H_2SO_4 或 HCl 的体积，是否能配制成 H_2SO_4 或 HCl 的标准溶液？

2. 为什么在洗涤滴定管时最后要用滴定溶液洗几次？锥形瓶也要用相同的方法洗涤吗？

3. 滴定管装入溶液后，没有将下端尖管内的气泡赶尽就读取液面读数，对实验结果有何影响？

4. 在滴定过程结束后发现：①滴定管下端留有一个液滴；②溅在锥形瓶壁上的液滴没有用蒸馏水冲下。这些对实验结果有何影响？

5. 从滴定管中流出半滴溶液的操作要领是什么？

【注意事项】

1. 使用强酸强碱时要注意安全。

2. 在转移标准溶液过程中(倒入滴定管或用移液管吸取时),不得再经过其他容器。

3. 在倾倒 HCl、NaOH 等试剂时,手心要握住试剂瓶上的标签部位,以保护标签。

附:滴定管的使用方法

滴定管是滴定时用来精确量度液体的量器,刻度由上而下,与量筒刻度相反。滴定管的阀门有两种,一种是玻璃阀门(图 4-21a),另一种是装在橡胶管中的玻璃小球(图 4-21b)。对前者,旋转玻璃活塞,可使液体沿活塞当中的小孔流出;对后者,用大拇指和食指稍微捏挤玻璃小球旁侧的橡胶管,使之形成一条细缝,液体即可从缝隙流出。若滴定时量取对玻璃有侵蚀作用的液体如碱液,只能用带橡胶管的滴定管(碱式滴定管)。若滴定时量取对橡胶有侵蚀作用的液体,如 HCl、H_2SO_4、I_2、$KMnO_4$、$AgNO_3$ 溶液等,则必须用带玻璃塞的滴定管(酸式滴定管)。

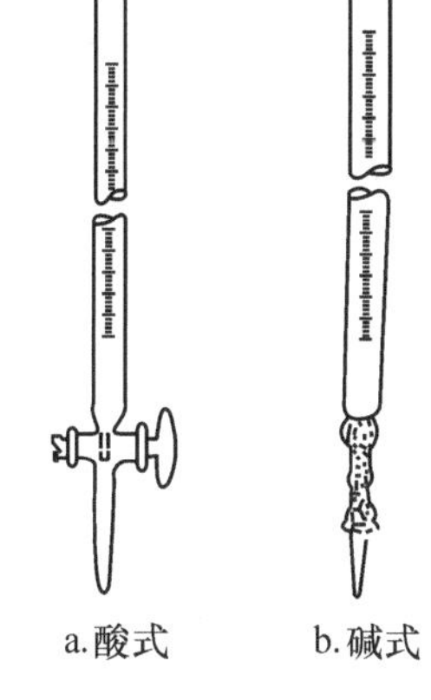

图 4-21　滴定管

常量分析用的滴定管有 25 mL 和 50 mL 两种规格,最小刻度为 0.1 mL,读数可估计到 0.01 mL,一般读数误差为±0.02 mL。另外,还有容积为 10、5、2 和 1 mL 的半微量滴定管,一般附有自动加液漏斗。

1. 滴定管使用前的准备

如果使用的是新滴定管,则应做洗涤、涂油(对酸管)、试漏的准备;若使用的是一支已用过的滴定管,则使用前应检查其旋塞的转动是否灵活,有无漏液现象以及管内壁是否挂水珠。

(1)滴定管的洗涤。滴定管可用自来水冲洗或先用滴定管刷蘸肥皂水或其他洗涤剂(但不能用去污粉)刷洗,而后再用自来水冲洗。如有油污,酸式滴定管可直接在管中加入洗液浸泡数十分钟(必要时可用温热的洗液),而碱式滴定管则要先去掉橡胶管,接上一小段塞有短玻璃棒的橡胶管,然后再用洗液浸泡。总之,为了尽快而方便地洗净滴定管,可根据污物的性质和弄脏的程度选择合适的洗涤剂和洗涤方法。污物去除后,须用自来水多次冲洗,至流出液为无色,再用去离子水淋洗 3～4 次。把水放掉以后,滴定管的内壁应该均匀地润上一薄层水。如管壁上还挂有水珠,说明未洗净,必须重洗。

(2)滴定管的旋塞涂油与检漏。使用酸式滴定管时,如果活塞转动不灵活或漏水,必须将滴定管平放于实验台上,取下活塞,用软纸将活塞和活塞窝擦干,然后分别在活塞的大头表面和活塞窝小口的内壁上均匀地涂上一层薄薄的凡士林(也可将凡士林涂在活塞的两头)。注意不要把凡士林涂到活塞孔所在的那一侧上,以免堵塞活塞孔,把涂好凡士林的活塞插进活塞窝里,单方向地旋转活塞柄,直到活塞与活塞窝接触处全部透明为止(图 4-22)。涂好的活塞转动要灵活,而且不漏水。把装好活塞的滴定管平放在桌上,活塞的小头朝上,然后在小头上套上一个小橡胶圈(可从橡胶管上剪一小圈)以防活塞脱落。对于碱式滴定管,要检查玻璃珠的大小和橡胶管粗细是否匹配,即是否漏水和能否灵活控制液滴。

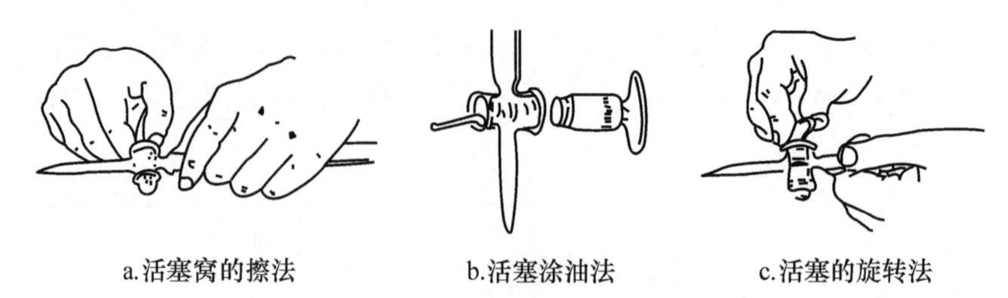

a.活塞窝的擦法　　b.活塞涂油法　　c.活塞的旋转法

图 4-22　滴定管的旋塞与涂油

检查滴定管是否漏水时，可在滴定管内装入适量去离子水，直立静置约 2 min，观察液面是否下降，检查活塞边缘和滴定管下端尖嘴上有无水滴滴下或渗出。将活塞旋转 180°后，再观察一次，如无漏水现象，即可使用。

(3)操作溶液的装入。为避免装入滴定管的操作溶液被管内残留的水所稀释，确保操作溶液浓度不变，在装入操作溶液之前，应先用操作溶液润洗滴定管内壁 2～3 次，每次装入 5～10 mL。润洗的方法是：从上口注入操作溶液，然后平托滴定管，慢慢转动，使溶液均匀润湿整个滴定管内壁，再将滴定管竖起，从下口将溶液放出。

润洗后即可往滴定管内装操作溶液。装液时，应注意将待装溶液从试剂瓶直接注入滴定管，不得借助任何其他器皿，以免污染或改变操作溶液的浓度。

装好操作液后，滴定管下端尖嘴内应无气泡，否则在滴定过程中气泡被赶出，将影响操作溶液体积的准确测量。排除滴定管下端气泡的方法是：对酸性滴定管，可转动旋塞，使溶液急速流出，即排除气泡；对碱式滴定管，先将它倾斜，将乳胶管向上弯曲，使管嘴向上，然后用力捏挤玻璃珠处的乳胶管，使溶液从管嘴喷出，即可排除气泡(图 4-23)。

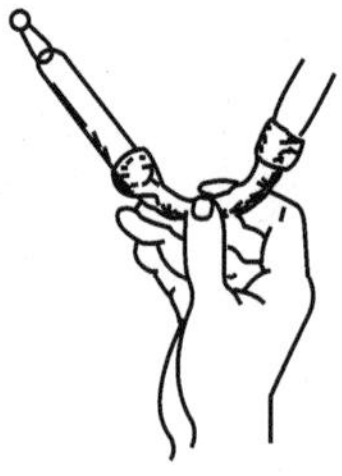

图 4-23　碱式滴定管赶出气泡

2. 滴定管读数

滴定管的读数不准确，常常是滴定分析误差的主要来源之一。因此，初学者应多做读数练习，以达到读数迅速、准确。

滴定管装入溶液后，由于水溶液的表面张力作用，滴定管液面呈下凹的弯月形。因此，读数时应使滴定管自然垂直，注入或放出溶液后，须静置 1 min 左右再读数，并注意检查管内有无气泡。滴定后还须观察管内壁是否挂有液珠，不挂液珠便可读数。视线应与所读的液面处于同一水平面上(图 4-24a)。对于无色或浅色溶液，习惯上读取与弯月面相切点的读数；对于深色溶液，如 $KMnO_4$ 溶液、I_2 溶液等，因不易看清弯月面，则读取液面的上缘(即视线与液面两侧最高点相切处)的读数。为使弯月面显得更清晰，可借助读数卡：将黑白两色的卡片紧贴在滴定管的后面，黑色部分放在弯月面下约 1 mm 处，即可见到弯月面的最下缘映成的黑色，读取黑色弯月面的最底点(图 4-24a)。有的滴定管后壁有白底蓝线，液面呈现三角交叉点，则读数应以两个弯月面相交的最尖部分为准，即应读取交叉点与刻度相交点的读数(图 4-24b)。

读数时，初读和终读应该用同一标准，并且读数必须准确到 0.01 mL，即读数应读至小数点后第二位。

此外，在每次滴定前，最好将滴定管液面调节到刻度为 0.00 mL 处，或从接近零的任何刻度开始，这样可使每次滴定所用溶液的体积固定在滴定管的某一个体积范围内，以减小因滴定管刻度不匀造成的体积误差。同时，滴定要一次完成，避免溶液量不足需要再次装入溶

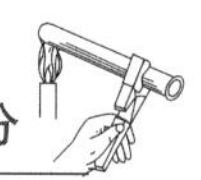

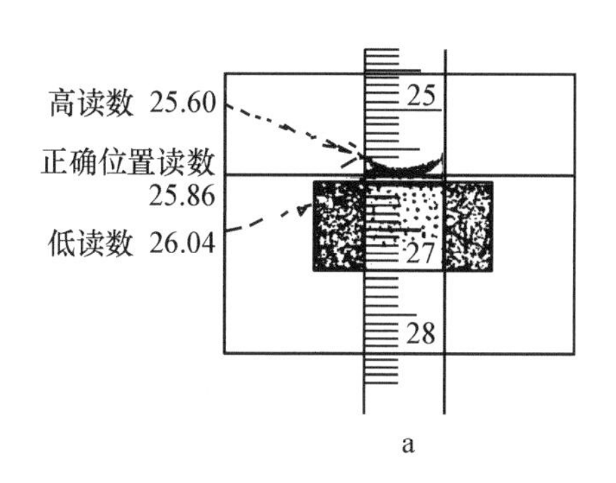

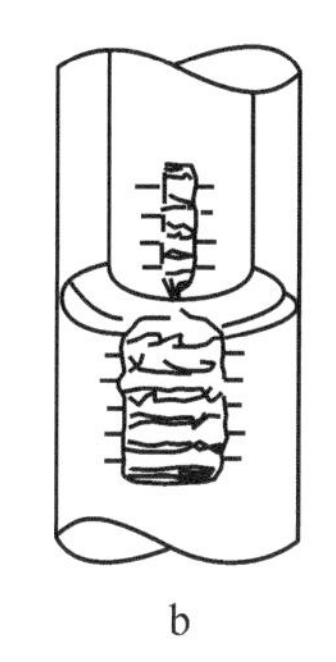

图 4-24　滴定管读数

液而增加滴定管读数的次数，使读数误差增大。

3. 滴定操作

滴定一般在锥形瓶中进行，必要时也可在烧杯中进行。滴定前须去掉滴定管尖端悬挂的残余液滴，读取初读数。酸式滴定管操作如图 4-25 所示。用左手的大拇指、食指和中指转动旋塞，转动时将旋塞向手心方向压紧，切忌用手指将旋塞抽出或用手心将旋塞顶出。右手持锥形瓶，将滴定管下端尖嘴伸入瓶中约 1 cm。随着滴定的进行，不断摇动锥形瓶，使瓶底向相同方向做圆周旋转而不应前后振动，以使瓶内溶液混合均匀，反应及时进行。

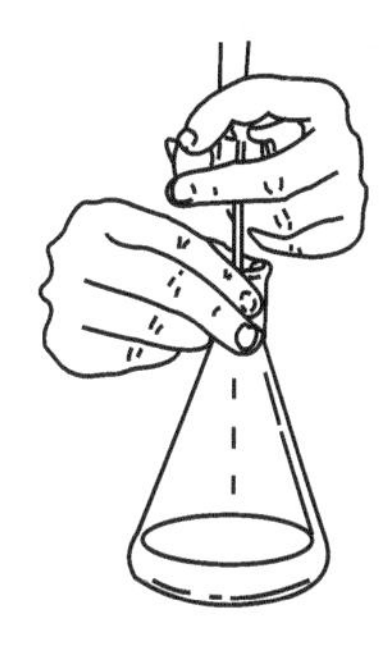

图 4-25　滴定操作

使用碱式滴定管时，用左手拇指和食指捏挤玻璃珠稍上方的乳胶管（注意：不能捏挤玻璃珠下方的乳胶管，以防空气进入形成气泡），用无名指和中指夹住出口管，使出口管垂直而不摆动。

无论用哪一种滴定管，都必须掌握不同的加液速度。开始时连续滴加（不超过 10 mL/min），切不可呈液柱流下，必须能明显分辨液滴。接近终点时，改为每加一滴摇动几下。最后每加半滴，摇匀。将半滴溶液加入锥形瓶中时，应使悬挂的半滴溶液沿器壁流入瓶内，并用蒸馏水冲洗瓶颈内壁，再继续滴到终点。

滴定完毕后，将滴定管中剩余的溶液倒出，并用水洗净，然后用水注满滴定管，管口套一支大玻璃试管或一个塑料膜套，或将滴定管洗净后倒夹在滴定管夹上。

实验 29　酸碱标准溶液的标定

一、实验目的

1. 掌握酸碱标准溶液的标定方法。

2. 学习差减法称量固体试剂的方法。

3. 进一步掌握滴定操作技术。

二、实验原理

标定是准确测定标准溶液浓度的操作过程。采用间接法配制的标准溶液的浓度是近似浓度，其准确浓度需要进行标定。

1. 碱标准溶液的标定方法

在标定碱溶液的准确浓度时，可用酸性物质作基准物，如邻苯二甲酸氢钾($KHC_8H_4O_4$)或草酸($H_2C_2O_4 \cdot 2H_2O$)。本实验采用邻苯二甲酸氢钾为基准物来标定 NaOH 溶液。反应如下：

$$C_6H_4(COOH)(COOK) + NaOH \longrightarrow C_6H_4(COONa)(COOK) + H_2O$$

由反应可知，1 mol $KHC_8H_4O_4$ 与 1 mol NaOH 完全反应，到达等量点时，溶液呈碱性，pH 约为 9，可选用酚酞作指示剂。

2. 酸标准溶液的标定方法

在标定酸溶液的准确浓度时，可用碱性物质作基准物，如硼砂($Na_2B_4O_7 \cdot 10H_2O$)或碳酸钠(Na_2CO_3)。本实验采用硼砂为基准物来标定 HCl 溶液。反应如下：

$$Na_2B_4O_7 \cdot 10H_2O + 5H_2O + 2HCl = 4H_3BO_3 + 2NaCl$$

由反应可知，1 mol HCl 正好与 1 mol $\frac{1}{2}Na_2B_4O_7 \cdot 10H_2O$ 完全反应。由于生成的 H_3BO_3 是弱酸，到达等量点时 pH 约为 5，故可选用甲基红或甲基橙作指示剂。

NaOH 与 HCl 溶液反应，到达等量点时：

$$c(HCl) \cdot V(HCl) = c(NaOH) \cdot V(NaOH)$$

即 $c(HCl)/c(NaOH) = V(NaOH)/V(HCl)$

因此，只要标定其中任何一种溶液的浓度，通过比较滴定的结果(体积比)，可以算出另一种溶液的准确浓度。

三、仪器和试剂

1. 仪器

50 mL 酸式滴定管 1 支、50 mL 碱式滴定管 1 支、250 mL 锥形瓶 2 只、20 mL 移液管 2 支、100 mL 容量瓶 2 个、烧杯等。

2. 试剂

0.1 mol/L HCl 标准溶液、0.1 mol/L NaOH 标准溶液、硼砂(A. R)、邻苯二甲酸氢钾(A. R)、0.2%甲基红乙醇溶液、0.2%酚酞乙醇溶液。

四、实验内容

1. 0.1 mol/L NaOH 溶液的标定

用差减法准确称取邻苯二甲酸氢钾 2.0 g(1.9～2.1 g)，放入 100 mL 干净的烧杯中，加约 30 mL 蒸馏水，逐渐加热使之溶解，待冷却后，用玻璃棒将溶液转移入 100 mL 容量瓶中。用蒸馏水约 10 mL 冲洗烧杯内壁，冲洗 3～4 次，并将各次洗涤液小心移入容量瓶内，再加蒸馏水至刻度线。塞紧瓶塞，充分摇匀。

用刚配好的邻苯二甲酸氢钾标准溶液分 3 次(每次 5～7 mL)润洗移液管内壁和下端外壁，每次冲洗后把洗涤液弃去，再吸取 20.00 mL 邻苯二甲酸氢钾标准溶液放于干净的锥瓶中，加 1～2 滴酚酞指示剂，然后用 NaOH 溶液滴定溶液至变为微红色，保持 30 s 不褪色即为终点。记下滴定管读数(即 NaOH 溶液的实际消耗量)，平行滴定两次。已知 $M(KHC_8H_4O_4) = 204.22$ g/mol，根据下式计算 NaOH 溶液的浓度：

$$c(NaOH)=\frac{m(KHC_8H_4O_4)\times\frac{20.00}{100.00}}{\frac{V(NaOH)}{1\,000}\times M(KHC_8H_4O_4)}$$

要求标定结果相对误差小于 0.2%。

2. 0.1 mol/L HCl 溶液的标定

用差减法准确称取 2.0 g 硼砂，放入 100 mL 烧杯中，加 30 mL 左右蒸馏水，加热溶解，待冷却后，转入 100 mL 容量瓶中，小烧杯用蒸馏水冲洗 3 次，洗涤液全部转入容量瓶中，然后用蒸馏水稀释至刻度，摇匀。

用移液管（用吸取的溶液润洗 3 次）吸取硼砂溶液 20.00 mL 于锥瓶中，加入 1～2 滴甲基红指示剂，再用 HCl 溶液滴定至溶液由黄色变橙色，即为终点。记下滴定管读数（即 HCl 溶液的实际消耗量），平行滴定两次。已知 $M\left(\frac{1}{2}Na_2B_4O_7\cdot 10H_2O\right)=190.7$ g/mol，根据下式计算 HCl 溶液的浓度：

$$c(HCl)=\frac{m\,(Na_2B_4O_7\cdot 10H_2O)\times\frac{20.00}{100.00}}{\frac{V\,(HCl)}{1\,000}\times M\left(\frac{1}{2}Na_2B_4O_7\cdot 10H_2O\right)}$$

要求标定结果相对误差小于 0.2%。

五、数据记录和结果处理

将实验数据及计算结果填入表 4-3 和表 4-4。

表 4-3　NaOH 标准溶液的标定

测定项目	实验次数	
	Ⅰ	Ⅱ
邻苯二甲酸氢钾的质量/g		
NaOH 溶液的实际消耗量/mL		
NaOH 溶液的浓度/(mol/L)		
NaOH 溶液的平均浓度/(mol/L)		
相对相差/%		

表 4-4　HCl 标准溶液的标定

测定项目	实验次数	
	Ⅰ	Ⅱ
硼砂的质量/g		
HCl 溶液的实际消耗量/mL		
HCl 溶液的浓度/(mol/L)		
HCl 溶液的平均浓度/(mol/L)		
相对相差/%		

六、思考题

1. 为什么 HCl 和 NaOH 标准溶液一般都用间接法配制？为什么不用直接法配制？

2. 基准物的质量是怎样计算出来的？

3. 在酸、碱溶液的标定中，如何选择基准物？试以本实验说明之。

【注意事项】

1. 滴定管始终用同一段以消除滴定管的系统误差。
2. 碱式滴定管滴定前要赶走气泡，滴定中要防止产生气泡。
3. 定容时，一定要将溶液冷却到室温，才能转移至容量瓶中。

附：移液管和容量瓶的使用方法

一、移液管

移液管是准确移取小体积液体的量器。移液管的中腰膨大，上、下两端细长，在管颈上端刻有环形标线，中腰膨大部分标有它的容积和标定时的温度（图4-26a）。常用的移液管有5、10、20、25、50 mL等规格。具有分刻度的移液管，称为刻度吸管（或称吸量管）（图4-26b）。常用的吸量管有1、2、5、10 mL等规格。

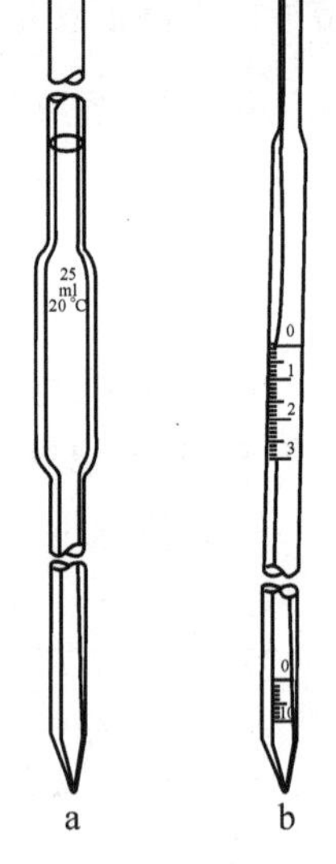

图 4-26 移液管和吸量管

1. 洗涤、润洗移液管和吸量管

在使用移液管和吸量管前，都应洗至它们的内壁和下部的外壁不挂水珠。若水洗达不到洗涤要求，可用洗耳球将铬酸洗液慢慢吸至管内的刻度以上部分，然后再将洗液放回原瓶；也可将管放在高型玻璃烧杯或大量筒中，用铬酸洗液浸泡数十分钟。然后，取出移液管和吸量管，沥尽洗液，用自来水冲洗至水呈无色后，再用少量蒸馏水润洗管内壁2～3次，润洗的水应从管尖放出，最后用洗瓶吹洗管的外壁。

使用移液管和吸量管前，要用待移取的溶液润洗内壁，使内壁黏附的残留液和所移取的溶液浓度一致。润洗方法为：先用滤纸将移液管尖嘴内外的水除去，然后吸取少量被移取溶液润洗3次。注意勿使溶液从移液管流回原溶液中，以确保原溶液浓度不变。

2. 移取溶液的操作

用右手大拇指和中指拿住移液管标线的上方，将移液管的下端伸入液面下1～2 cm处。伸入不能太浅，否则会产生空吸现象，太深又会使管外壁黏附溶液过多，流到接收容器中，影响所量体积的准确性。左手将洗耳球捏瘪后，把尖嘴接在移液管口上，慢慢放松洗耳球，使溶液吸入管中（图4-27a）。当溶液上升到高于标线时，迅速移去洗耳球，立即用右手食指按住管口。将移液管提离液面，尖嘴靠在容量瓶内壁上，减轻食指对管口的压力，用拇指和中指转动移液管，使溶液慢慢下降。当溶液弯月面与标线相切时，食指用劲堵紧管口，使溶液不再流出。此时将移液管取出，插入接收容器中，竖直移液管，管的尖嘴靠在倾斜（约45°）的接收容器内壁上，然后松开食指，溶液自然地沿器壁流下（图4-27b）。流完后再停顿约15 s，取出移液管。不可以将残留在移液管尖端的溶液吹入接收

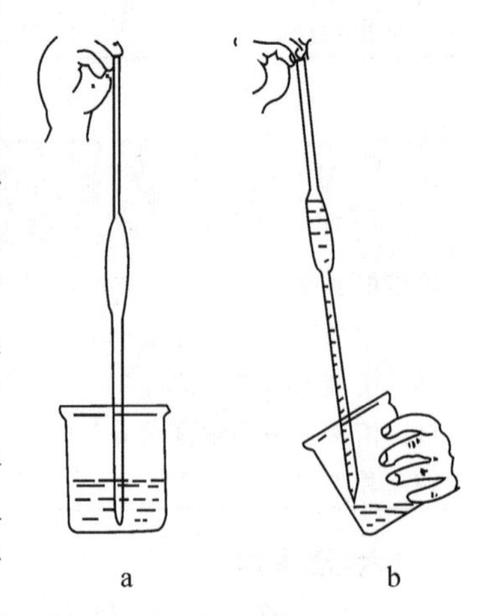

图 4-27 移液管的使用

容器中，因为校准移液管时，已考虑了尖端保留溶液的体积。

吸量管的操作方法同上。使用吸量管时，通常是使液面从吸量管的最高刻度降到另一刻度，两刻度之间的体积恰好为所需体积。在同一实验中，应尽可能使用同一吸量管的同一部位，注意标有“吹”字的吸量管，最后剩余溶液要吹出。

【注意事项】

1. 用移液管和吸量管吸取液体时，必须使用洗耳球或借助抽气装置，切勿用口吸。

2. 要保护好移液管和吸量管尖嘴，使用完毕后应将其放在移液管架上，不要放在实验台上，以免滚落打坏。

二、容量瓶

容量瓶简称量瓶。它是一种有细长颈的梨形平底玻璃瓶，具有玻璃磨口塞或塑料塞，瓶颈上刻有环形标线，瓶上标有它的容积和标定时的温度。当瓶内充满液体，且液体的弯月面与标线相切时，液体的体积等于瓶上所标示的容积。常用的容量瓶有 50、100、250、500 和 1 000 mL 等多种规格。

1. 容量瓶使用前的准备

使用容量瓶时，应先检查容量瓶是否漏水。检查的方法是：加自来水至刻度线附近，左手食指按住塞子，其余手指拿住瓶颈标线以上部位，右手指尖托住瓶底边缘（图 4-28），将瓶倒立 2 min，如不漏水，将瓶直立，将瓶塞转 180°后，再倒立 2 min，如不漏水，则洗涤干净后即可使用。容量瓶的洗涤原则和方法同前所述。

检查刻度线距离瓶口是否太近，如果刻度标线离瓶口太近，则不便混匀溶液，不宜使用。

此外，磨口玻璃塞与容量瓶是配套的，要用橡胶圈将玻璃塞系在瓶颈上，以防搞错而引起漏水。

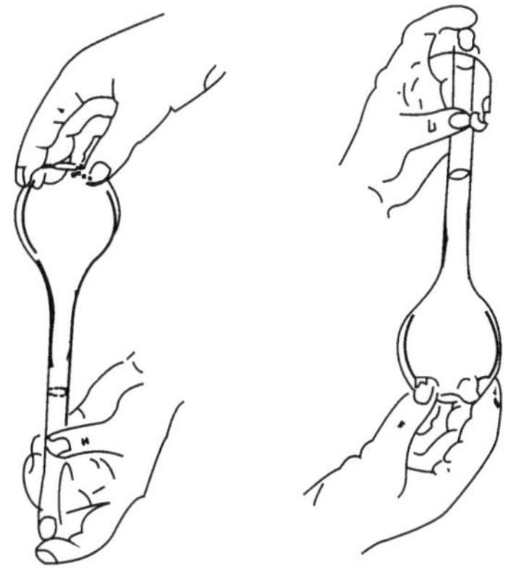

图 4-28　拿容量瓶的方法

2. 容量瓶的使用操作

容量瓶的主要用途是：将基准物质配成一定准确浓度的溶液，或将浓溶液准确地稀释成一定浓度的稀溶液。

(1)用固体物质配制溶液。用容量瓶配制标准溶液或样品时，最常用的方法是：将准确称量的待溶固体置于小烧杯中，用蒸馏水或其他溶剂将固体溶解，然后将溶液定量转移至容量瓶中。定量转移溶液时，右手拿玻璃棒，左手拿烧杯，使烧杯嘴紧靠玻璃棒，而玻璃棒则悬空伸入容量瓶口内，玻璃棒的下端应靠在瓶内壁上，使溶液沿玻璃棒流入容量瓶中（图 4-29）。

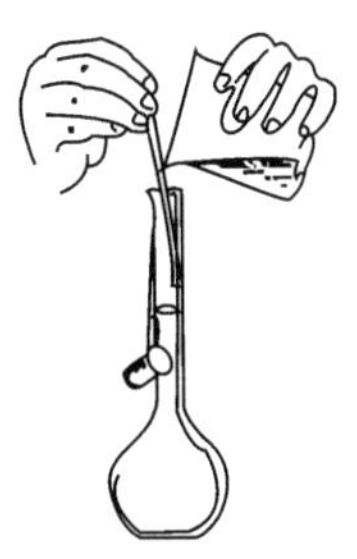

图 4-29　定量转移操作

烧杯中溶液流完后，将烧杯沿玻璃棒微微向上提起并使烧杯直立，待烧杯靠近瓶口时，再将玻璃棒放回烧杯中（不得将玻璃棒靠在烧杯嘴一边），然后用洗瓶吹洗玻璃棒和烧杯内壁，再将溶液定量转入容量瓶中。如此吹洗和定量转移溶液的操作，一般重复 3 次以上，以保证转移彻底。继续加水至容量瓶的 3/4 左右容积时，用右手食指和中指夹住瓶塞扁头，将容量瓶拿起，向同一方向摇动几周，使溶液初步混匀（此时切勿倒置容量瓶）。当加蒸馏水至距离刻度标线 1 cm 处时，等 1～2 min，使附在瓶颈内壁的溶液流下后，再用细长滴管滴加蒸馏水恰至刻度标线（勿使滴管接触溶液；平视；勿过刻度线）。若超过标线，应弃去重做。最后，盖上瓶塞，以手指压住瓶塞，用另一只手托住瓶底，将瓶反复倒悬，并摇荡数次，如图4-28所示，使溶液充分混合均匀，这个操作过程称为定容。

（2）将浓溶液稀释。如果是将浓溶液稀释为稀溶液，可用移液管移取一定体积的浓溶液于容量瓶中，用去离子水稀释至容积的3/4处时，将容量瓶水平摇荡几次，再滴加蒸馏水至标线，然后按上述方法混合均匀即可。

【注意事项】

1. 热的溶液要冷却到室温后再稀释到标线，否则会造成体积误差。

2. 配好的溶液，不宜在容量瓶内长期存放。若需长期存放已配好的溶液，应将溶液转移到试剂瓶中保存。

3. 容量瓶、移液管和吸量管都是有刻度的精密玻璃量器，不能放在烘箱中烘烤，以免由于烘烤引起容积变化而影响测量的准确度。

实验30 醋酸、氨水质量浓度的测定

一、实验目的

1. 进一步理解强酸滴定弱碱、强碱滴定弱酸的原理。

2. 掌握醋酸、氨水等液体样品质量浓度的测定方法。

3. 进一步熟悉滴定管、移液管和容量瓶的使用。

二、实验原理

对于液体样品，一般不称其质量而量体积，测定结果以每升或每100 mL液体中所含被测物质来表示（g/L或g/100 mL）。如果样品的质量浓度大，应在滴定前作适当稀释。

醋酸是一种弱酸，$K_a=1.8\times10^{-5}$，满足$K_a\geqslant10^{-7}$的滴定条件，故可用碱标准溶液直接滴定。本实验用NaOH标准溶液来滴定，其反应方程式为：

$$CH_3COOH+NaOH=CH_3COONa+H_2O$$

滴定达到等量点时，由于生成物CH_3COONa（强碱弱酸盐）的水解，溶液呈弱碱性，pH约为8.7，应选用酚酞为指示剂，终点时溶液由无色变为粉红色。

CO_2的存在消耗一部分碱液，使测定结果偏离，其反应方程式为：

$$CO_2+2NaOH=Na_2CO_3+H_2O$$

如果要获得准确的分析结果，必须用不含CO_2的蒸馏水稀释醋酸，用不含Na_2CO_3的NaOH标准溶液来滴定。

氨溶于水变成氨水（$NH_3+H_2O=NH_3\cdot H_2O$），氨水（$NH_3\cdot H_2O$）是一元弱碱，$K_b=1.8\times10^{-5}$，根据$K_b\geqslant10^{-7}$的条件，能用强酸直接滴定。本实验用HCl标准溶液来滴定，其反应式为：

$$NH_3\cdot H_2O+HCl=NH_4Cl+H_2O$$

滴定到达计量点时，由于生成物NH_4Cl（强酸弱碱盐）的水解，溶液呈弱酸性，pH约为5.1，故应选用甲基红为指示剂，终点时溶液由黄色变为橙色。

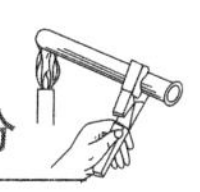

由于氨易挥发，所以氨水的测定最好采用返滴定的方式。加入一定量的 HCl 标准溶液，与 $NH_3 \cdot H_2O$ 反应为：

$$NH_3 \cdot H_2O + HCl(\text{过量}) = NH_4Cl + H_2O$$

剩余的 HCl 标准溶液，再用 NaOH 标准溶液返滴定，滴定反应为：

$$HCl + NaOH = NaCl + H_2O$$

选甲基红作指示剂。

三、仪器和试剂

1. 仪器

50 mL 酸式滴定管 1 支、50 mL 碱式滴定管 1 支、移液管 2 支(2 mL 和 10 mL)、100 mL 容量瓶 2 个、250 mL 锥形瓶 2 个。

2. 试剂

$\frac{1}{2}$浓醋酸(刚好稀释了 1 倍的醋酸)、$\frac{1}{2}$浓氨水(刚好稀释了 1 倍的氨水)、0.1 mol/L HCl 标准溶液、0.1 mol/L NaOH 标准溶液、0.2%酚酞指示剂、0.2%甲基红指示剂。

四、实验内容

1. 醋酸的质量浓度的测定

预先标定好 0.1 mol/L NaOH 标准溶液。

用移液管吸取 2.00 mL $\frac{1}{2}$浓醋酸，放入已装有约 50 mL 蒸馏水的 100 mL 容量瓶中，再用蒸馏水稀释至刻度，充分摇匀。用 10 mL 移液管吸取 10.00 mL 稀释了的醋酸溶液于已装有约 30 mL 蒸馏水的锥形瓶中，加入 1～2 滴酚酞，用标准 NaOH 溶液滴定到溶液呈粉红色，且在 30 s 内不褪色为止。记录 NaOH 标准溶液用量，平行滴定两次。已知 $M(HAc) = 60.05$ g/mol，根据下式计算醋酸的质量浓度：

$$\rho(HAc) = \frac{c(NaOH) \times \frac{V(NaOH)}{1\,000} \times M(HAc)}{V(HAc)} \times 100$$

2. 氨的质量浓度的测定

预先标定好 0.1 mol/L HCl 标准溶液。

用移液管吸取 2.00 mL $\frac{1}{2}$浓氨水，放入已装有约 50 mL 蒸馏水的 100 mL 容量瓶中，再用蒸馏水稀释至刻度，充分摇匀。用 10 mL 移液管吸取 10.00 mL 稀释了的氨水溶液于已装有约 30 mL 蒸馏水的锥形瓶中，加入 2～3 滴甲基红，用标准 HCl 溶液滴定到溶液呈橙色为止。记录 HCl 标准溶液用量，平行滴定两次。已知 $M(NH_3) = 17.03$ g/mol，根据下式计算氨的质量浓度：

$$\rho(NH_3) = \frac{c(HCl) \times \frac{V(HCl)}{1\,000} \times M(NH_3)}{V(NH_3)} \times 100$$

五、数据记录和结果处理

将实验数据及计算结果填入表 4-5 和表 4-6。

表 4-5　醋酸的质量浓度的测定

测定项目	实验次数	
	Ⅰ	Ⅱ
滴定时浓醋酸的用量/mL		
NaOH 标准溶液的浓度/(mol/L)		
NaOH 标准溶液的用量/mL		
ρ(HAc)/(g/100 mL)		
ρ(HAc)的平均值/(g/100 mL)		
相对相差/%		

表 4-6　氨水的质量浓度的测定

测定项目	实验次数	
	Ⅰ	Ⅱ
滴定时浓氨水的用量/mL		
HCl 标准溶液的浓度/(mol/L)		
HCl 标准溶液的用量/mL		
$\rho(NH_3)$/(g/100 mL)		
$\rho(NH_3)$的平均值/(g/100 mL)		
相对相差/%		

六、思考题

1. 测定醋酸和氨水的质量浓度，为什么可以采用直接滴定法？

2. 测定醋酸的质量浓度时，能不能采用甲基红作指示剂？为什么？测定氨水的质量浓度时，能不能采用酚酞作指示剂？为什么？

3. 如何正确使用移液管(包括洗涤、看标线、放液等)？

【注意事项】

测定氨水的质量浓度时，由于终点颜色由黄色变橙色，不好观察，所以近终点时，滴定速度要变慢。

实验 31　食醋中总酸度的测定

一、实验目的

1. 了解用中和法直接测定酸性物质。

2. 掌握食醋中总酸度测定的原理、方法和操作技术。

二、实验原理

食醋的主要成分是醋酸，此外，还有少量其他有机酸，如乳酸。因醋酸的 $K_a=1.8\times10^{-5}$，乳酸的 $K_a=1.4\times10^{-4}$，都满足 $K_a\geqslant10^{-7}$ 的滴定条件，故均可用碱标准溶液直接滴定。所以，实际测得的结果是食醋中总酸度。因醋酸含量多，故常用醋酸含量表示。

用 NaOH 滴定醋酸，其反应式为：

$$CH_3COOH+NaOH=CH_3COONa+H_2O$$

等量点的 pH 约为 8.7，应选用酚酞为指示剂，终点时溶液由无色变为粉红色。

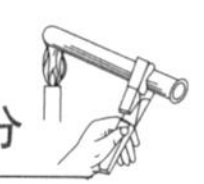

食醋中含 HAc 3%～5%，应稀释(约 5 倍)后再进行滴定。

三、仪器、试剂和材料

1. 仪器

50 mL 碱式滴定管 1 支、20 mL 吸量管 1 支、20 mL 移液管 1 支、100 mL 容量瓶 1 个、250 mL 锥形瓶 2 个。

2. 试剂

0.1 mol/L NaOH 标准溶液、0.2% 酚酞乙醇溶液。

3. 材料

食醋试样。

四、实验内容

1. 食醋试液的制备

食醋中含醋酸 3%～5%，酸度较大，需要稀释。准确移取 10～15 mL 食醋放入装有适量蒸馏水的 100 mL 容量瓶中，稀释定容。如果食醋的颜色较深，必须加活性炭脱色，否则影响终点的观察。

2. 食醋总酸度的测定

用移液管移取稀释好的食醋试液 20.00 mL，放入锥形瓶中，加入 1～2 滴酚酞指示剂，用 NaOH 标准溶液滴定至溶液由无色变为淡红色(30 s 不褪色为终点)。记录 NaOH 消耗的体积，平行滴定 2～3 次。已知 $M(\mathrm{HAc})=60.05$ g/mol，根据下式计算样品总酸度：

$$\rho(\mathrm{HAc})=\frac{c(\mathrm{NaOH})\times\frac{V(\mathrm{NaOH})}{1\,000}\times M(\mathrm{HAc})}{V_{食醋}\times\frac{20.00}{100.00}}\times 100$$

五、数据记录和结果处理

将实验数据及计算结果填入表 4-7。

表 4-7　醋酸的质量浓度的测定

测定项目	实验次数	
	Ⅰ	Ⅱ
NaOH 标准溶液的浓度/(mol/L)		
食醋总用量/mL		
滴定消耗 NaOH 体积/mL		
ρ(HAc)/(g/100 mL)		
ρ(HAc)的平均值/(g/100 mL)		
相对相差/%		

六、思考题

1. 以 NaOH 溶液滴定 HAc 溶液，属于哪种滴定类型？
2. 测定结果为什么不是醋酸含量，而是食醋的总酸度？
3. 使用 100 mL 容量瓶对食醋进行定容稀释，为什么取食醋为 10～15 mL？

【注意事项】

1. 因食醋本身有很浅的颜色和终点颜色不够稳定，所以要注意观察和控制滴定终点。

2. 滴定前要赶走碱式滴定管尖端的气泡,滴定过程中不要产生气泡。

实验32　果蔬中总酸度的测定

一、实验目的

掌握果蔬中总酸度的测定原理、方法和操作技术。

二、实验原理

果蔬及其加工品中所含的酸为有机酸(如苹果酸、柠檬酸、酒石酸和草酸等),可用碱标准溶液直接滴定。由于滴定产物为弱酸,滴定到等量点时溶液呈碱性,应选酚酞作指示剂。由于 CO_2 的存在会多消耗碱标准溶液,产生正误差,故应将蒸馏水先煮沸,待冷却后立即使用,以消除 CO_2 的影响。测定出的酸的质量分数为总酸度,计算时应以该果蔬所含主要酸来表示。如苹果、梨、桃、杏、李子、番茄主要含苹果酸,以苹果酸计,柑橘类以柠檬酸计,葡萄以酒石酸计等。

三、仪器、试剂和材料

1. 仪器

打浆机、过滤装置、50 mL 碱式滴定管 1 支、50.00 mL 移液管 1 支、250 mL 容量瓶 1 个、250 mL 锥形瓶 3 个。

2. 试剂

0.1 mol/L NaOH 标准溶液、酚酞指示剂(1%的酚酞乙酸溶液)。

3. 材料

果品试样。

四、实验内容

在 100 mL 烧杯中称取粉碎并混合均匀的果品试样 20.00 g,用蒸馏水将试样移入 250 mL 容量瓶中,定容,摇匀。用干滤纸将定容后的试液滤入干燥烧杯中,用移液管移取 50.00 mL 滤液于 250 mL 锥形瓶中,加酚酞指示剂 2～3 滴,用 0.1 mol/L NaOH 标准溶液滴定至呈微红色,即为终点。重复测定 2～3 次,平行测定允许误差为 0.1%。

由下式计算样品总酸度:

$$\text{酸度(以适当的酸计)}=\frac{c(\mathrm{NaOH})\cdot V(\mathrm{NaOH})\cdot K}{m_{\text{样}}\times\frac{50.00}{250.00}}\times100\%$$

式中:K 为换算系数(即毫摩尔质量),$K_{\text{苹果酸}}=0.067$,$K_{\text{柠檬酸}}=0.064$,$K_{\text{酒石酸}}=0.075$,$K_{\text{乳酸}}=0.090$。

五、思考题

1. 过滤时为什么要用干漏斗和干烧杯?水的存在对测定有何影响?

2. 为什么要用刚煮沸并冷却的蒸馏水转移试样?

【注意事项】

1. 试样选择要有代表性。

2. 如果试液本身有颜色而干扰终点观察,可用活性炭脱色。

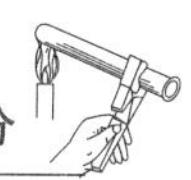

实验33　水泥熟料中SiO_2含量的测定

一、实验目的

1. 熟悉水泥熟料的主要成分。

2. 掌握质量法测定SiO_2含量的原理和方法。

二、实验原理

虽然20世纪以来化学建材成为建筑材料的一支生力军，建筑塑料、涂料、防水材料、密封材料、隔热保温材料、隔声材料、混凝土外加剂等品种繁多，日新月异。但据专家预测，在21世纪，被称为"建筑工业的粮食"的水泥仍将是建筑材料中的主角。

建筑工业对水泥的定义是：凡细磨成粉末状、加入适量水后成为硬塑性浆体，既能在空气中硬化，又能在水中硬化，并能将沙、石等分散颗粒或纤维材料牢固地结合在一起的水硬性胶凝材料通称为水泥。从化学角度来说，水泥是一种能与水反应生成一系列水硬性化合物的无机材料。

水泥之所以能占据建材行业榜首，而且长盛不衰，其主要原因是原料来源广，生产成本低，总耗能低。例如，水泥的单位质量耗能是钢材的1/6～1/5、铝合金的1/25，比红砖低35%。

水泥按其组成成分分类有：普通硅酸盐水泥、矿渣硅酸盐水泥、火山灰质硅酸盐水泥、粉煤灰专用水泥、铝酸盐水泥、硫酸盐水泥、氟铝酸盐水泥、铁铝酸盐水泥等。水泥广泛应用于工业建筑、民用建筑、道路、桥梁、水利工程、地下工程、国防工程中。在建筑施工质量检查中，水泥质量是必检的一项技术指标。水泥成分的分析是生产和使用水泥过程中重要的一环。

各类水泥中最主要的是硅酸盐水泥。其含有金属Ca、Al、Fe与非金属O和S等元素，且主要以氧化物的形式存在。

水泥的原料和生产过程决定了它的成分。硅酸盐水泥中含有约60%的CaO和20%左右的SiO_2，其余为Al_2O_3和Fe_2O_3等，这些成分分别来自石灰石、黏土和氧化铁粉。将黏土、石灰石和氧化铁粉等按比例混合磨细成为水泥生料，再将水泥生料送进回转窑里煅烧。生料从窑的上端进窑，从窑的下端喷入燃料，温度自上而下逐渐升高。随着窑的转动，生料从上端逐渐下移。窑中温度最高为1 400～1 500℃，不同温度下水泥生料发生不同的化学反应：

$$CaCO_3 \xrightarrow{750\sim1\,000℃} CaO + CO_2\uparrow$$

$$2CaO + SiO_2 \xrightarrow{1\,000\sim1\,300℃} 2CaO\cdot SiO_2$$

$$3CaO + Al_2O_3 \xrightarrow{1\,000\sim1\,300℃} 3CaO\cdot Al_2O_3$$

$$4CaO + Al_2O_3 + Fe_2O_3 \xrightarrow{1\,000\sim1\,300℃} 4CaO\cdot Al_2O_3\cdot Fe_2O_3$$

$$2CaO\cdot SiO_2 + CaO \xrightarrow{1\,300\sim1\,400℃} 3CaO\cdot SiO_2$$

烧结成块状的水泥熟料从窑的下端出来，磨成细粉后加入少量石膏即成为硅酸盐水泥。石膏的作用是调节施工时水泥的硬化时间。

水泥熟料的主要成分为：硅酸三钙、二钙盐、铝酸三钙和铁铝酸四钙盐。碱性氧化物占60%，其化学性质之一是易被酸分解成硅酸和可溶性盐。

本实验用氟硅酸钾容量法测定水泥熟料中 SiO_2 含量。

水泥熟料用硝酸分解生成水溶性硅酸和硝酸盐：

$$3CaO \cdot SiO_2 + 6HNO_3 = H_2SiO_3 + 3Ca(NO_3)_2 + 2H_2O$$

$$2CaO \cdot SiO_2 + 4HNO_3 = H_2SiO_3 + 2Ca(NO_3)_2 + H_2O$$

$$3CaO \cdot Al_2O_3 + 12HNO_3 = 2Al(NO_3)_3 + 3Ca(NO_3)_2 + 6H_2O$$

$$4CaO \cdot Al_2O_3 \cdot Fe_2O_3 + 20HNO_3 = 2Al(NO_3)_3 + 4Ca(NO_3)_2 + 2Fe(NO_3)_3 + 10H_2O$$

反应产物硅酸在有过量 K^+ 的强碱性溶液中与 F^- 反应：

$$SiO_3^{2-} + 6F^- + 6H^+ = SiF_6^{2-} + 3H_2O$$

生成的氟硅酸根离子进一步与 K^+ 反应：

$$SiF_6^{2-} + 2K^+ = K_2SiF_6 \downarrow$$

将沉淀的 K_2SiF_6 过滤、洗涤、中和后，加沸水使之与水反应生成定量的 HF：

$$K_2SiF_6 + 3H_2O = 2KF + H_2SiO_3 + 4HF$$

以酚酞为指示剂，用 NaOH 标准溶液滴定 HF：

$$HF + NaOH = NaF + H_2O$$

H_2SiO_3（$K_1 = 1.7 \times 10^{-10}$）是比 HF（$K^{\ominus} = 6.6 \times 10^{-4}$）弱得多的酸，因此不会干扰滴定。

根据 NaOH 标准溶液的浓度和滴定消耗的体积以及反应方程式之间物质的量的关系，可算出试样中 SiO_2 的含量。

本实验操作中的关键是，掌握好 K_2SiF_6 的沉淀及其与水反应的条件，防止 K_3AlF_6 沉淀的产生。

三、仪器、试剂和材料

1. 仪器

分析天平、塑料烧杯、量筒、台式天平、碱式滴定管等。

2. 试剂

10% KF、浓 HNO_3、固体 KCl、5% KCl 溶液、1%酚酞指示剂、0.1 mol/L NaOH 标准溶液等。

3. 材料

水泥熟料、定性滤纸等。

四、实验内容和步骤

(1)准确称取 0.200 0～0.300 0 g（准确到小数点后 4 位）水泥熟料试样置于干燥的 400 mL 的塑料烧杯中，加 20 mL 去离子水，用塑料棒搅拌至分散均匀。

(2)用小量筒加入 10 mL 10%KF 和 10 mL 浓 HNO_3，充分搅拌至试样完全溶解（无黑色颗粒），冷却至室温。

(3)用台式天平称量 KCl 晶体 4.5 g。

(4)将 KCl 晶体放入烧杯中，不断搅拌，使之溶解并反应，这时应观察到有 KCl 晶体颗粒残留，意味着 KCl 达到饱和。若发现未达饱和，再补加少量 KCl 晶体并搅拌之。静置10 min。

(5)用快速定性滤纸过滤，塑料烧杯和沉淀用 5%KCl 溶液洗涤 2～3 次（每次用 3～

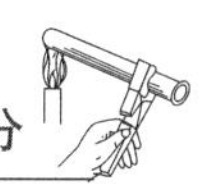

5 mL)。

(6)将带沉淀的滤纸展开,有沉淀的一面向上平放于杯底,沿杯壁加入 10 mL 5%KCl-乙醇溶液及 10 滴 1%酚酞指示剂。

(7)用 0.1 mol/L NaOH 标准溶液中和未洗尽的游离酸至溶液呈现微红色(注意:勿将滤纸捣碎)。

(8)将煮沸的去离子水用 NaOH 溶液中和至酚酞微红,取 200 mL 加入塑料烧杯中,以促进水解。

(9)再用 0.1 mol/L NaOH 标准溶液滴定。开始滴定时,将滤纸贴于烧杯内壁上,一边滴定一边搅动溶液,待溶液出现红色后,将滤纸浸入溶液中,继续滴定至溶液呈淡红色即达到终点。

(10)记录步骤(9)所用 NaOH 标准溶液的体积。

(11)计算水泥中 SiO_2 含量。

五、思考题

1. 如果滴定过量,计算出的 SiO_2 含量偏大还是偏小?

2. 为什么加 KCl 晶体要达到饱和?

3. 滴定所用 NaOH 标准溶液体积如何计算?

实验 34　铵盐中氮的测定(甲醛法)

一、实验目的

1. 掌握间接法测定铵盐中氮含量的原理和方法。

2. 熟悉置换滴定方式的操作技术。

二、实验原理

铵盐中氮以铵根离子(NH_4^+)的形式存在。NH_4^+ 是一元弱酸($K_a = 5.6\times10^{-10}$),不能用 NaOH 标准溶液直接滴定,而用蒸馏法或甲醛法进行测定,常用的是甲醛法。

1. 蒸馏法

铵盐与过量的浓碱作用,加热使 NH_3 释放出来,吸收于 H_3BO_3 溶液中,用标准酸滴定,选用混合指示剂(甲基红和溴甲酚绿)。反应式为:

$$NH_4^+ + OH^- = NH_3 + H_2O$$

$$NH_3 + H_3BO_3 = NH_4H_2BO_3$$

$$HCl + NH_4H_2BO_3 = NH_4Cl + H_3BO_3$$

另外,也可以将释放出来的 NH_3 用准确过量的 HCl 标准溶液吸收,而后用 NaOH 标准溶液返滴定剩余的酸,采用甲基红作指示剂。

二者比较,用硼酸(H_3BO_3)吸收更好一些。它只需用一种标准溶液,硼酸的浓度又不必准确,只要用量足够就可以。

2. 甲醛法

铵盐与甲醛作用,可生成一定量的强酸和六亚甲基四胺$(CH_2)_6N_4$,这一定量的酸可用标准 NaOH 溶液滴定。甲醛法测定铵盐中氮含量的反应方程式如下:

$$4NH_4^+ + 6HCHO = (CH_2)_6N_4 + 4H^+ + 6H_2O$$

反应生成物在酸性介质中，以$(CH_2)_6N_4H^+$形式存在，所以反应式也可表示为：

$$4NH_4^+ + 6HCHO \longrightarrow (CH_2)_6N_4H^+ + 3H^+ + 6H_2O$$

$$H^+ + OH^- \longrightarrow H_2O$$

$$(CH_2)_6N_4H^+ + OH^- \longrightarrow (CH_2)_6N_4 + H_2O$$

由反应式可知，1 mol NaOH 可间接地同 1 mol NH_4^+ 完全反应。

由于溶液中存在的六亚甲基四胺是一种很弱的碱，$K_b = 1.4 \times 10^{-9}$，等量点时，溶液的 pH 约为 8.7，故选酚酞作指示剂。

铵盐与甲醛的反应在室温下进行得较慢，加入甲醛后，须放置几分钟，使反应完全。

甲醛中常含有少量甲酸，使用前必须先以酚酞为指示剂，用 NaOH 溶液中和，否则会使测定结果偏高。

有时铵盐中含有游离酸，应利用中和法除去，即以甲基红为指示剂，用 NaOH 标准溶液滴定铵盐溶液至橙色，记录 NaOH 溶液用量 V_1(mL)；另取等量铵盐溶液，加入甲醛溶液和酚酞指示剂，用 NaOH 标准溶液滴至粉红色，在 30 s 内不褪色，即为终点，记录 NaOH 溶液用量 V_2(mL)。两次滴定所消耗 NaOH 溶液的体积之差$(V_2 - V_1)$，即为测定铵盐中氮含量所需的 NaOH 溶液的体积。

若在一份试液中，用两种指示剂连续滴定，溶液颜色变化复杂，终点不易观察。

比较以上两种方法，甲醛法快速，简便，应用广泛。如甲醛法测定氨基酸等。故本实验采用甲醛法。

三、仪器和试剂

1. 仪器

50 mL 碱式滴定管 1 支、200 mL 容量瓶 1 个、20 mL 移液管 1 支、250 mL 锥形瓶 2 个、100 mL 烧杯 1 个。

2. 试剂

0.1 mol/L NaOH 标准溶液(已标定)、NH_4Cl 样品(或其他铵盐)、0.2% 酚酞指示剂、18%中性甲醛溶液(将 37%甲醛溶液用等体积的蒸馏水稀释后，加入 2 滴酚酞指示剂，滴加 0.1 mol/L NaOH 标准溶液至溶液呈粉红色)。

四、实验内容

1. 铵盐试液的制备

准确称取 NH_4Cl 样品 1.1 g 左右，放入小烧杯中，加入 20～30 mL 蒸馏水，待其溶解后，全部转入 200 mL 容量瓶中，定容，摇匀，待测。

2. 样品中氮的测定

用移液管移取 20.00 mL 试液于 250 mL 锥形瓶中，加入 10.0 mL 18%中性甲醛溶液，摇匀，放置 5 min 后，加入 1～2 滴酚酞指示剂，用标准 NaOH 溶液滴至粉红色，30 s 内不褪色，即为终点。记录 NaOH 溶液的用量，平行测定两次。已知 $M(N) = 14.01$ g/mol，按下式计算氯化铵试样中的含氮量：

$$w(N) = \frac{c(NaOH) \times \frac{V(NaOH)}{1\,000} \times M(N)}{m_{样} \times \frac{20.00}{200.00}} \times 100\%$$

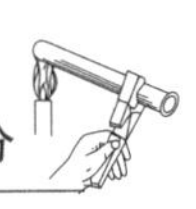

五、数据记录和结果处理

将实验数据及计算结果填入表 4-8。

表 4-8　甲醛法测定铵盐中氮的含量

测定项目	实验次数	
	Ⅰ	Ⅱ
NH_4Cl 样品质量/g		
NaOH 标准溶液的浓度/(mol/L)		
NaOH 标准溶液的实际消耗量/mL		
w(N)/%		
w(N)的平均值/%		
相对相差/%		

六、思考题

1. NH_4Cl 试样溶于水后，能否用 NH_4Cl 标准溶液直接测定氮含量？为什么？

2. 甲醛法测定铵盐中的氮，为什么必须先除去游离酸？怎样除去？

3. 为什么中和甲醛中的游离酸用酚酞作指示剂？而中和铵盐样品中的游离酸则用甲基红作指示剂？

实验 35　混合碱的分析

一、实验目的

1. 学习用双指示法测定混合碱的原理和操作技术。

2. 进一步熟练滴定操作技术和正确判断滴定终点。

二、实验原理

Na_2CO_3 为二元碱，分两步中和，其反应式为：

$$Na_2CO_3 + HCl = NaHCO_3 + NaCl \quad \text{第一步}$$

$$NaHCO_3 + HCl = H_2CO_3 + NaCl \quad \text{第二步}$$

第一步中和产物为 $NaHCO_3$，其水溶液的 pH 为 8.32，滴定以酚酞作指示剂。由于终点颜色由红色变为无色，且突跃小，比较难观察，滴定误差大。因此，常用参比溶液作对照，以提高分析的准确度。第二步中和产物为 H_2CO_3，此时溶液的 pH 为 3.89，滴定以甲基橙为指示剂。如果溶液中还存在 $NaHCO_3$，说明 $NaHCO_3$ 在第一步中和中不起反应，只有在第二步用甲基橙作指示剂才有反应；如果溶液中还存在 NaOH，在第一步中和过程中，HCl 既能与 Na_2CO_3 反应，又能与 NaOH 反应，在第二步用甲基橙作指示剂时，NaOH 没有反应。

混合碱一般由 Na_2CO_3、$NaHCO_3$ 和 NaOH 两两混合组成。一般的混合碱是 Na_2CO_3 和 NaOH 混合，或是 Na_2CO_3 和 $NaHCO_3$ 混合，$NaHCO_3$ 和 NaOH 是不能共存的。本实验采用双指示剂法分析混合碱的成分并计算各自含量。

假设混合碱由 Na_2CO_3 和 NaOH 组成：

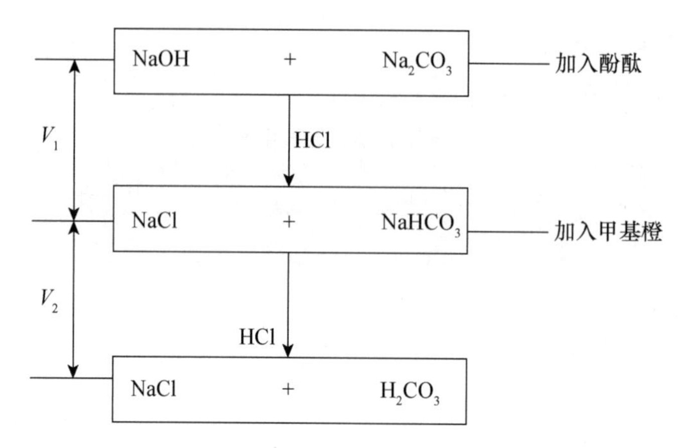

由上述分析图可知，加入酚酞指示剂时，用 HCl 标准溶液滴定，至酚酞变色，消耗 HCl 体积为 V_1(mL)；接着加入甲基橙指示剂时，用 HCl 标准溶液滴定，消耗 HCl 体积为 V_2(mL)；且 $V_1>V_2$；故混合碱组分的质量浓度：

$$\rho(\mathrm{NaOH})=\frac{c(\mathrm{HCl})\times\frac{V_1-V_2}{1\,000}\times M(\mathrm{NaOH})}{V_{混合碱}}\times 100$$

$$\rho(\mathrm{Na_2CO_3})=\frac{c(\mathrm{HCl})\times\frac{2V_2}{1\,000}\times M\left(\frac{1}{2}\mathrm{Na_2CO_3}\right)}{V_{混合碱}}\times 100$$

假设混合碱由 Na_2CO_3 和 $NaHCO_3$ 组成：

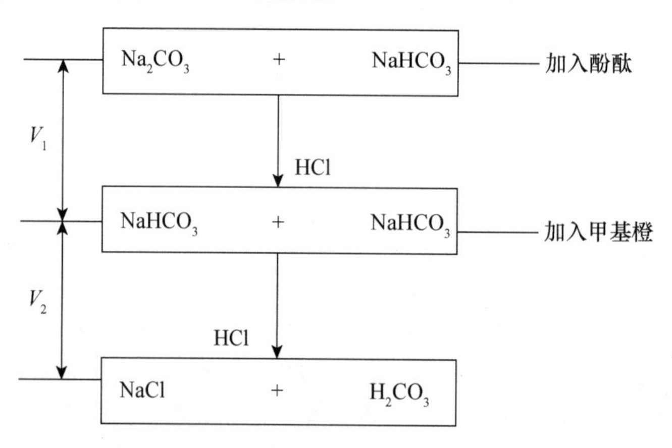

由上述分析图可知，加入酚酞指示剂时，用 HCl 标准溶液滴定，至酚酞变色，消耗 HCl 体积为 V_1(mL)；接着加入甲基橙指示剂时，用 HCl 标准溶液滴定，消耗 HCl 体积为 V_2(mL)；且 $V_1<V_2$；故混合碱组分的质量浓度：

$$\rho(\mathrm{Na_2CO_3})=\frac{c(\mathrm{HCl})\times\frac{2V_1}{1\,000}\times M\left(\frac{1}{2}\mathrm{Na_2CO_3}\right)}{V_{混合碱}}\times 100$$

$$\rho(\mathrm{NaHCO_3})=\frac{c(\mathrm{HCl})\times\frac{V_2-V_1}{1\,000}\times M(\mathrm{NaHCO_3})}{V_{混合碱}}\times 100$$

已知 $M(\mathrm{Na_2CO_3})=105.99$ g/mol，$M(\mathrm{NaHCO_3})=84.00$ g/mol，$M(\mathrm{NaOH})=40.00$ g/mol。

三、仪器和试剂

1. 仪器

50 mL 酸式滴定管 1 支、250 mL 锥形瓶 2 个、250 mL 容量瓶 1 个、25 mL 移液管 1 支。

2. 试剂

混合碱溶液、0.1 mol/L HCl 标准溶液、酚酞指示剂(0.2%酚酞乙醇溶液)、甲基橙指示剂(0.2%甲基橙水溶液)、pH =8.3 的参比溶液(取 0.05 mol/L $Na_2B_4O_7$ 溶液 30 mL,加入0.1 mol/L HCl 溶液 20 mL,加入 5 滴酚酞指示剂,盖好瓶盖,摇匀备用)。

四、实验内容和步骤

(1)用移液管吸取 25.00 mL 混合碱样品溶液于 250 mL 锥形瓶中,加入酚酞指示剂 2～3 滴。

(2)将 HCl 标准溶液装入酸式滴定管中,赶尽气泡,调零。

(3)逐滴加入 HCl 标准溶液,每加 1 滴,均须充分摇动,慢慢地滴到溶液颜色变浅粉红色为止。记录所消耗 HCl 标准溶液体积(V_1)。

(4)在上述溶液中加入 1～2 滴甲基橙指示剂,继续用 HCl 溶液滴定到溶液由黄色变成橙色。接近等量点时应剧烈摇动溶液,以免形成 CO_2 过饱和而使终点提前。记录消耗 HCl 溶液体积(V_2)。平行测定 2～3 次。

五、实验数据记录与处理

将实验数据及计算结果填入表 4-9。

表 4-9　双指示法分析混合碱

测定项目	实验次数	
	Ⅰ	Ⅱ
c(HCl)/(mol/L)		
混合碱用量/mL		
滴定消耗 HCl V_1/mL		
滴定消耗 HCl V_2/mL		
混合碱组成	A:	B:
碱 A 的质量浓度/(g/100 mL)		
碱 A 的质量浓度的平均值		
碱 B 的质量浓度/(g/100 mL)		
碱 B 的质量浓度的平均值		

六、思考题

1. 该实验中,第一个等量点溶液的 pH 如何计算? 用酚酞作指示剂变色不灵敏,为避免这个问题,还可选用什么指示剂?

2. 测定混合碱(可能由 NaOH、Na_2CO_3、$NaHCO_3$ 组成),根据下列情况判断混合碱组成。

(1)$V_1=0, V_2\neq0$;

(2)$V_2=0, V_1\neq0$;

(3)$V_2\neq0, V_1>V_2$;

(4)$V_1\neq0, V_1<V_2$;

(5)$V_1=V_2\neq0$。

3.测定混合碱，接近第一等量点时，若滴定速度太快，摇动锥形瓶不够，致使滴定液 HCl 局部过浓，会对测定造成什么影响？为什么？

4.此实验滴定到第二个终点时，应注意什么问题？

【注意事项】

1.第一个滴定终点是酚酞由红色变无色，容易滴过，所以要细致观察，慢慢滴定。常用参比溶液。参比溶液是根据等量点时溶液的组成、浓度、体积和指示剂量专门配制的溶液，或是与等量点时 pH、体积和指示剂量相同的缓冲溶液。

2.滴定第二个滴定终点时，要注意 CO_2 的影响。

实验 36　水的总硬度的测定(络合滴定法)

一、实验目的

1.了解水的硬度的表示方法。

2.掌握 EDTA 法测定水中钙、镁含量的基本原理和方法。

3.正确判断铬黑 T 指示剂的滴定终点。

4.掌握缓冲溶液的应用。

二、实验原理

1.水的硬度的表示法

自然水(自来水、河水、井水等)含有较多的钙盐、镁盐，它们的酸式碳酸盐遇热分解，析出沉淀，而使硬度除去，例如：

$$Ca(HCO_3)_2=CaCO_3\downarrow+H_2O+CO_2\uparrow$$

这种硬度称为暂时硬度。钙、镁的其他盐类所形成的硬度遇热不会分解，称为永久硬度。暂时硬度和永久硬度的总和称为水的总硬度。水的硬度的表示方法很多，各国采用的方法和单位也不甚一致。我国目前最常用的表示水的硬度的方法主要有两种：

(1)以度(°)表示。将测得的 Ca^{2+}、Mg^{2+} 折算成 CaO 的质量，以 1 L 水含有 10 mg CaO 为 1 度(°)，即 1 硬度单位表示 10 万份水中含 1 份 CaO，此为德国度。一般将硬度小于 8°者称为软水，大于 16°者称为硬水，介于 8°～16°者叫中硬水。

(2)以水中 CaO 的百万分数表示。即以 1 L 水中含有 CaO 的质量(mg/L)表示。其中第(2)种表示方法较为方便。

2.测定原理

水中钙、镁的总量决定水的总硬度，其中镁离子形成的硬度称为镁硬度，由钙离子形成的硬度称为钙硬度。

水中 Ca^{2+}、Mg^{2+} 含量或总硬度常用配位滴定法测定(即 EDTA 滴定法)。在 pH=10.0 的氨性缓冲溶液中，以铬黑 T(EBT)为指示剂，用 EDTA 标准溶液滴定水中 Ca^{2+}、Mg^{2+} 的总含量。

在上述条件下测定 Ca^{2+}、Mg^{2+} 含量时，EBT 指示终点的变色原理为：

$$\underset{(蓝色)}{M+EBT}=\!=\!=\underset{(酒红色)}{M\text{-}EBT}$$

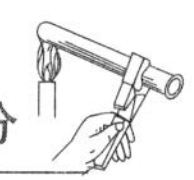

滴定前，Ca^{2+}、Mg^{2+}（以 M 表示）与 EBT 配位形成 M-EBT 配合物。

从滴定开始到等量点前，溶液中游离的离子逐步被 EDTA 配位。达到等量点时，夺取 M 而游离出指示剂 EBT，溶液从酒红色变为纯蓝色，从而指示终点。

$$\underset{\text{(酒红色)}}{\text{M-EBT}} + \text{EDTA} = \text{M-EDTA} + \underset{\text{(蓝色)}}{\text{EBT}}$$

钙硬度测定原理与总硬度测定原理相同，只是加入 NaOH 溶液至 pH＝12.0，使 Mg^{2+} 以 $Mg(OH)_2$ 沉淀形式被掩蔽，以钙指示剂指示终点。钙指示剂与 Ca^{2+} 形成酒红色配合物，当 EDTA 滴定 Ca^{2+} 时，钙指示剂游离出来呈蓝色。因此，滴定到达终点时，溶液由酒红色变为蓝色。测得 Ca^{2+} 的含量，从 Ca^{2+}、Mg^{2+} 的总含量中减去 Ca^{2+} 的含量，即可求得 Mg^{2+} 的含量。

根据下式计算水的硬度：

$$\text{水的总硬度}(\text{CaO mg/L}) = \frac{c(\text{EDTA}) \times \frac{V(\text{EDTA})}{1\,000} \times M(\text{CaO})}{V_{\text{水}}} \times 1\,000 \times 1\,000$$

式中：$V(\text{EDTA})$ 为滴定水的总硬度时，所耗用的 EDTA 体积（mL）；$V_{\text{水}}$ 为测定时所取水样的体积（mL）。

三、仪器和试剂

1. 仪器

50 mL 酸式滴定管 1 支、200 mL 容量瓶 1 个、移液管 2 支（10 mL 和 50 mL），250 mL 锥形瓶 2 个、100 mL 烧杯 1 个、量筒等。

2. 试剂

0.005 mol/L EDTA 溶液[称取 0.37 g 左右的分析纯的 EDTA 钠盐（$NaH_2Y \cdot 2H_2O$）于烧杯中，溶解，转移并定容至 200 mL，摇匀，即为 0.005 mol/L EDTA 的标准溶液]、纯金属锌片（每片 0.13～0.14 g）、固体 $CaCO_3$（A. R）、0.5％铬黑 T 溶液（称取 0.5 g 铬黑 T 溶于 100 mL 酒精中）、pH＝10.0 的氨缓冲溶液（将 20 g NH_4Cl 溶解于少量水中，加入 100 mL 浓氨水，用水稀释到 1 L）、6 mol/L HCl 溶液。

四、实验内容

1. 0.01 mol/L 锌标准溶液的配制

准确称取 0.13～0.14 g 纯金属锌于 100 mL 干燥烧杯中，用量筒量取 4.0 mL 6 mol/L HCl 溶液于烧杯中，使锌片溶解，溶解后移入 200 mL 容量瓶中，用蒸馏水稀释至刻度，充分摇匀。

2. 0.005 mol/L EDTA 标准溶液的标定

准确吸取 10.00 mL 锌标准溶液于锥形瓶中，加入 5.0 mL pH＝10.0 的氨性缓冲溶液和 5 滴 0.5％铬黑 T 指示剂，加入蒸馏水 20.0 mL，摇匀，然后用 EDTA 溶液滴定到溶液由酒红色变为纯蓝色，即为滴定终点。记下消耗的 EDTA 体积，平行测定两次。已知 $M(\text{Zn}) = 65.38$ g/mol，按下式计算 EDTA 溶液的准确浓度：

$$c(\text{EDTA}) = \frac{\frac{W(\text{Zn})}{M(\text{Zn})} \times \frac{10.00}{200.00}}{\frac{V(\text{EDTA})}{1\,000}}$$

要求相对误差小于0.2%。

3.水的总硬度的测定

准确吸取50.00 mL水样于250 mL的锥形瓶中，加入5.0 mL pH=10.0的氨性缓冲溶液及5滴0.5%铬黑T指示剂，用EDTA标准溶液滴定至溶液由酒红色变为纯蓝色，即为终点。记录所耗用的EDTA标准溶液体积，平行测定两次。

五、数据记录和结果处理

将实验数据填入表4-10和表4-11。

表4-10　EDTA溶液的标定

测定项目	实验次数	
	Ⅰ	Ⅱ
纯锌的质量/g		
EDTA标准溶液的试剂消耗量/mL		
EDTA标准溶液的浓度/(mol/L)		
EDTA标准溶液的浓度的平均值/(mol/L)		
相对相差/%		

表4-11　水的总硬度的测定

测定项目	实验次数	
	Ⅰ	Ⅱ
水样的用量/mL		
EDTA标准溶液试剂消耗量/mL		
水的总硬度/(CaO mg/L)		
水的总硬度的平均值/(CaO mg/L)		
相对相差/%		

六、思考题

1.用EDTA法怎样测定水的总硬度？

2.络合滴定中，为什么要加入缓冲溶液？

3.如果硬度测定中的数据要求保留两位有效数字，应如何量取50 mL水样？

4.用EDTA法测定水的硬度时，哪些离子的存在会造成干扰？如何消除？

【注意事项】

1.指示剂加量要合适，加多颜色深，使变色不灵敏，加少颜色太浅，不好观察。

2.滴定终点溶液颜色不是突变的，而是酒红色—紫色—蓝紫色—纯蓝色的渐变过程，而且过量后仍是纯蓝色的。所以临近终点时一定要慢滴，注意观察，最好有参比对照。

实验37　过氧化氢质量浓度的测定(高锰酸钾法)

一、实验目的

1.掌握$KMnO_4$法测定H_2O_2质量浓度的原理和方法。

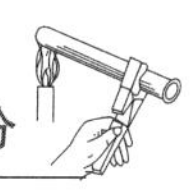

2.通过测定 H_2O_2 的质量浓度进一步了解 $KMnO_4$ 法的特点。

二、实验原理

H_2O_2 在工业、生物、医药等方面具有广泛的用途。它在酸性溶液中是一个强氧化剂，但遇 $KMnO_4$ 却为还原剂。

在稀硫酸溶液中，在室温条件下，H_2O_2 被 $KMnO_4$ 定量地氧化生成 O_2 和 H_2O。因此，可用 $KMnO_4$ 法测定 H_2O_2 含量，其反应式为：

$$5H_2O_2+2MnO_4^-+6H^+=2Mn^{2+}+5O_2\uparrow+8H_2O$$

滴定时，加入 $KMnO_4$ 的速度不能太快，否则易产生棕色 MnO_2 沉淀，MnO_2 又可促进 H_2O_2 的分解，增加测定误差。滴入第一滴 $KMnO_4$ 溶液不易褪色，待 Mn^{2+} 生成后，由于 Mn^{2+} 的催化作用，加快了反应速率，故能顺利地滴定到终点。

测定 H_2O_2 时，可用 $KMnO_4$ 溶液作滴定剂。根据微过量的 $KMnO_4$ 本身紫红色显示终点。根据 $KMnO_4$ 的浓度和滴定所耗用的体积，可以算出溶液中 H_2O_2 的质量浓度。

市售的 $KMnO_4$ 中含有少量的 MnO_2 和其他杂质，如硫酸盐、氯化物及硝酸盐等。蒸馏水中也含有微量还原性物质，它们可与 MnO_4^- 反应而析出 $MnO(OH)_2$（MnO_2 的水合物），产生的 MnO_2 和 $MnO(OH)_2$ 又能进一步促进 $KMnO_4$ 的分解。光线也能促进 $KMnO_4$ 的分解。因此，$KMnO_4$ 标准溶液不能用直接法配制。

标定 $KMnO_4$ 溶液的基准物质很多，有 $Na_2C_2O_4$、$(NH_4)_2Fe(SO_4)_2\cdot 6H_2O$（俗称摩尔盐）、$H_2C_2O_4\cdot 2H_2O$、$As_2O_3$ 和纯铁丝等，其中 $Na_2C_2O_4$ 不含结晶水，容易提纯，没有吸湿性，因此是常用的基准物质。

在酸性溶液中，$C_2O_4^{2-}$ 与 MnO_4^- 按下式反应：

$$2MnO_4^-+5C_2O_4^{2-}+16H^+=2Mn^{2+}+10CO_2\uparrow+8H_2O$$

此反应在室温下进行得很慢，必须加热至75～85℃，以促进反应进行。但温度也不宜过高，否则容易引起草酸分解：

$$H_2C_2O_4=H_2O+CO_2\uparrow+CO\uparrow$$

在滴定中，最初几滴 $KMnO_4$ 即使在加热情况下，与 $C_2O_4^{2-}$ 反应仍然很慢，一旦溶液中产生 Mn^{2+} 以后，反应速率才逐渐加快，这是因为 Mn^{2+} 对反应有催化作用。

在滴定过程中，必须保持一定的酸度，否则容易产生 MnO_2 沉淀，引起误差。调整酸度应使用硫酸，因盐酸中 Cl^- 有还原性，硝酸中 NO_3^- 又具有氧化性，醋酸太弱，不能达到所需的酸度，所以都不适用。一般滴定开始的适宜酸度为 $c(H^+)=1$ mol/L。在酸性、加热的情况下，$KMnO_4$ 溶液分解，所以滴定速度不宜过快。由于 $KMnO_4$ 溶液本身具有特殊的紫红色，滴定时 $KMnO_4$ 溶液稍微过量，即可察觉，故 $KMnO_4$ 自身可作为指示剂。

三、仪器和试剂

1.仪器

50 mL 酸式滴定管1支、200 mL 容量瓶1个、250 mL 锥形瓶2个、1 mL 移液管1支、20 mL 移液管1支、100 mL 烧杯1个。

2.试剂

$Na_2C_2O_4$ 固体（A.R）、0.1 mol/L $\frac{1}{5}KMnO_4$ 标准溶液、6 mol/L $\frac{1}{2}H_2SO_4$ 溶液、30% H_2O_2 溶液。

四、实验内容

1. 0.1 mol/L $\frac{1}{2}Na_2C_2O_4$ 标准溶液的配制

准确称取 0.67 g $Na_2C_2O_4$ 于干燥烧杯中，加入 40 mL 蒸馏水，加热使之溶解，再转入 100 mL 容量瓶中，用蒸馏水稀释至刻度，充分摇匀。

2. 0.1 mol/L $\frac{1}{5}KMnO_4$ 标准溶液的标定

准确吸取 20.00 mL $Na_2C_2O_4$ 标准溶液于锥形瓶中，加入 10.0 mL 6 mol/L $\frac{1}{2}H_2SO_4$ 溶液（量筒量取），加热至 75～85℃（即开始冒蒸汽时的温度），趁热用待标定的 $KMnO_4$ 溶液滴定。刚开始滴入一滴 $KMnO_4$ 溶液时，要摇动锥形瓶，使 $KMnO_4$ 颜色褪去后，再继续滴定。由于产生的少量 Mn^{2+} 对滴定反应有催化作用，反应速率加快，滴定速度随之逐渐加快，但临近终点时滴定速度要减慢，直至溶液呈现微红色并持续 30 s 不褪色即为终点。记录滴定所耗用 $KMnO_4$ 溶液的体积，已知 $M\left(\frac{1}{2}Na_2C_2O_4\right)=67.00$ g/mol，按下式计算 $KMnO_4$ 溶液的准确浓度，以两次平行测定结果的平均值作为 $KMnO_4$ 标准溶液的浓度。

$$c\left(\frac{1}{5}KMnO_4\right)=\frac{m(Na_2C_2O_4)\times\frac{20.00}{100.00}}{M\left(\frac{1}{2}Na_2C_2O_4\right)\times\frac{V(KMnO_4)}{1\,000}}$$

3. H_2O_2 的质量浓度的测定

用移液管移取 30%H_2O_2 溶液 1.00 mL，置于 200 mL 容量瓶中，用蒸馏水稀释至刻度，充分摇匀。然后用移液管移取 20.00 mL 上述溶液，置于盛有 20 mL 蒸馏水和 5.0 mL H_2SO_4 溶液的锥形瓶中，用 $KMnO_4$ 标准溶液滴定至溶液呈微红色，在 30 s 内不褪色即为终点。记录滴定时所消耗的 $KMnO_4$ 溶液的体积，平行测定两次。已知 $M\left(\frac{1}{2}H_2O_2\right)=$ 17.01 g/mol，按下式计算样品中 H_2O_2 的质量浓度：

$$\rho(H_2O_2)=\frac{c\left(\frac{1}{5}KMnO_4\right)\times\frac{V(KMnO_4)}{1\,000}\times M\left(\frac{1}{2}H_2O_2\right)}{1.00\times\frac{20.00}{200.00}}\times 100$$

五、数据记录和结果处理

将实验数据及计算结果填入表 4-12 和表 4-13。

表 4-12　$KMnO_4$ 标准溶液的标定

测定项目	实验次数	
	Ⅰ	Ⅱ
$m(Na_2C_2O_4)$/g		
$KMnO_4$ 的实际消耗量/mL		
$c\left(\frac{1}{5}KMnO_4\right)$/(mol/L)		
$c\left(\frac{1}{5}KMnO_4\right)$的平均值/(mol/L)		
相对相差/%		

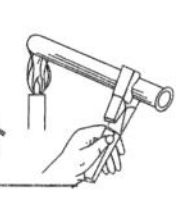

表 4-13　H_2O_2 的质量浓度的测定

测定项目	实验次数	
	Ⅰ	Ⅱ
H_2O_2 的实际用量/mL		
$KMnO_4$ 的实际消耗量/mL		
$\rho(H_2O_2)$/(g/100 mL)		
$\rho(H_2O_2)$的平均值/(g/100 mL)		
相对相差/%		

六、思考题

1. 用 $Na_2C_2O_4$ 作为基准物标定 $KMnO_4$ 溶液时，应该注意哪些反应条件？

2. 用 $KMnO_4$ 法测定 H_2O_2 的质量浓度时，能否用 HNO_3 或 HCl 来控制酸度？为什么？

3. 用 $KMnO_4$ 法测定 H_2O_2 的质量浓度时，其滴定速度为何不能太快？

4. 装过 $KMnO_4$溶液的滴定管或容器，常有不易洗去的棕色物质，这是什么？怎样除去？

5. 如果 H_2O_2 不稀释，直接测定，其结果如何？

【注意事项】

1. $KMnO_4$ 的颜色深，液面弯月面不易看出，读数时应以液面的最高线为准(即读液面的边缘)。

2. 滴定速度不能太快，若滴定速度过快，部分 $KMnO_4$在热溶液中按下式分解：

$$4KMnO_4 + 2H_2SO_4 = 4MnO_2\downarrow + 2K_2SO_4 + 2H_2O + 3O_2\uparrow$$

产生 MnO_2，促进 H_2O_2 分解，增加误差。

3. 在室温下，$KMnO_4$与 $Na_2C_2O_4$之间反应速度缓慢，须将溶液加热，但温度不能太高，否则将引起 $H_2C_2O_4$分解：

$$H_2C_2O_4 = H_2O + CO_2\uparrow + CO\uparrow$$

4. $KMnO_4$滴定终点不太稳定，这是由于空气中含有还原性气体及尘埃等杂质，$KMnO_4$缓慢分解，而使微红色消失，所以经过 30 s 不褪色即可认为已到达滴定终点。

5. 市售 H_2O_2 中常含有少量乙酰苯胺或尿素等，它们可作为稳定剂，它们也有还原性，妨碍测定。此时应采用碘量法测定为宜。

实验 38　绿矾中铁含量的测定(重铬酸钾法)

一、实验目的

1. 掌握用重铬酸钾法测定亚铁盐中铁含量的原理和方法。

2. 了解氧化还原指示剂变色原理和使用。

二、实验原理

重铬酸钾在酸性介质中可将 Fe^{2+} 定量地氧化，其本身被还原为 Cr^{3+}，反应如下：

$$Cr_2O_7^{2-} + 6Fe^{2+} + 14H^+ = 2Cr^{3+} + 6Fe^{3+} + 7H_2O$$

因此，用 $K_2Cr_2O_7$标准溶液滴定溶液中的 Fe^{2+}，可以测定试样中的铁含量。滴定在硫酸-磷酸混合酸介质中进行，以二苯胺磺酸钠为指示剂，在终点时溶液由浅绿色(Cr^{3+} 颜色)变为紫色或蓝紫色。

随着滴定反应的进行，黄色的 Fe^{3+} 越来越多，不利于终点的观察。加入 H_3PO_4溶液，使其与反应生成的Fe^{3+}生成无色$Fe(HPO_4)^+$的配离子,而清除影响。同时,$Fe(HPO_4)^+$的生成,降低了Fe^{3+}/Fe^{2+}电对的电位,使等量电的电位突跃增大,避免二苯胺磺酸钠指示剂被Fe^{3+}氧化而过早地改变颜色,提高了滴定准确度。

$K_2Cr_2O_7$纯度高,易提纯,是一种很好的基准物质,标准溶液可以采用直接法配制。$K_2Cr_2O_7$溶液非常稳定,可长期保存。

三、仪器和试剂

1. 仪器

50 mL 酸式滴定管 1 支、100 mL 容量瓶 1 个、250 mL 锥形瓶 3 个、100 mL 烧杯 1 个、10 mL 量筒 1 个、100 mL 量筒 1 个。

2. 试剂

固体$FeSO_4 \cdot 7H_2O$、85% H_3PO_4溶液、0.100 0 mol/L $\frac{1}{6}K_2Cr_2O_7$标准溶液、6 mol/L $\frac{1}{2}H_2SO_4$溶液、0.2%二苯胺磺酸钠指示剂。

四、实验内容

在分析天平上用差减法准确称取 2.8 g 的硫酸亚铁($FeSO_4 \cdot 7H_2O$)样品于 100 mL 烧杯中,加入 6 mol/L $\frac{1}{2}H_2SO_4$溶液 8.0 mL 以防止水解,再加入少量的蒸馏水(约 30 mL)使其完全溶解,定量转移到 100 mL 容量瓶中,定容,摇匀,备用。

用 20.00 mL 移液管吸取上述溶液 20.00 mL 于 250 mL 锥形瓶中,加入 6 mol/L $\frac{1}{2}H_2SO_4$溶液 5.0 mL,加入二苯胺磺酸钠指示剂 2～3 滴,加入 85% H_3PO_4溶液 2.0 mL,用 0.100 0 mol/L $\frac{1}{6}K_2Cr_2O_7$标准溶液滴定至溶液呈紫色或蓝紫色,表示到达滴定终点。记录$K_2Cr_2O_7$标准溶液的用量,平行测定 2 次,根据下式计算亚铁盐中铁的质量分数。

$$w(\mathrm{Fe})=\frac{c\left(\frac{1}{6}K_2Cr_2O_7\right)\times\frac{V\left(\frac{1}{6}K_2Cr_2O_7\right)}{1\,000}\times M(\mathrm{Fe})}{m_{样}\times\frac{20.00}{100.00}}\times100\%$$

式中:$m_{样}$为亚铁盐的质量;$M(\mathrm{Fe})=55.85$ g/mol。

五、数据记录和结果处理

将实验数据及计算结果填入表 4-14。

表 4-14 重铬酸钾法测定绿矾中铁的含量

测定项目	实验次数	
	Ⅰ	Ⅱ
$c\left(\frac{1}{6}K_2Cr_2O_7\right)$/(mol/L)		
$FeSO_4 \cdot 7H_2O$的质量/g		
$\frac{1}{6}K_2Cr_2O_7$溶液的实际消耗量/mL		
$w(\mathrm{Fe})$/%		
$w(\mathrm{Fe})$的平均值/%		
相对相差/%		

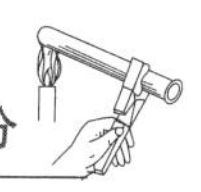

六、思考题

1. 为什么能用直接法配制 $K_2Cr_2O_7$ 标准溶液？

2. $K_2Cr_2O_7$ 法测定 Fe^{2+} 时，滴定前为什么要加入 H_2SO_4？加入 HCl 是否可以？

3. $K_2Cr_2O_7$ 法测定 Fe^{2+} 时，加入 H_3PO_4 的作用是什么？

【注意事项】

1. 在加入 H_2SO_4 和 H_3PO_4 后，Fe^{2+} 更容易被氧化，故应马上滴定。

2. 滴定至终点时溶液由绿色变为紫色或蓝紫色，如果绿色太深对终点观察有影响，可加蒸馏水稀释，但 H_2SO_4 和 H_3PO_4 也应适当多加。

3. 若二苯胺磺酸钠指示剂溶液变质，颜色变为深绿色，那么不能再使用。

实验 39　硫代硫酸钠标准溶液的配制与标定

一、实验目的

1. 掌握 $Na_2S_2O_3$ 标准溶液的配制与标定方法。

2. 掌握置换滴定法的原理、操作及测定条件。

二、实验原理

硫代硫酸钠（$Na_2S_2O_3 \cdot 5H_2O$）一般都含有少量杂质，如 S、Na_2SO_3、Na_2SO_4、Na_2CO_3 及 NaCl 等，同时还容易风化和潮解，因此不能直接配制标准溶液，须用基准物质标定。

水中的微生物能缓慢分解 $Na_2S_2O_3$。配制时水中若含有 CO_2，$Na_2S_2O_3$ 在酸性条件下迅速分解产生硫而使溶液浑浊。因此，应用新煮沸后冷却的蒸馏水配制溶液，并加入少量 Na_2CO_3（质量分数为 0.02%），此时 pH 应为 9～10，以防止 $Na_2S_2O_3$ 分解。

日光能促进 $Na_2S_2O_3$ 溶液分解，所以 $Na_2S_2O_3$ 溶液应贮存在棕色瓶中，放置在阴暗处。

通常用 $K_2Cr_2O_7$ 作基准物质进行 $Na_2S_2O_3$ 标准溶液的标定，$K_2Cr_2O_7$ 先与 KI 反应，析出 I_2：

$$Cr_2O_7^{2-} + 6I^- + 14H^+ = 2Cr^{3+} + 3I_2 + 7H_2O$$

析出的 I_2 再用标准溶液滴定：

$$I_2 + 2S_2O_3^{2-} = 2I^- + S_4O_6^{2-}$$

近终点时加入淀粉指示剂，否则大量的碘单质被淀粉吸附，不易完全解吸，使终点难以观察。这个测定方法是间接碘量法中的置换滴定法。

三、仪器和试剂

1. 仪器

台秤、烧杯、容量瓶、移液管、碱式滴定管等。

2. 试剂

固体 $Na_2S_2O_3 \cdot 5H_2O$、固体 Na_2CO_3、固体 $K_2Cr_2O_7$（G. R 或 A. R）、固体 KI、2 mol/L HCl、0.5%淀粉指示剂。

四、实验内容

1. $Na_2S_2O_3$ 溶液的配制

在台秤上分别称取 12.5 g $Na_2S_2O_3 \cdot 5H_2O$ 与 0.1 g Na_2CO_3，混合，加入适量新煮沸并

冷却的蒸馏水，使其溶解并稀释至 500 mL，贮存于棕色瓶中，放置 7～14 d 后标定。

2. 0.1 mol/L $\frac{1}{6}K_2Cr_2O_7$ 标准溶液的配制

准确称取经二次重结晶并在 150℃烘干 1 h 的 $K_2Cr_2O_7$ 1.0 g 于 150 mL 小烧杯中，加入蒸馏水 30 mL，使之溶解(可稍加热以加速溶解)，冷却后，小心地转入 200.00 mL 容量瓶中，用蒸馏水淋洗烧杯 3 次，并将每次淋洗后的洗液小心地转入容量瓶中，然后用蒸馏水稀释至刻度，摇匀，计算 $c\left(\frac{1}{6}K_2Cr_2O_7\right)$的准确值。

3. $Na_2S_2O_3$ 溶液的标定

用 20.00 mL 移液管准确吸取 $K_2Cr_2O_7$ 标准溶液两份，分别放入 250 mL 锥形瓶中，加入固体 KI 0.8 g 和 2 mol/L HCl 4.0 mL，充分摇匀后用表面皿盖好，放在暗处 5 min 后，用 30 mL 蒸馏水稀释，用 0.1 mol/L $Na_2S_2O_3$ 溶液滴定至呈浅黄绿色时，加入 0.5%淀粉溶液 4 mL，继续滴定至蓝色消失而变为 Cr^{3+} 的绿色即为终点。记录 $Na_2S_2O_3$ 溶液的消耗量，根据下式计算 $Na_2S_2O_3$ 溶液的准确浓度：

$$c(Na_2S_2O_3)=\frac{\dfrac{m(K_2Cr_2O_7)}{M\left(\frac{1}{6}K_2Cr_2O_7\right)}\times\dfrac{20.00}{200.00}}{\dfrac{V(Na_2S_2O_3)}{1\,000}}$$

五、数据记录及结果处理

将实验数据及计算结果填入表 4-15。

表 4-15　硫代硫酸钠标准溶液的标定

测定项目	实验次数	
	Ⅰ	Ⅱ
$m(K_2Cr_2O_7)$/g		
$c\left(\frac{1}{6}K_2Cr_2O_7\right)$/(mol/L)		
$Na_2S_2O_3$ 溶液的消耗量/mL		
$Na_2S_2O_3$ 溶液的浓度/(mol/L)		
$Na_2S_2O_3$ 溶液的平均浓度/(mol/L)		
相对相差/%		

六、思考题

1. $Na_2S_2O_3$ 标准溶液为什么要用间接法配制？

2. 配制 $Na_2S_2O_3$ 标准溶液时，为什么要加入少量 Na_2CO_3？

3. 用 $K_2Cr_2O_7$ 作基准物质标定 $Na_2S_2O_3$ 溶液的浓度时，为什么要加入过量 KI？为什么要加入 HCl 溶液？

【注意事项】

开始滴定时要快滴慢摇，减少碘的挥发，近终点时要慢滴，大力振荡，减少淀粉指示剂对 I_2 的吸附。

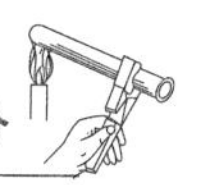

实验40　胆矾中铜含量的测定

一、实验目的

1. 了解碘量法的原理和间接碘量法的应用。

2. 进一步了解 $Na_2S_2O_3$ 标准溶液的标定。

二、实验原理

胆矾($CuSO_4 \cdot 5H_2O$)是农药波尔多液的主要原料。胆矾中的铜含量常用间接碘量法进行测定。此方法是在样品的酸性溶液中，加入过量的 KI，使 KI 与 Cu^{2+} 作用生成难溶性的 CuI，并析出 I_2，再用 $Na_2S_2O_3$ 标准溶液滴定析出的 I_2。反应式为：

$$2Cu^{2+} + 4I^- = 2CuI\downarrow + I_2$$

$$I_2 + 2S_2O_3^{2-} = 2I^- + S_4O_6^{2-}$$

CuI 沉淀的溶解度较大，上述反应不能进行完全。而且 CuI 沉淀能够强烈地吸附一些 I_2，使测定结果偏低，滴定终点不明显。如果在滴定时加入 KSCN，CuI 将转化为更难溶的 CuSCN 沉淀。反应式为：

$$CuI + SCN^- = CuSCN\downarrow + I^-$$

CuSCN 沉淀吸附 I_2 的倾向性较小，可以提高分析结果的准确度，同时，使反应的终点变得比较明显。但是 KSCN 只能在接近终点时加入，否则 SCN^- 可直接还原 Cu^{2+} 而使结果偏低。反应式为：

$$6Cu^{2+} + 7SCN^- + 4H_2O = 6CuSCN + SO_4^{2-} + HCN + 7H^+$$

为了防止 Cu^{2+} 水解，反应必须在微酸性(pH＝4.0～5.5)溶液中进行。由于 Cu^{2+} 容易与 Cl^- 形成配离子，因此酸化时多用 H_2SO_4 或 HAc 而不宜用 HCl。

如果样品中含有 Fe^{3+}，Fe^{3+} 容易氧化 I^- 而生成 I_2，使结果偏高。此时，应加入 NaF 使 Fe^{3+} 形成 $[FeF_6]^{3-}$ 配离子而掩蔽，以排除 Fe^{3+} 的干扰。

三、仪器和试剂

1. 仪器

50 mL 碱式滴定管 1 支、250 mL 锥形瓶 4 个、100 mL 烧杯 1 个、10 mL 量筒 4 个、100 mL 量筒 1 个、500 mL 棕色试剂瓶 1 个。

2. 试剂

固体 $Na_2S_2O_3 \cdot 5H_2O$、固体 $K_2Cr_2O_7$(A.R)、固体 Na_2CO_3、10% KI 溶液(实验前新配制)、10% KSCN 溶液、饱和 NaF 溶液、3 mol/L H_2SO_4 溶液、0.5%淀粉溶液(称取 0.5 g 可溶性淀粉，用少量水润湿后，加入 100 mL 沸水，搅匀。冷却后，可加 0.1 g HgI_2 防腐剂)、$CuSO_4 \cdot 5H_2O$ 试样。

四、实验步骤

(1)预先配好 0.1 mol/L($Na_2S_2O_3$)标准溶液并标定。

(2)准确称取胆矾试样 0.5～0.6 g 置于 250 mL 锥形瓶中，加入 3 mL 3 mol/L H_2SO_4 溶液及 100 mL 蒸馏水。样品溶解后，加入 10 mL 饱和 NaF 溶液和 10 mL 10% KI 溶液，摇匀后立即用 $Na_2S_2O_3$ 标准溶液滴定至浅黄色。加入 5 mL 0.5%淀粉溶液，继续滴定至溶液呈浅蓝色时，再加入 10 mL 10% KSCN 溶液，混匀后溶液的蓝色加深。然后，再继续滴定到蓝色刚好消失为止，此时溶液为米色悬浊液。记录滴定所消耗的 $Na_2S_2O_3$ 体积，平行测定 3 次。已知 $M(Cu)=63.55$ g/mol，按下式计算铜的质量分数：

$$w(Cu)=\frac{c(Na_2S_2O_3)\times V(Na_2S_2O_3)\times \frac{M(Cu)}{1\,000}}{m}\times 100\%$$

五、思考题

1. 测定铜含量时，所加 KI 为何需过量？KI 的量是否要求很准确？加入 KSCN 的作用是什么？为什么 KSCN 要在临近终点前加入？

2. 用碘量法进行滴定时，酸度和温度对滴定反应有何影响？

3. 碘量法的误差来源有哪些？应如何避免？

【注意事项】

1. $K_2Cr_2O_7$ 与 KI 反应进行较慢，尤其在稀溶液中更慢，故在加水稀释前，应放置 10 min，使反应完全。

2. KI 要过量，但体积分数不能超过 4%，因 I^- 太浓，淀粉指示剂颜色转变不灵敏。

3. 终点有回蓝现象，空气氧化造成的回蓝较慢，不影响结果，如果回蓝很快，说明 $K_2Cr_2O_7$ 与 KI 反应不完全。

4. 滴定要在避光、无剧烈摇动下快速、进行。

5. 淀粉指示剂和 KSCN 溶液在近终点时加入，不能早加。

实验 41　氯化物中氯含量的测定(莫尔法和佛尔哈德法)

Ⅰ 莫尔法

一、实验目的

1. 学习 $AgNO_3$ 标准溶液的配制及标定方法。

2. 掌握沉淀滴定中以 K_2CrO_4 为指示剂测定氯离子含量的方法和原理。

二、实验原理

某些可溶性氯化物中氯含量的测定常采用莫尔法。此方法是在中性或弱碱性溶液中，以 K_2CrO_4 为指示剂，以 $AgNO_3$ 标准溶液进行滴定的。由于 AgCl 的溶解度比 Ag_2CrO_4 小，因此溶液中首先析出 AgCl 沉淀。当 AgCl 定量沉淀后，过量 $AgNO_3$ 溶液即与 CrO_4^{2-} 反应，生成砖红色 Ag_2CrO_4 沉淀以指示终点。反应式如下：

$$Ag^+ + Cl^- = AgCl\downarrow(\text{白})(K_{sp}^{\ominus}=1.8\times10^{-10})$$

$$2Ag^+ + CrO_4^{2} = Ag_2CrO_4\downarrow(\text{砖红})(K_{sp}^{\ominus}=2.0\times10^{-12})$$

滴定必须在中性或弱碱性溶液中进行，最适宜 pH 范围是 6.5～10.5(如果溶液中有 NH_4^+，pH 应保持在 6.5～7.2，酸度过高，不产生 Ag_2CrO_4 沉淀，过低则形成 Ag_2O 沉淀)。

指示剂的用量对滴定终点的准确判断有影响，一般以 5×10^{-3} mol/L 为宜。

凡是能与 Ag^+ 生成难溶性化合物或络合物的阴离子都干扰测定，如 PO_4^{3-}、AsO_4^{3-}、SO_3^{2-}、S^{2-}、CO_3^{2-} 及 $C_2O_4^{2-}$。其中，S^{2-} 可生成 H_2S，经加热煮沸即可除去。SO_3^{2-} 可氧化成 SO_4^{2-} 而不再干扰。Cu^{2+}、Ni^{2+}、Co^{2+} 等有色离子影响终点的观察。凡是能与 CrO_4^{2-} 生成难

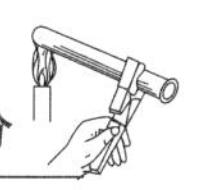

溶化合物的阴离子也干扰测定，如 Ba^{2+}、Pb^{2+} 与 CrO_4^{2-} 生成沉淀，可加入过量的 Na_2SO_4 而消除。Al^{3+}、Fe^{3+}、Bi^{3+}、Zr^{4+} 等高价金属离子在中性或弱碱性溶液中易水解而产生沉淀，也不应存在。

三、仪器和试剂

1. 仪器

酸式滴定管 1 支、200 mL 容量瓶 2 支、20 mL 移液管 2 支、锥形瓶 3 个、烧杯 3 个、棕色细口瓶 1 个、台秤等。

2. 试剂

固体 $AgNO_3$（C. P 或 A. R）、固体 NaCl（基准试剂，将 NaCl 置瓷坩埚中于 250～300℃电炉中灼烧 1～2 h，稍冷后置于干燥器中备用）、5%K_2CrO_4 溶液。

四、实验步骤

1. 0.05 mol/L $AgNO_3$ 溶液的配制

在台秤上称取 1.7 g $AgNO_3$，溶于 200 mL 不含 Cl^- 的蒸馏水中，将溶液转入棕色细口瓶中，置于暗处保存，以减缓因见光而分解的作用。

2. $AgNO_3$ 溶液的标定

准确称取约 0.6 g NaCl 基准试剂，置于小烧杯中，用蒸馏水溶解，在容量瓶中配成 200 mL 溶液。准确量取 10 mL NaCl 标准溶液于锥形瓶中，加入 20 mL 蒸馏水和 5 滴 5%K_2CrO_4 溶液，在不断摇动下用 $AgNO_3$ 溶液滴定至终点。计算 $AgNO_3$ 溶液的浓度。

3. 试样分析

准确称取氯化物试样 1.5 g，置于烧杯中，加水溶解后，转入 200 mL 容量瓶中，加水稀释至刻度，摇匀。准确移取 20.00 mL 氯化物试液于 250 mL 锥形瓶中，加入 20 mL 水和 10 滴 5%K_2CrO_4 溶液，在不断摇动下，用 $AgNO_3$ 标准溶液滴定，至溶液呈砖红色即为终点。

五、数据记录和结果处理

将实验数据及计算结果填入表 4-16 和表 4-17。

表 4-16　$AgNO_3$ 溶液的标定

测定项目	实验次数	
	Ⅰ	Ⅱ
NaCl 的质量/g		
NaCl 标准溶液的浓度/(mol/L)		
NaCl 标准溶液的用量/mL		
$AgNO_3$ 溶液的实际消耗量/mL		
$AgNO_3$ 溶液的浓度/(mol/L)		
$AgNO_3$ 溶液的浓度的平均值/(mol/L)		
相对相差/%		

表 4-17　氯含量的测定(莫尔法)

测定项目	实验次数	
	Ⅰ	Ⅱ
氯化物的质量/g		
20 mL 氯化物试液中含氯化物的质量/g		
$AgNO_3$ 标准溶液的浓度/(mol/L)		
$AgNO_3$ 标准溶液的实际消耗量/mL		
$w(Cl)/\%$		
$w(Cl)$的平均值/%		
相对相差/%		

六. 思考题

1. 滴定中指示剂的用量为什么要控制?
2. 滴定过程中为什么要充分摇动?

Ⅱ 佛尔哈德法

一、实验目的

1. 掌握沉淀滴定中佛尔哈德法的方法、原理及应用。
2. 练习 NH_4SCN 标准溶液的配制与标定。
3. 熟悉佛尔哈德法判定终点的方法。

二、实验原理

佛尔哈德法的原理可示意如下:

$$\underset{\text{待测}}{Cl^-} + \underset{\text{一定量且过量}}{Ag^+} \rightarrow \underset{\text{(白色)}}{AgCl\downarrow}$$

$$\underset{\text{剩余量}}{Ag^+} + \underset{\text{标准溶液}}{SCN^-} \rightarrow \underset{\text{(白色)}}{AgSCN\downarrow}$$

$$\underset{\text{微过量}}{nSCN^-} + \underset{\text{指示剂}}{Fe^{3+}} \rightarrow \underset{\text{(血红色)}}{[Fe(SCN)_n]^{3-n}}(n=1\sim6)$$

微过量的 SCN^- 与作为指示剂的 Fe^{3+} 形成血红色的络离子$[Fe(SCN)_n]^{3-n}$(在浓度较小时为肉色),以指示终点的到达。佛尔哈德法只适用于酸性溶液,在中性或碱性溶液中指示剂 Fe^{3+} 生成沉淀。

由于 AgCl 和 AgSCN 沉淀都易吸附 Ag^+,所以在终点前须剧烈振摇,以减少 Ag^+ 被吸附。但近终点时,则要轻轻摇动,因为 AgSCN 沉淀的溶解度较 AgCl 小,剧烈的摇动易使 AgCl 转化为 AgSCN,从而引起误差。

三、仪器和试剂

1. 仪器

酸式滴定管 2 支、200 mL 容量瓶 2 个、20 mL 移液管 1 支、锥形瓶 3 个、烧杯、量筒、玻塞细口瓶、棕色细口瓶、台秤等。

2. 试剂

0.05 mol/L $AgNO_3$ 标准溶液、固体 NH_2SCN、6 mol/L HNO_3(量取 375 mL 浓 HNO_3,缓

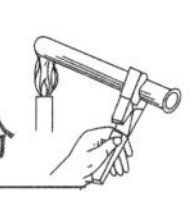

慢加入约 600 mL 纯水中，再稀释至 1 000 mL，煮沸并冷却，以除去其中可能含有的低价氧化物，因其能与 Fe^{3+} 形成红色亚硝基化合物而影响终点的观察）、10％硫酸铁铵（亦称铁铵矾）溶液。

四、实验步骤

(1)0.05 mol/L $AgNO_3$ 标准溶液的配制和标定（见莫尔法）。

(2)0.05 mol/L NH_4SCN 标准溶液的配制及其与 $AgNO_3$ 标准溶液浓度的比较。在台秤上称取 0.8 g NH_4SCN，溶于少量水中并稀释至 200 mL，贮于玻塞细口瓶中，从滴定管中准确放出 15.00 mL $AgNO_3$ 标准溶液于 250 mL 锥形瓶中，加入 50 mL 水、5 mL 6 mol/L 新煮沸且已冷却的 HNO_3 溶液及 4 mL 铁铵矾指示剂，然后用 NH_4SCN 标准溶液滴定，至溶液呈淡红棕色且再摇动后也不消失为止（由于 AgSCN 会吸附 Ag^+，故滴定时要剧烈摇动，直至淡红棕色不消失时，才算到达终点）。

(3)氯含量的测定。准确称取氯化物试样 1.1～1.5 g，在容量瓶中配成 200 mL 溶液，用移液管吸取 10.00 mL 放入锥形瓶中，加入 2.5 mL 新煮沸经冷却的 6 mol/L HNO_3，在不断摇动下，从滴定管中逐渐滴入约 25 mL $AgNO_3$ 标准溶液，再加入 2 mL 铁铵矾指示剂，然后在剧烈摇动下以 NH_4SCN 标准溶液滴定，至溶液呈淡红棕色且轻轻摇动也不消失为止。

五、数据记录和结果处理

将实验数据及计算结果填入表 4-18、表 4-19 和表 4-20。

表 4-18　$AgNO_3$ 溶液的标定

测定项目	实验次数	
	Ⅰ	Ⅱ
NaCl 的质量/g		
NaCl 标准溶液的浓度/(mol/L)		
NaCl 标准溶液的用量/mL		
$AgNO_3$ 溶液的实际消耗量/mL		
$AgNO_3$ 溶液的浓度/(mol/L)		
$AgNO_3$ 溶液的浓度的平均值/(mol/L)		
相对相差/%		

表 4-19　NH_4SCN 溶液浓度的标定

测定项目	实验次数	
	Ⅰ	Ⅱ
$AgNO_3$ 标准溶液的浓度/(mol/L)		
$AgNO_3$ 标准溶液的用量/mL		
NH_4SCN 溶液的试剂消耗量/mL		
NH_4SCN 溶液的浓度/(mol/L)		
NH_4SCN 溶液的浓度的平均值/(mol/L)		
相对相差/%		

表 4-20　氯含量的测定(佛尔哈德法)

测定项目	实验次数	
	Ⅰ	Ⅱ
氯化物样品质量/g		
20 mL 氯化物试液中含氯化物的质量/g		
标准溶液的用量/mL		
标准溶液的实际消耗量/mL		
w(Cl)/%		
w(Cl)的平均值/%		
相对相差/%		

六、思考题

佛尔哈德法测定可溶性氯化物中,氯含量的主要误差来源是什么? 如何防止?

实验 42　分光光度法测定磷含量

一、实验目的

1. 熟悉分光光度法测定磷的原理、方法和操作技术。

2. 掌握分光光度计的使用。

二、实验原理

测定试液中的微量磷,常用钼蓝比色法。根据所用还原剂的不同,钼蓝比色法一般可分为氯化亚锡法和抗坏血酸法两种方法。

氯化亚锡法灵敏度高,室温下可迅速显色,但颜色稳定时间短(仅 5～20 min),且易受 Fe^{3+} 的干扰。抗坏血酸钼蓝法具有颜色稳定时间长、Fe^{3+} 干扰小等优点,但室温下反应速度慢,且不完全,必须进行沸水浴加热,操作烦琐。若用抗坏血酸-氯化亚锡比色法,即在加入氯化亚锡前,先加入少量抗坏血酸,不仅可以消除大量 Fe^{3+} 的干扰,增加钼蓝的稳定性,而且能使显色在室温下迅速、完全,简化操作手续。

磷酸盐在酸性溶液中与钼酸铵作用,生成黄色钼磷酸,其反应式如下:

$$PO_4^{3-}+12MoO_4^{2-}+27H^+=H_7[P(Mo_2O_7)_6]+10H_2O$$

该种黄色化合物遇到还原剂,如抗坏血酸、氧化亚锡等,可被还原成钼蓝配合物,使溶液呈深蓝色。蓝色的深浅与磷的含量呈正比。磷的含量为 0.05～2.00 mg/L 时遵循朗伯-比尔定律。

SiO_3^{2-} 会干扰磷的测定,它也与钼酸铵生成黄色 $H_8[Si(Mo_2O_7)_6]$,并被还原成钼蓝。但可加酒石酸来控制 MoO_4^{2-} 浓度,使它不与 SiO_3^{2-} 发生反应。

待显色完全后,可用标准曲线法(或比较法)在分光光度计上测定标准溶液和待测溶液的吸光度,制作磷的标准曲线。测得待测溶液的吸光度,可在工作曲线上查出待测溶液的磷含量。

三、仪器和试剂

1.仪器

721型分光光度计1台、50 mL容量瓶6个、10 mL移液管1支、5 mL吸量管1支、烧杯、量筒等。

2.试剂

(1)磷的标准溶液。准确称取已烘干(105℃)的分析纯磷酸二氢钾(KH_2PO_4)0.219 7 g,溶于水并加入浓硫酸5 mL(防霉菌),移入1 000 mL容量瓶,用水稀释至刻度,摇匀备用。1 mL此溶液含磷50 μg。将该溶液稀释5倍,配制成含磷为10 μg/mL的标准溶液。

(2)待测磷溶液。

(3)4%盐酸钼酸铵溶液。称取40 g钼酸铵(分析纯),溶于600 mL浓HCl(d=1.19)中,慢慢地加入400 mL水,混匀。溶液中HCl的浓度为7.2 mol/L。

(4)2%抗坏血酸溶液。称取0.5 g抗坏血酸(分析纯),溶于25 mL蒸馏水中(新配)。

(5)0.5%$SnCl_2$溶液。称取0.2 g $SnCl_2$(分析纯),用浓HCl溶解,用蒸馏水稀释至40 mL(新配)。

四、实验内容

1.磷的标准曲线的绘制

分别准确吸取磷标准溶液(10 μg/mL)0、1.00、2.00、3.00、4.00 mL于5个编号的50 mL容量瓶中,各加入20.0 mL蒸馏水,5.00 mL 4%盐酸-钼酸铵溶液和5滴0.5% $SnCl_2$,稀释至刻度,摇匀。静置5 min后,在721型分光光度计上用1 cm比色皿,在最大吸收波长650 nm处,测出系列溶液的吸收光度(A)值填入表4-21。然后以磷标准溶液的质量浓度为横坐标,相应的吸收光度为纵坐标,绘制出磷标准曲线。

表4-21　磷标准溶液及其吸光度

编号	ρ(P)/(μg/mL)	OD_{650}
1	0	
2	0.2	
3	0.4	
4	0.6	
5	0.8	

2.待测溶液中磷含量的测定

准确吸取待测磷溶液10.00 mL于50.00 mL容量瓶中,加入20.0 mL蒸馏水稀释,再加入5.00 mL 4%盐酸-钼酸铵溶液和5滴0.5% $SnCl_2$,稀释到刻度,充分摇匀。静置5 min后,在分光光度计上,用相同的波长和比色皿测出其吸光度,然后从磷标准曲线上查出相应的磷的质量浓度,按下式计算待测溶液中磷的含量:

未知液中磷的质量浓度=标准曲线上求得的组成量度×未知液稀释倍数

五、思考题

1.实验中为什么要用新配制的抗坏血酸和$SnCl_2$溶液?

2.影响本试验的准确性的因素有哪些?

3.721型分光光度计的操作要领和注意事项有哪些?

实验43 铵盐中铵的测定(奈氏试剂比色法)

一、实验目的

1. 掌握用分光光度法测定铵盐中铵的含量的原理及方法。

2. 学习吸收曲线的制作。

二、实验原理

微量铵(0.5～16 μg/mL)测定,通常采用奈氏试剂比色法。该法是利用 NH_4^+ 与奈氏试剂($K_2[HgI_4]$的强碱溶液)作用生成黄色络合物:

$$NH_4^+ + 2[HgI_4]^{2-} + 4OH^- = \left[\begin{array}{ccc} & Hg & \\ O & & NH_2 \\ & Hg & \end{array} \right] I\downarrow + 3H_2O + 7I^-$$

碘化氨基氧汞(黄色)

然后根据溶液颜色的深度与 NH_4^+ 的浓度呈正比而进行比色测定的。

实验证明,当在铵含量为 0.2～2 μg/mL 范围内测定时,完全符合朗伯-比尔定律。因此,若 NH_4^+ 浓度太大,则必须适当稀释。为了防止沉淀物凝聚,可加入阿拉伯胶作为保护胶体,使沉淀物保持高度分离状态,不致有浑浊出现。为了避免络合物分解,保证测定的准确度,还必须注意显色液不能放置太久,通常控制在显示后 30 min 内进行比色为宜。

三、仪器和试剂

1. 仪器

72 型或 721 型分光光度计 1 台、10 mL 移液管 1 支、5 mL 吸量管 1 支、50 mL 容量瓶 6 个、烧杯、量筒等。

2. 试剂

(1)20 μg/mL 铵标准溶液(即含 NH_4^+ 20 μg/mL)。准确称取经过 100℃烘箱干燥的纯 NH_4Cl 1.482 0 g,溶于蒸馏水中,并稀释定容在 1 000 mL 容量瓶中,此时该溶液为 500 μg/mL 铵标准溶液。再准确吸取此溶液 20.00 mL,定容在 500 mL 容量瓶中,即得 20 μg/mL 铵标准溶液。

(2)奈氏试剂。称取 10.0 g HgI_2 和 7.0 g KI 溶于 50 mL 蒸馏水中,然后与含 1.6 g NaOH 的 50 mL 溶液混合(注意缓慢倒入并不断搅拌),放置过夜,取清液贮存于棕色瓶中。

(3)1%阿拉伯胶水溶液。称取 1.0 g 阿拉伯胶溶于 100 mL 沸水中,然后加入 2 滴氯仿($CHCl_3$)作为防腐剂,如溶液浑浊,则静置后取上清液备用。

四、实验内容

1. 铵标准曲线的绘制

准确吸取 20 μg/mL 铵标准溶液 0、0.50、1.00、1.50、2.00 和 2.50 mL,分别置于 6 个 50 mL 容量瓶中,每瓶再分别加入蒸馏水 20 mL 左右、奈氏试剂 2 mL、1%阿拉伯胶水溶液 5 滴,最后用蒸馏水稀释至刻度,充分摇匀。静置 5 min 后,在 721 型分光光度计上,用5 cm 比色皿,在最大吸收波长 420 nm 处,测出它们的吸光度(A),填入表 4-22。然后以铵标准溶液的质量浓度为横坐标,相应的吸光度为纵坐标,绘制出铵标准曲线。

表 4-22　铵标准溶液及其吸光度

编号	$\rho(NH_4^+)/(\mu g/mL)$	OD_{420}
1	0	
2	0.1	
3	0.2	
4	0.3	
5	0.4	
6	0.5	

2. 待测液中微量铵的测定

准确吸取铵的待测液 10.00 mL 于 50 mL 容量瓶中，加入蒸馏水约 20 mL，然后再依次加入奈氏试剂 2 mL、1%阿拉伯胶水溶液 5 滴，用蒸馏水稀释至刻度，充分摇匀，即为未知比色液。静置 5 min 后，在分光光度计上，用相同的波长和比色皿测出其吸光度，然后从铵标准曲线上查出相应的铵的质量浓度。按下式计算待测溶液中铵的质量浓度：

待测液中铵的质量浓度＝标准曲线上求得的组成量度×未知液稀释倍数

五、思考题

1. 奈氏试剂比色法测定铵的含量时，必须注意哪些条件？

2. 显色剂的用量过多或过少对实验结果有无影响？

3. 何谓参比溶液？它有何作用？本实验能否采用去离子水作参比溶液？

4. 检流计标尺上所刻的吸光度 A 和透光度 T 之间的关系如何？分光光度法测定时一般读取吸光度值，该值在标尺上取什么范围？为什么？如何控制被测溶液的吸光度值为 0.2～0.7？

实验 44　溶液 pH 的测定(直接电位法)

一、实验目的

了解电位法测定溶液 pH 的原理和方法。

二、实验原理

溶液 pH 的测量，一般是用玻璃电极作指示电极，饱和甘汞电极作参比电极，组成一个原电池，在一定条件下测量电池的电动势，根据电池电动势与溶液中 H^+ 浓度存在的直线关系，计算被测溶液的 pH。

$$\varepsilon = K + 0.0592\text{pH(试)}\ (25℃)$$

测得电动势 ε 就可以计算 pH，但因式中的 K 包含难以求得的不对称电位和液接电位，因此在实际工作中，用酸度计测 pH 时，必须先用与试液 pH 相近的标准缓冲溶液加以校正。此操作叫作“定位”。

在定位时，应选用与待测试液的 pH 相近的标准缓冲溶液来校正酸度计，这样可以减小误差。附录五列举的是 6 种标准缓冲溶液在 0～90℃下 的 pH，仅供参考。

使用校正后的酸度计，可直接测定溶液的pH。

三、仪器和试剂

1. 仪器

PHS-2型酸度计(或其他型号的精密酸度计)1台、221型玻璃电极1支、222型饱和甘汞电极1支。

2. 试剂

(1)pH=4.00(20℃)的0.05 mol/L邻苯二甲酸氢钾溶液。称取在(115±5)℃下烘干2～3 h的$KHC_8H_4O_4$(A.R)10.12 g，溶于不含CO_2的去离子水中，在容量瓶中稀释至1 000 mL，混匀。

(2)pH=6.88(20℃)的0.025 mol/L磷酸二氢钾和磷酸氢二钠溶液。称取在(115±5)℃下烘干2～3 h，经冷却的KH_2PO_4(A.R)3.39 g和Na_2HPO_4(A.R)3.53 g，溶于不含CO_2的去离子水中，在容量瓶中稀释至1 000 mL，混匀。

(3)pH=9.23(20℃)的0.01 mol/L四硼酸钠溶液。称取3.81 g $Na_2B_4O_7 \cdot 10H_2O$(A.R)(硼砂不能烘烤)，溶于不含CO_2的去离子水中，在容量瓶中稀释至1 000 mL，混匀。

四、实验内容

1. 土壤酸度的测定

(1)称取经2 mm筛孔筛过的风干土样5 g，置于50 mL烧杯中，用量筒加入25 mL去离子水，间歇搅拌15 min并静置15 min(或放在电磁搅拌器上搅动1 min，静置30 min)，即制得1∶5的土壤悬浊液供测量用。

(2)按照PHS-2型酸度计的使用方法，进行仪器准备和操作。

(3)将电极和烧杯用水洗涤后，用相应标准缓冲溶液淋洗1～2次。

(4)用标准缓冲溶液校正仪器。如果是酸性土壤，可用pH=4.00的标准缓冲溶液校正；如果是中性或石灰性土壤，则用pH=6.88的标准缓冲溶液校正。

测量土壤悬浊液的pH，先用蒸馏水冲洗电极，用滤纸吸取残留水分，然后将两电极浸入待测的土壤悬浊液中，轻轻摇动烧杯2～3 min，使土壤悬浊液和电极密切接触，稍停，待测定平衡后，按下读数开关，从电表上读出试液的pH。

2. 测量水样(自来水及去离子水)的pH

按PHS-2型酸度计测量pH的操作方法进行测量。测量完毕，将电极和烧杯洗净，按要求妥善保存。

五、思考题

1. 试述电位法测定溶液pH的原理。

2. 为什么在测量之前要用标准溶液“定位”？进行定位时须注意哪些问题？

3. 使用和安装玻璃电极时应注意什么问题？

【注意事项】

1. 使用玻璃电极前要用蒸馏水浸泡24 h。使用时注意保护好玻璃膜球，勿使之损坏。

2. 使用饱和甘汞电极前，要检查内充液(饱和KCl溶液)是否添加好。使用后，要从溶液中取出存放，不要长时间浸在溶液中，以免饱和KCl溶液浓度改变。

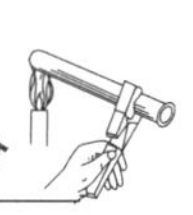

附:几种电化学分析仪器的使用

一、pH-25 型酸度计

1. 工作原理

pH-25 型酸度计的基本工作原理如图 4-30 所示。

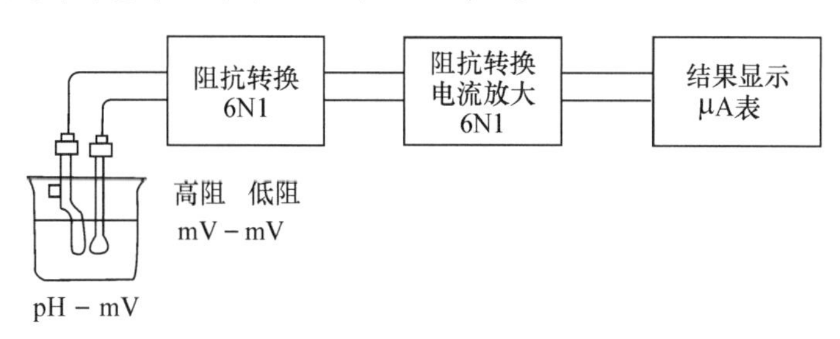

图 4-30　pH-25 型酸度计的工作原理

该酸度计精度为 0.1,采用一只 6N1 管作为阻抗转换器,它把数百兆欧姆的高阻抗输入电压,转变为较低内阻的输出电压,这一电压再由另一只 6N1 管转变为电流,并放大后推动微安表工作,在微安表上可相应地读出 pH 或毫伏(mV)值。

2. 仪器的调节器

pH-25 型酸度计的外形如图 4-31 所示。

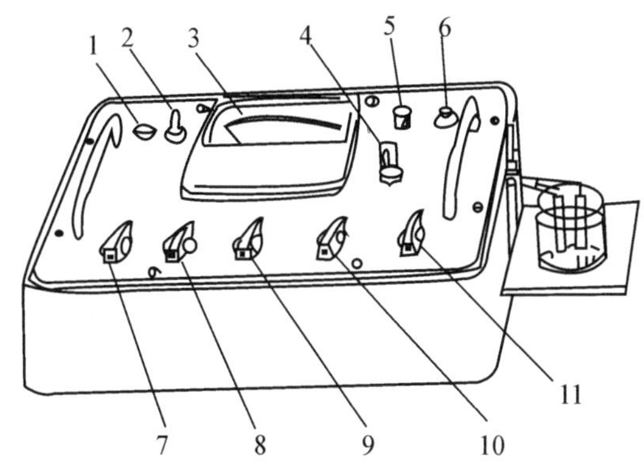

1. 指示灯　2. 电源开关　3. 电表　4. 读数开关　5. 参比电极接线柱　6. 玻璃电极插孔
7. 定位调节器　8. 温度补偿器　9. pH-mV 开关　10. 量程选择开关　11. 零点调节器

图 4-31　pH-25 型酸度计的外形

(1)指示灯及电源开关。打开电源开关仪器就处于工作状态,指示灯亮。

(2)读数电表。刻有 pH“7-0”和“7-14”两行刻度线,刻度读数精度为每小格相当于 0.1 pH 单位。当 pH-mV 开关拨至“＋mV”或“－mV”位置时,电表读数为毫伏值,每小格为10 mV。两种刻度线配合量程选择开关,任意选择其中一种。读数电表上还备有一调节螺丝,用于电表的机械调零。

(3)零点调节器。它是在接通电源后,尚未连通被测电池时进行调零点的装置。测量 pH 时,应调至电表指针在 pH 为“7”的位置;测量毫伏值时,应调至指针在 mV 为“0”位置。

(4)参比电极接线柱。它是甘汞电极或电池正极接入的接线柱。

(5)玻璃电极插孔。它是玻璃电极或电池负极接入的接线孔。

(6)读数开关。按下此开关后,稍许旋转即可停住(不需用手指连续按着),此时电极与仪器连通,可读数。进行定位或测量时,都应按下此开关,但当校正零点时,则应放开此开关。

(7)定位调节器。在按下读数开关时,调节定位器,以补偿玻璃电极的不对称电位和接触电位。

(8)温度补偿器。用以补偿被测溶液的温度影响。旋钮转动不要过分用力,以免变更固定螺丝的位置,影响准确度。

(9)pH-mV 开关。有“pH”“-mV”及“+mV”三挡。当测量 pH 时,应拨至“pH”位置;当测量电池电动势时,应拨至“-mV”挡或“+mV”挡的位置。

(10)量程选择开关。将此开关置于“0”挡时,读数电表短路;拨至“7-0”挡时,用于测量 pH 为 0~7 的溶液;拨至“7-14”挡时,用于测量 pH 为 7~14 的溶液。

另外,在仪器的背盖板面内附有“零点粗调节器”“mV 准确度调节器”“+mV 调节器”“-mV 调节器”及“工作电调节器”等内调节器,它们有各自的功能,在仪器出厂前均已调整好,不属于使用性调节器,非必要时不应轻易调动。若有必要调动,应按仪器使用说明书进行调动。

本仪器所配套的电极为 221 型玻璃电极和 222 型甘汞电极。

3.使用方法

(1)校正

①检查读数电表,此时指针应指在零点(即 pH 为 7),否则调节电表上的调节螺丝使指针指“0”。

②接好地线,插上电源。仪器的接地很重要,如果接地不好,在测量时,会引起指针不稳定。

③将甘汞电极和在蒸馏水中浸泡 24 h 以上的玻璃电极安装好,将甘汞电极下端管口上的橡胶帽和加液孔上的橡胶帽取下(必要时添加 KCl 溶液)。

④打开电源开关,指示灯亮,预热 5 min。预热时应将量程选择开关拨至“7-0”挡或“7-14”挡。

⑤将 pH-mV 开关转至“pH”挡,将两电极浸入标准缓冲溶液中,轻轻摇动烧杯数次。

⑥将温度补偿器调至与溶液温度一致。

⑦根据所用标准缓冲溶液的 pH,将量程选择开关转至“7-0”挡或“7-14”挡。

⑧调节零点调节器,使指针指在 pH 为“7”的位置上。

⑨按下读数开关并稍许转动,使之固定,然后调节定位调节器,使电表上的指针恰好指在标准缓冲溶液的 pH 的位置。

⑩反向转动读数开关并放开,使指针回到 pH 为“7”处。若有变动,则再用零点调节器调至指针在 pH 为“7”处。重复第⑨、⑩两项操作,再次核对至符合为止。

⑪校正后不得再旋转定位调节器,否则应重新校正。一般在 1 d 内不必再校正。

⑫升起电极并取出盛标准缓冲溶液的烧杯,用蒸馏水洗净电极,再用滤纸吸干附在电极上的水。

(2)测量 pH

①将电极浸入待测溶液中,轻轻摇动烧杯数次,使之均匀。

②用温度计测量待测溶液的温度,并调节温度补偿器至待测溶液的温度值。

③检查指针是否在 pH 为“7”处,否则,用零点调节器重新调至指针恰好指在 pH 为“7”处。

④按下读数开关,指针所指的 pH 即为待测溶液的 pH。读数完毕,应放开读数开关。

⑤测定完毕后,将量程选择开关拨至“0”位置,关闭电源开关,取下并清洗电极。

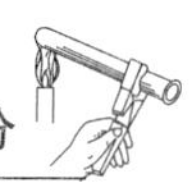

⑥将玻璃电极浸泡在蒸馏水中保存，甘汞电极上的两个橡胶帽应套好，并放入盒中保存。

二、pHS-2 型酸度计

pHS-2 型酸度计的精度较高，为±0.02 pH/3 pH、±2 mV/200 mV，性能稳定，因而使用比较广泛。

1. 工作原理

pHS-2 型酸度计是全晶体管结构，采用参量振荡放大电路，其基本构造如图 4-32 所示。

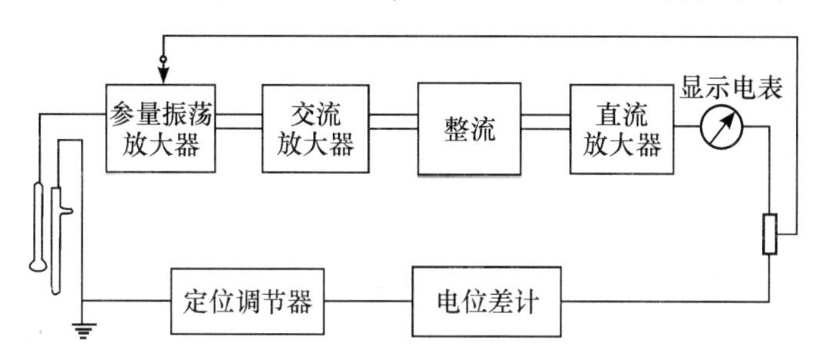

图 4-32　pHS-2 型酸度计的基本构造

将待测的直流信号经参量振荡放大器转变为交流信号，经交流信号放大器放大后，由二极管整流恢复为直流信号，再经过直流放大器放大输送至电表及负反馈电位器。试液的 pH 由电表直接指示出来。仪表还设有定位调节器和电位差计，前者用于补偿电极的不对称电位和接触电位；后者以一个标准电势抵消输入电势，使量程扩展为表头满度，指示间隔为 2 pH 单位。

此仪器也可用于测量指示电极的电极电位。

2. 仪器的调节器

pHS-2 型酸度计的面板如图 4-33 所示。

各个调节器的功能和作用与 pH-25 型酸度计大体相同，对其中较特殊之处叙述如下。

(1)读数电表。刻度线的上行为 pH，自左至右为 0～2，共 100 小格，每格为 0.02 pH 单位；下行为毫伏值，自左至右为－200～0 mV，共 100 格，每格为 2 mV。它的读数仅为量程选择及校正开关所抵消后的 pH 或毫伏值。

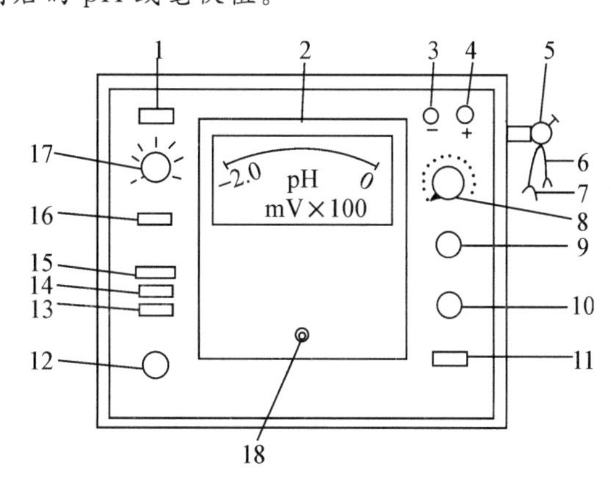

1. 指示灯　2. 读数电表　3. 甘汞电极接线柱　4. 玻璃电极插孔　5. 电极夹固紧螺钉　6. 玻璃电极夹　7. 甘汞电极夹　8. 量程选择及校正开关　9. 校正旋钮　10. 定位旋钮　11. 读数开关　12. 零点调节螺丝　13. －mV 按键　14. ＋mV 按键　15. pH 按键　16. 电源开关　17. 温度补偿旋钮　18. 电表调零螺丝

图 4-33　pHS-2 型酸度计的外面板和调节器

(2)量程选择及校正开关。它共分8挡,“校正”挡表示接通仪器内的标准电压,配合使用校正旋钮用来校正标准电压。只有在标准电压校正好后,量程选择开关所在位置的读数才是正确的。其余7挡分别为:“0”“2”“4”“6”“8”“10”及“12”。这些数值为仪器内所抵消的pH,或所抵消的“×100 mV”值。此项数值与读数电表的读数之和为测量结果。

(3)校正旋钮。它是用来校正仪器内标准电压的调节旋钮,只有当量程选择及校正开关置于“校正”位置时,才起作用。

(4)电源开关。按下此键时电源被切断,弹起时电源接通。此按键作为接通交流电源的开关,是与“－mV”按键、“＋mV”按键及pH按键联动的琴键开关。

仪器配套的电极为231型玻璃电极和232型甘汞电极。

3.使用方法

(1)pH的测量

①将电极夹子夹在电极杆上,夹上玻璃电极,其电极插头插入玻璃电极插孔内,将小螺丝拧紧。甘汞电极夹在夹子上,其电极引线接在甘汞电极接线柱上。若要测量溶液温度,可将温度计夹在甘汞电极同一边的小夹子上,玻璃电极应安装得比甘汞电极下部陶瓷芯端稍高一些,以免碰坏。插上电源,按下电源开关,接好地线。再按下pH按键,此时电源开关弹起,电源接通,指示灯亮。预热15～30 min。

②调节温度补偿旋钮至标准缓冲溶液的温度值。将量程选择及校正开关旋至“6”处,调节零点调节旋钮,使指针指在pH为“1”的刻度线上。将量程选择及校正开关旋至“校正”位置,调节校正旋钮,使指针在满刻度(即pH为“2”或mV为“0”处)线上。重复操作,每次操作应保持指针稳定30 s后,再进行下一步的调节。如此调节,至校正好为止。将量程选择及校正开关旋至“6”位置。

③在烧杯中倒入标准缓冲溶液,将电极浸入,并轻轻摇动烧杯数次。按下读数开关,调节定位旋钮,使指针在标准缓冲溶液的pH的数值(表头上的读数加上量程选择开关所示的读数之和,正好等于标准缓冲溶液的pH)处。轻轻摇动烧杯,使指针稳定地指在所需数值为止,放开读数开关。至此完成校正和定位工作,不得再转动定位旋钮,否则应重新进行校正和定位。

④升起电极,取出盛标准缓冲溶液的烧杯,用蒸馏水吹洗电极,用滤纸吸干电极表面水分。将电极放入盛有未知溶液的烧杯中,使之浸入溶液,轻轻摇动数次。按下读数开关,调节量程选择及校正开关,使电表指针指在刻度线范围内,待指针稳定后,记下读数。

当未知溶液温度与定位的标准缓冲溶液温度不同时,则须调节温度后重新进行校正,再测量。但定位操作无须重复进行。

测量完毕后,按下电源键,切断电源,取下电极并吹洗。将甘汞电极擦干,套上橡胶套,放回盒中,而玻璃电极应保存在蒸馏水中。拔出电源插头。

(2)＋mV的测量

①插上电源插头,按下“＋mV”键,将量程选择开关及校正开关旋至“0”处,调节零点调节钮,使指针指在pH为“1”处。预热15～30 min。

②将量程选择及校正开关旋至“校正”位置,调节校正旋钮,使指针在表头右边满刻度“2”处。将量程选择及校正开关旋至“0”位置。重复上述校正操作,直到仪器稳定为止。

③用“＋mV”挡测量时，玻璃电极插孔应接到待测电池的负极，甘汞电池的接线接到电池的正极。将电极吹洗、擦干，插入溶液后，按下读数开关，调节量程选择及校正开关，使电表指针指在刻度线范围内，待指针稳定后，记录读数，放开读数开关。电表读数乘以 100 加上量程选择及校正开关的示值乘以 100 即为电动势 mV 值。

(3)－mV 的测量

①按下“－mV”键，校正方法同＋mV 值测量。不同的是，当量程选择及校正开关旋至“校正”位置时，应使指针指在左边“－2”处的满刻度。

②测量时，玻璃电极插孔应接电池的正极，甘汞电极应接电池的负极。余下操作同＋mV值测量。

三、ZD-2 型自动电位滴定仪

1. 工作原理

ZD-2 型自动电位滴定仪由 ZD-2 型电位滴定计和 ZD-1 型滴定装置配套组成，前者可以单独作酸度计或毫伏计使用。当两种装置配套组成进行滴定时，首先需要确定滴定的终点电位，然后在滴定计上预设终点，用电位信号控制滴定剂流速；离滴定终点较远时，滴定剂流速较快；接近滴定终点时，滴定剂流速较慢。当电极电位与预先设定的终点电位差为零或极性相反时，自动停止滴定，从滴定管上读出滴定剂的消耗量。

ZD-2 型自动电位滴定计和 ZD-1 型滴定装置配套使用时的工作原理如图 4-34 所示。当进行滴定时，被测溶液中离子浓度发生变化，浸在溶液中的一对电极两端的电位差即发生变化。这个渐变的电位经调制放大器放大后送入取样回路，在其中，电极系统所测得的直流信号 e 与按照滴定终点预先设定的电位相比较，其差值进入 e-t 转换器(电位-时间转换器)。e-t 转换器是一个脉冲电压发生器，可将该差值成比例地转换成短路脉冲，使电磁阀吸通。当距终点较远时，由于 e 和终点电位差值大，电磁阀吸通时间长，滴液速度快；当接近终点时，差值逐渐减小，电磁阀吸通时间短，滴液流速减慢。仪器内还设有防止到达终点时出现过漏现象的电子延迟电路，以提高滴定分析的准确性。

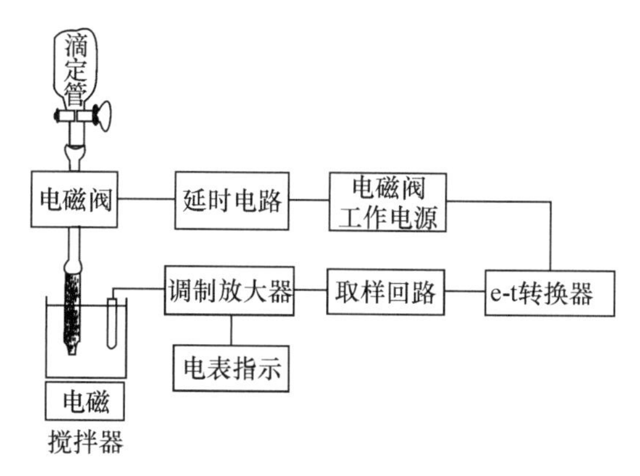

图 4-34　ZD-2 型电位滴定计和 DZ-1 型滴定装置配套使用时的工作原理

2. ZD-2 型电位滴定计

ZD-2 型电位滴定计的外面板如图 4-35 所示。本仪器可以单独作为酸度计或毫伏计使用，故这里仅介绍比一般酸度计多增设的几个调节装置。

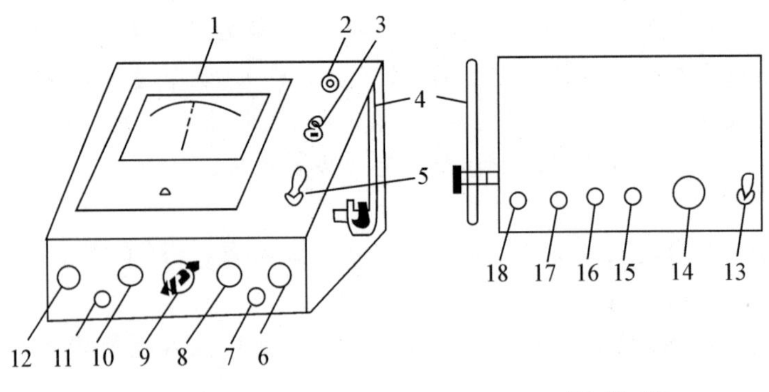

(a)正面板　　　　　　　　(b)背面板

1.指示电表　2.指示电极插孔(－)　3.甘汞电极插孔(＋)　4.电极杆
5.读数开关　6.校正旋钮　7.电源指示灯　8.温度补偿调节旋钮　9.选择开关
10.预定终点调节旋钮　11.滴定选择开关　12.预控制调节旋钮　13.电源开关　14.三芯电源插座
15.暗调节器　16.输出电压(记录器信号电压)调节旋钮　17.记录器插座　18.配套插座

图 4-35　ZD-2 型电位滴定计的外面板及调节器

(1)选择开关。共分 5 挡,“mV 测量”和“pH 测量”挡为单独测量使用;“终点”挡为调节预定终点电位(或终点 pH)时使用;“pH 滴定”和“mV 滴定”挡分别为进行中和滴定和沉淀滴定、氧化还原滴定时使用。

(2)预定终点调节旋钮。进行电位滴定时,用该旋钮来调节电表读数指到滴定终点的 mV 值或 pH。当电极信号达到预定终点数值时,滴定便自动停止。故在实验中,一旦调节好后,不必再旋动此旋钮。只有当选择开关置于“终点”时,这个旋钮才能驱动电表读出预定的终点 mV 值(或 pH)。

(3)预控制调节旋钮。它是控制滴定速度的调节装置,可在 100～300 mV 或 pH 1～3 范围内任意调节。预控制指数小,滴定速度快,能节省时间,但容易产生过滴定;预控制指数大,滴定速度慢,时间长,但能保证准确性。

(4)滴定选择开关。它有“＋”“－”两挡,是用来选择极性的。

(5)配套插座。它是专用于电位滴定的接线插座。连接方法是:将附件双头连接导线一端插入此插座,另一头插在 DZ-1 型滴定装置的配套插座上。若单独用酸度计或毫伏计,此插座无用。

(6)暗调节器。它是在仪器制造过程中,调试时使用的调节器,仪器出厂前已调好,使用仪器时绝对不允许随意调动,否则会损坏仪器的准确度。一旦调动后,在没有专门调试设备的条件下,很难复原。

3. DZ-1 型滴定装置

DZ-1 型滴定装置的外面板如图 4-36 所示。

(1)滴定开始开关。它是控制电磁控制阀的开关器。进行自动滴定时,将工作开关置于“滴定”位置,按下此开关约 2 s 即开始滴定,放开时就停止滴定。

(2)工作开关。此开关分为“滴定”“控制”和“手动”3 挡,用来选择工作状态。“滴定”挡用于自动滴定,“手动”挡用于人工滴定,“控制”挡为溶液滴定至预定的 pH 或 mV 值时用。

(3)终点指示灯。它是指示剂滴定工作是否正在进行的信号灯,滴定至终点时就熄灭。但将工作开关拨至“控制”挡时,虽然达到所预定的 pH 或 mV 值,此指示灯仍不熄灭。

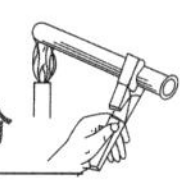

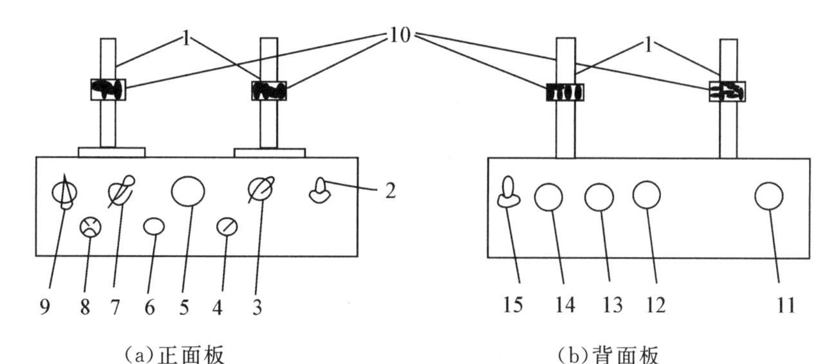

(a)正面板　　　　　　　　　　(b)背面板

1. 支架杆　2. 滴定开始开关　3. 工作开关　4. 终点指示灯
5. 转速调节旋钮　6. 滴定指示灯　7. 电磁阀选择开关　8. 搅拌指示灯　9. 搅拌开关
10. 电磁控制阀　11. 记录器插座　12、13. 电磁控制插座　14. 三芯电源插座　15. 电源开关

图 4-36　DZ-1 型滴定装置的外面板

(4)转速调节器。用来调节电磁搅拌器的转速。

(5)滴定指示灯。在按滴定开始开关后发亮，随着滴定液的滴下与否而时亮时暗，表示电磁控制阀的开通与关闭。

(6)电磁阀选择开关。有两挡，拨至“1”时，左边的电磁阀工作；拨至“2”时，右边的电磁阀工作。

(7)电磁控制阀。它是由电磁铁及弹簧片组成的控制阀门。当电磁铁线圈的电源接通后，夹在其中的橡胶管被放松，溶液顺利通过，进行滴定。无信号时，电磁铁线圈的电源断路，橡胶管被夹紧，停止滴定。

4. 使用方法

(1)手动滴定

①根据不同化学反应选择不同电极。氧化还原反应采用铂电极和甘汞电极；中和反应可采用玻璃电极和甘汞电极；银盐与卤素反应，则可采用银电极和双液接甘汞电极。

②将指示电极夹在电极夹右边的夹口内，参比溶液夹在电极夹左边的夹口内。

③将电极夹固定在支架上，位于电磁控制阀的下面。滴定管由滴定管夹夹住后固定在支杆上，位于电磁控制阀的上面。

④将橡胶管穿过电磁控制阀中弹簧片与电磁铁之间的空隙，其上端套在滴定管下口上，下端与滴液管(玻璃毛细管)连接，将滴液管夹在右边的小夹口内。滴液管下口插入溶液中后，应调节到比指示电极的敏感部位中心略高的位置，使滴液滴出时可顺着搅拌的方向首先接触指示电极，以提高滴定精度。

⑤将搅拌磁芯放入盛试液(准确吸取)的烧杯中。将烧杯放在搅拌器盘上，并将电极浸入。

⑥将工作开关拨至“手动”位置。

⑦用双头连接插，将 ZD-2 型电位滴定计与 DZ-1 型滴定装置连接。

⑧操作前，将两台仪器的电源开关和搅拌开关指在“关”的位置，放开读数开关。

⑨开启 DZ-1 型滴定装置的电源开关及搅拌开关，指示灯亮。调节转速调节器，使搅拌从慢逐渐加快至适当的转速。

⑩使用左边电磁阀滴定时，将电磁阀选择开关拨至“1”；使用右边电磁阀滴定时，则拨至“2”。

⑪开启 ZD-2 型电位滴定计的电源开关，预热 20 min 左右。

⑫按下读数开关，旋动校正旋钮，使指针指在 pH 为“7”位置或左边零点或右边零点位置。放开读数开关，指针应无位移，否则应再作调节，此后切勿再旋动校正旋钮。

⑬按下 DZ-1 型滴定装置的滴定开始开关，终点指示灯和滴定指示灯亮，此时滴液滴下。控制滴液滴下的速度，当达到需要加入的量时，放开滴定开始开关，滴定停止。

(2)自动滴定

①～⑤的操作同手动滴定。

⑥根据滴定的具体情况将预控制调节旋钮旋至适当位置。

⑦根据滴定剂的性质及电极的连接位置，调节滴定选择开关。设指示电极插孔为“－”，参比电极为“＋”，可参考表 4-23 选择滴定选择开关的位置。

表 4-23　滴定选择开关位置的确定

标准溶液	指示电极的接法	滴定选择开关的位置
氧化剂	Pt 电极接“－”；甘汞电极或 W 电极接“＋”	“＋”
还原剂	Pt 电极接“－”；甘汞电极或 W 电极接“＋”	“－”
酸	玻璃电极或 Sb 电极接“－”；甘汞电极或 W 电极接“＋”	“＋”
碱	玻璃电极或 Sb 电极接“－”；甘汞电极或 W 电极接“＋”	“－”
银盐	Ag 电极接“－”；甘汞电极或 W 电极接“＋”	“＋”
卤化物	Ag 电极接“－”；甘汞电极或 W 电极接“＋”	“－”

⑧将工作开关拨至“滴定”位置，用双头连接插将 ZD-2 型电位滴定计和 ZD-1 型滴定装置连接。

⑨接下来的操作同手动滴定操作的⑨～⑫。

⑩将选择开关旋至“终点”处，旋动预定终点调节旋钮，使电表指针指在终点的 pH 或 mV 值上，此后切勿再旋动预定终点调节旋钮。然后，再将选择开关拨至“pH 滴定”或“mV 滴定”位置。

⑪按住 DZ-1 型滴定装置上的滴定开始开关 2～5 s 后放开，此时终点指示灯亮，滴定指示灯亦亮，并随着滴定时亮时暗。滴液快速滴下，电表指针向终点逐渐接近。当电表指针达到预定终点的 pH 或 mV 值时，终点指示灯熄灭，滴定完成。

⑫做好结束工作。

实验 45　分析方案设计

学完分析化学之后，学生应具备分析方案设计的能力。分析方案的设计是把所学过的各种方法、基本操作技术和基础理论知识运用到实际工作中去的重要环节，它能培养学生分析问题和解决问题的能力。

分析方案的设计要十分具体，首先根据被测成分的性质及含量，杂质的性质及含量，以及对分析准确度的要求和实际条件来确定分析方法。然后写出该方法的原理、所用试剂与仪器、取样量多少、样品溶液的制备、具体分析步骤、数据的处理及分析结果的计算、误差分析等。分析方案写好后，经指导教师审阅并认为可行时，方可进行实验。

在设计方案时，可以打破各种分析方法的界限。对于某一项分析任务，可以采用经典的

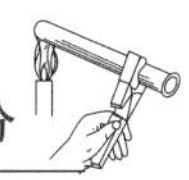

方法来完成，也可以采用其他方法来完成，还可以采用几种方法配合来完成。

一、分析方案设计示例

在含有 Fe^{3+}、Ca^{2+}、Cl^- 的混合溶液中，测定 Ca^{2+}、Cl^- 的含量(g/100 mL)(Ca^{2+}、Cl^- 为大量成分，Fe^{3+} 含量少)。

1. Ca^{2+} 的测定

测定 Ca^{2+} 的方法有多种，有质量法、配位滴定法、氧化还原滴定法、比浊法、离子选择性电极法等。考虑到被测成分的含量和 Fe^{3+} 的存在，又考虑到简便快速等因素，这里选择配位滴定法测定 Ca^{2+}。

[原理]

Ca^{2+} 与 EDTA 生成稳定的配合物，$K'_{CaY^{2-}}=10^{10.7}>10^8$，可以在 pH>12 条件下，用钙指示剂作指示剂，以 EDTA 标准溶液滴定 Ca^{2+}，滴定到溶液从酒红色变为蓝色为终点。滴定反应如下：

终点前　Ca^{2+} + 钙指示剂 = Ca-钙指示剂(酒红色)

$$Ca^{2+}+H_2Y^{2-}=CaY^{2-}+2H^+$$

终点时　Ca-钙指示剂(酒红色) + H_2Y^{2-} = CaY^{2-} + 钙指示剂(蓝色) + $2H^+$

Ca^{2+} 与 EDTA 的配位比为 1∶1，$Na_2H_2Y \cdot 2H_2O$ 为 EDTA 的基本单元，Ca^{2+} 为钙的基本单元。等量点时，$n(EDTA)=n(Ca^{2+})$。Fe^{3+} 的存在对滴定有干扰，所以需要三乙醇胺掩蔽之。当试液调至碱性时，有浑浊现象出现，可能有 $CaCO_3$ 沉淀，此时应把试液调至酸性(使刚果红试纸变蓝)，摇动 2 min，赶尽 CO_2 后再调至 pH>12。

[试剂]

(1)0.02 mol/L 乙二胺四乙酸二钠溶液：称取 2 g 乙二胺四乙酸二钠盐($Na_2H_2Y \cdot 2H_2O$)于 250 mL 烧杯中，用蒸馏水(不含 CO_2)溶解后稀释至 250 mL。

(2)10%NaOH：用 50%NaOH 稀释而成。

(3)钙指示剂(NN)：指示剂与 NaCl 质量比为 1∶100，混合磨细后于干燥器中保存。

(4)三乙醇胺：1 份三乙醇胺与 1 份水混合制成。

(5)金属锌或 $CaCO_3$ 基准试剂。

[步骤]

(1)0.02 mol/L EDTA 溶液的标定。以金属锌或 $CaCO_3$ 为基准物标定 EDTA 的具体步骤参照实验 41 氯化物中氯含量的测定。

(2)Ca^{2+} 的测定。具体步骤参照实验 41 氯化物中氯含量的测定。

[计算]

$$\rho(Ca)(g/100\ mL)=\frac{c(EDTA)V(EDTA)\times\frac{M(Ca)}{1\,000}}{V}\times 100$$

$$[M(Ca)=40.08\ g/mol]$$

式中：V 为试液体积。

2. Cl^- 的测定

测定 Cl^- 的方法也很多，有莫尔法、佛尔哈德法、法扬司法、比浊法和离子选择性电极法等。考虑到 Cl^- 的含量和 Fe^{3+} 的存在，选莫尔法较方便(佛尔哈德法要求 Fe^{3+} 的含量不能大于 0.013 mol/L)。

［原理］

在中性或弱碱性溶液中(pH 6.5～10.5),以 K_2CrO_4 为指示剂,用 $AgNO_3$ 标准溶液滴定 Cl^-。由于 AgCl 定量沉淀后,过量一滴 $AgNO_3$ 溶液立即与 CrO_4^{2-} 生成砖红色沉淀,指示终点到达。反应如下:

终点前　$Ag^+ + Cl^- = AgCl\downarrow$(白)($K_{sp}^{\ominus} = 1.8\times10^{10}$)

终点时　$2Ag^+ + CrO_4^{2} = Ag_2CrO_4\downarrow$(砖红)($K_{sp}^{\ominus} = 2.0\times10^{12}$)

试液中若有 Fe^{3+},在中性或弱碱性条件下生成红棕色沉淀,对终点观察有影响,所以须先除去或掩蔽起来。

［试剂］

(1)0.1 mol/L $AgNO_3$ 标准溶液的配制和标定。用 A.R 试剂可用直接法配制;用不纯的试剂须用间接法配制,然后用 NaCl 的基准物标定。方法见实验 40 胆矾中铜含量的测定。

(2)5% K_2CrO_4 溶液。

［步骤］

(1)$AgNO_3$ 溶液的标定。见实验 40 胆矾中铜含量的测定。

(2)Cl^- 的测定。用移液管吸取 25.00 mL 试液于锥形瓶中,加入 25 mL 蒸馏水,加入 1 mL 5% K_2CrO_4 和 2 mL 三乙醇胺,在不断摇动下,用 $AgNO_3$ 标准溶液滴定至砖红色沉淀出现,即为终点。记录 $AgNO_3$ 溶液消耗的体积,重复测定 3 次。

［计算］

$$\rho(\mathrm{Cl})(\mathrm{g/100\ mL}) = \frac{c(\mathrm{AgNO_3})V(\mathrm{AgNO_3})\times\frac{M(\mathrm{Cl})}{1\,000}}{25.00}\times100$$

$$[M(\mathrm{Cl}) = 35.45\ \mathrm{g/mol}]$$

二、部分分析方案设计题

1. NaOH、Na_3PO_4 混合液中,各组分含量的测定(g/L)。
2. HCl、H_3PO_4 混合液中,各组分含量的测定(g/L)。
3. H_2SO_4、H_3PO_4 混合液中,各组分含量的测定(g/L)。
4. HCl、NH_4Cl 混合液中,各组分含量的测定(g/L)。
5. KCl、NH_4Cl 混合液中,K、N 含量的测定(g/L)。
6. Zn^{2+} 和 Ca^{2+} 混合液中,各组分含量的测定(g/L)。
7. Fe^{3+}、Al^{3+} 混合液中,各组分含量的测定(g/L)。
8. 土壤中 Na_2CO_3 和 $NaHCO_3$ 的测定(%)。
9. 土壤中腐殖质的测定(%)。
10. 果品中有机酸的测定(%)。
11. 果蔬中维生素 C 的测定(%)。
12. 水中还原性物质总含量的测定。
13. $CaCO_3$ 和 $CaCl_2$ 混合试样中,$CaCO_3$ 和 $CaCl_2$ 质量分数的测定(%)。
14. Na_2CO_3 和 NaOH 混合碱的测定(g/L)。
15. 饲料中钙、磷和有机态氮的测定(%)。

附:滴定分析操作要求

表 4-24　滴定分析基本操作考核要求细则

考查项目	正确操作	错误操作	分数	正误判断
容量瓶、滴定管、移液管的洗涤	1. 容量瓶、滴定管查漏 2. 用自来水冲洗,用皂液、洗涤剂洗 3. 有油污用铬酸洗液洗 4. 自来水冲洗管壁至不挂水珠 5. 蒸馏水润洗内壁 2～3 次 6. 蒸馏水润洗每次用量 7～8 mL	未查漏 用去污粉洗涤滴定管、滴定管刷铁丝磨损管壁 洗液未布满全管、洗后洗液未放回原瓶 仍挂水珠 未润洗或只润洗 1 次 用量多于 8 mL		
滴定管装滴定剂	1. 滴定剂润洗 2～3 次 2. 每次润洗溶液用量 7～8 mL 3. 滴定剂直接由试剂瓶装入滴定管 4. 赶尽气泡 5. 调液面至刻度“0”处或略低	未润洗或只润洗 1 次 用量多于 8 mL 转入其他容器再装入滴定管 未赶气泡或气泡未赶尽 高于“0”或低于“0” 超过 1 mL 或滴定前未调至刻度“0”处		
定容(容量瓶的使用)	1. 移入容量瓶操作正确 2. 定容操作正确 3. 摇匀操作正确	倒完时烧杯未沿玻璃棒上滑,直接立起漂洗烧杯时拿法不对 定容时溶液温度未冷至室温 冲过标线或视线未水平 摇匀时拿法不对,摇动次数不够		
移液管操作	1. 润洗前内吹尽外擦干 2. 润洗 2～3 次 3. 洗耳球吸液操作正确 4. 准确放液至刻度处 5. 半滴处理 6. 放液操作正确	润洗前未吹尽擦干 未润洗或只润洗 1 次,左手执管、空吸、反复吸放操作试液、食指沾水、大拇指按管口、不会慢慢放液、未与刻度处平视、半滴未处理 移液管悬空或不垂直或放完时未停顿 15 s		
滴定操作	1. 初读数正确,管尖半滴处理正确 2. 活塞操作正确 3. 摇动操作正确 4. 能根据滴定时溶液颜色变化和反应特点掌握滴定速度 5. 终读数准确并及时记录	管倾斜读数或未平视刻度或半滴未处理 活塞操作不正确或漏液 直线摇动或管尖端碰瓶口或管尖离瓶口 2 cm 以上 不能根据具体反应掌握滴定速度 滴定过程中形成气泡,未等 2 min 就读刻度。视线不水平或未及时记录		
滴定终点判断	1. 指示剂选用正确 2. 指示剂用量恰当 3. 滴定终点时能一滴一滴或半滴半滴滴定 4. 滴定突跃明显,判断正确 5. 半滴处理正确	指示剂选用错误 用量太少或太多 滴定速度控制不好 滴定终点判断不准 半滴处理不正确		

第5篇　仪器分析部分

实验46　电位滴定法测定苯甲酸的含量

一、实验目的

1. 掌握电位滴定的原理和方法。

2. 学习使用电位滴定仪，了解组合玻璃电极。

二、实验原理

苯甲酸为无色、无味片状晶体，微溶于水，易溶于乙醇、乙醚等有机溶剂。苯甲酸及其钠盐可用作乳胶、牙膏、果酱或其他食品的抑菌剂，也可作染色和印色的媒染剂。苯甲酸是弱酸，电离常数 $K_a = 6.2\times10^{-5}$，可用 NaOH 标准溶液直接滴定，其反应式为：

$$C_6H_5COOH + NaOH \longrightarrow C_6H_5COONa + H_2O$$

电位滴定是指在滴定溶液中插入指示电极和参比电极，利用滴定过程中电极电位的突跃来指示终点的滴定法。在酸碱滴定时，用 pH 玻璃电极作指示电极，并与一个参比电极组成电池：

玻璃电极|测定试液‖饱和甘汞电极

在滴定过程中记录 φ 值与滴定液的体积(mL)，得到滴定曲线，曲线的斜率变化最大处即滴定终点。为了提高精度，可以将 $\Delta\varphi/\Delta V$（一级微分）对加入滴定剂体积(V)作图，滴定终点就更易确定。有时还将 $\Delta^2\varphi/(\Delta V)^2$（二级微分）对加入滴定剂体积($V$)作图，$\Delta^2\varphi/(\Delta V)^2=0$ 为终点，用它所对应的滴定剂体积来计算滴定物的含量。

DG115-SC 是一种带玻璃电极膜的复合玻璃 pH 电极，适用于直接测量 pH 和水介质中的酸或碱滴定。电极膜能够产生稳定的测量信号，它不受溶液搅拌产生的电位变化的影响。且电极膜的较大表面积使其不易被堵塞，也容易去除沉淀物。

DL28 全自动电位滴定仪依靠软件支持，可以全程控制滴定过程的操作，采集并分析所得数据，使滴定操作更快速、简便、准确、精密及自动化程度更高，使人们摆脱了烦琐的手工操作和计算。

三、仪器和试剂

1. 仪器

DL28 电位滴定仪、分析天平(AL)、复合玻璃电极(DG115-SC)。

2. 试剂

(1)苯甲酸(A. R)；

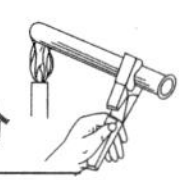

(2)邻苯二甲酸氢钾(A.R);

(3)0.1 mol/L NaOH标准溶液;

(4)中性稀乙醇溶液:取95%乙醇53 mL,加水至100 mL,加酚酞指示剂3滴,用0.1 mol/L NaOH标准溶液滴定至淡红色即得。

四、实验内容

1.滴定前准备

(1)按要求安装好滴定仪,接通电源。

(2)连接电极、搅拌器。将玻璃电极导线接到滴定仪背部上“mV/pH”端,搅拌器导线接到“Overhead Stirrer”端。

(3)装入滴定剂。向滴定剂瓶中加入0.1 mol/L NaOH溶液,使之充满。为防止NaOH与CO_2发生反应,可将一个干燥管安装在滴定剂瓶的滴定管支架上。

(4)用滴定剂冲洗滴定管,具体操作如下:①按Burette键,显现Burette(滴定管)辅助功能菜单的菜单。用箭头选择“Rinse”(冲洗)并按Start键,以开始冲洗过程。在冲洗过程中,屏幕显示“Rinse”。②重复两次冲洗过程,以确保滴定管已经完全充满并且管内已彻底冲洗。③按Reset(复位)键,回到起始屏幕。

2.滴定剂浓度(0.1 mol/L NaOH标准溶液)标定

(1)制备邻苯二甲酸氢钾基准试剂。准确称量0.2 g邻苯二甲酸氢钾(滴定仪要求0.07~0.4 g),放入一个滴定烧杯中,再加入约50 mL去离子水。将滴定烧杯装到滴定架下面,按逆时针方向旋紧。然后将pH电极、搅拌器从滴定架的2个大孔插入滴定烧杯中。按Stirrer(搅拌器)键启动搅拌,使邻苯二甲酸氢钾充分溶解。

(2)选择测定类型和滴定方法

①按Run键启动滴定仪,按F2键,在“Determination”(测定)选择测定类型“Titer”(滴定度)。

②下移光标到“Method ID”(方法标号),按数字键盘输入方法号“933”。

③按Run键或F3(执行Start)键,启动滴定。

(3)开始滴定

①用数字键输入基准物质质量,按Run键或F3(OK)键开始滴定。

在滴定过程中,按F1(Abort)键为中止试验,按F2(Graph)键查看在线滴定曲线的显示,按F3(Value)键可切换到数据显示。下列信息显示在显示屏上:

- 已滴定的体积,以mL为单位;
- 测定电位,以mV为单位;
- 测定溶液pH。

②滴定完成后,系统将自动计算出结果,按F3(OK)键返回平行测定的界面。平行测定3次。平行测定结束后,按F2(Stat.)键,查看统计结果,然后按F3(Save)键,仪器自动保存测试结果——Titer(滴定度)保存。NaOH标准溶液实际浓度按下式计算:

$$c=0.1\times t$$

式中：c 为滴定剂的实际浓度；t 为滴定剂的滴定度。

③顺时针拧下滴定杯并清洗电极和搅拌器，将电极插入电极帽(电极保护液)中。

3. 苯甲酸含量测定

(1)制备苯甲酸样品溶液。准确称量 0.26～0.28 g 苯甲酸样品，放入一个滴定烧杯中，再加入约 25 mL 中性稀乙醇。将滴定烧杯装到滴定架下面，按逆时针方向旋紧。然后将 pH 电极、搅拌器从滴定架的 2 个大孔插入滴定烧杯中。按 Stirrer (搅拌器)键启动搅拌，使苯甲酸充分溶解。

(2)选择测定类型和滴定方法

①按 Run 键启动滴定仪，按 F2 键，在"Determination"(测定)选择测定类型"Sample"(样品)。

②下移光标到"Method ID"(方法标号)，按数字键盘输入方法号"933"。

③按 Run 键或 F3 (执行 Start)键，启动滴定。

(3)开始滴定

①用数字键输入苯甲酸样品质量，按 Run 键或 F3 (OK)键开始滴定。

在滴定过程中，按 F1 (Abort)键为中止试验，按 F2 (Graph)键查看在线滴定曲线的显示，按 F3 (Value)键可切换到数据显示。下列信息显示在显示屏上：

- 已滴定的体积，以 mL 为单位；
- 测定电位，以 mV 为单位；
- 测定溶液 pH。

②滴定完成后，系统将自动计算出结果，按 F3 (OK)键返回样品平行测定的界面。平行测定 3 次。平行测定结束后，按 F2 (Stat.)键，查看统计结果，然后按 F3 (Save)键，保存测试结果。

③实验结束后，顺时针拧下滴定杯并清洗电极和搅拌器，将电极插入电极帽(电极保护液)中。

五、实验数据的记录与处理

将实验数据及计算结果填入表 5-1 和表 5-2。

表 5-1 滴定剂浓度标定

测定项目	实验次数			平均值	平均偏差
	Ⅰ	Ⅱ	Ⅲ		
邻苯二甲酸氢钾的质量/g					
NaOH 标准溶液的滴定度					
NaOH 标准溶液的实际浓度/(mol/L)					

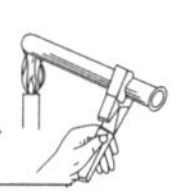

表 5-2　苯甲酸含量测定

测定项目	实验次数			平均值	平均偏差
	Ⅰ	Ⅱ	Ⅲ		
苯甲酸样品的质量/g					
苯甲酸样品的含量/%					

六、思考题

1. 电位滴定法与直接电位法有什么区别?

2. 电位滴定法如何确定滴定终点?

附:DL28 电位滴定仪简介

DL28 滴定仪(图 5-1)是一种终点和等当点滴定仪,适用于食品分析、水分析和化工分析等方面。它具有以下特征:①直观的、程序化的操作界面。操作人员只需要按两次 Run 键即可启动上述测试方法进行滴定分析;②图形化的按键;③手机式的字母/数字输入方式;④带单位的结果输出。DL28 滴定仪可以按照已设定的单位自动计算结果,计算完成后,滴定仪可以保存结果并通过打印机输出报告;⑤安全可靠。

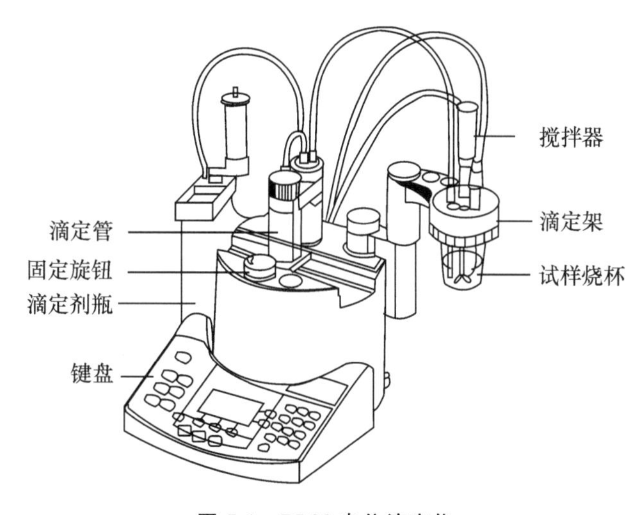

图 5-1　DL28 电位滴定仪

一、原理和控制模式

(1)原理。通过测量反应体系电位信号(能斯特方程)变化实现全自动滴定并自动计算结果。

(2)控制模式。终点滴定(EP)和等当点滴定(EQP)。

二、滴定仪的操作控制台

滴定仪的操作控制台由中央显示屏和周围几组按键组成(图 5-2)。

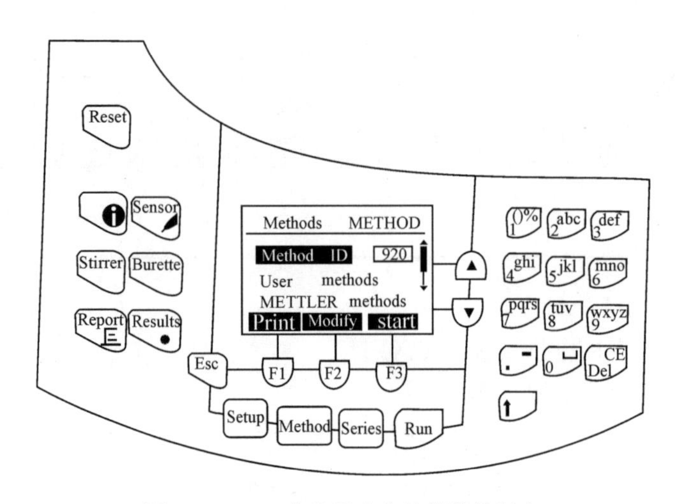

图 5-2 DL28 电位滴定仪的操作控制台

1. 显示屏

滴定仪的显示屏如图 5-3 所示。顶部的标题行显示当前正在使用的菜单(B)和子菜单(A)。在屏幕的右侧是滚动条(D),通过箭头键显示向下或向上菜单的可见部分。反黑行(C)显示当前选择。显示屏底行的 3 个反黑框(E)为选定菜单项对应的功能键(F1,F2,F3)的功能。

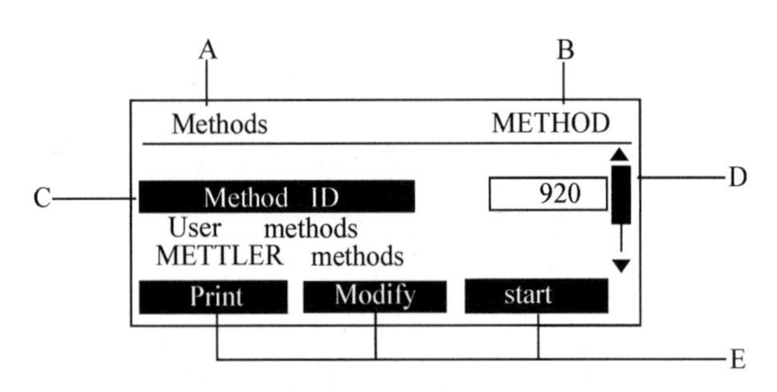

图 5-3 DL28 电位滴定仪显示屏

2. 按键

(1)箭头键。按箭头键可向上、向下移动滚动条或选择一个菜单项。

(2)功能键(F1,F2,F3)。它们执行的任务由显示屏底行的三个反黑框(E)决定,如[Print]表示打印命令。

(3)输入键。输入键可输入字母、数字和特殊字符。

(4)三个主菜单键

① Setup 键(设置键)。按下此键能打开滴定仪的 Setup(设置)菜单,此菜单储存和管理滴定所必需的资源,如滴定剂、电极、标准值和空白值。

② METHOD 键(方法键)。按下此键能打开滴定仪的 Method(方法)菜单。存储在滴定仪中的各种测定方法由此菜单管理。测定者可直接调用这些方法来执行分析任务,也可自己设置所需的分析方法,并可以随意删除和修改它们。

③ Run 键(运行键)。按下此键能打开滴定仪的 Start(开始)菜单,以执行分析任务。

(5)辅助功能键。对常用的辅助功能,滴定仪设定了一目了然的图形化的按键。

①Sensor(电极)键。用于测量溶液的pH、电位或溶液的温度,也可以校准pH和电极。

②Burette(滴定管)键。按下此键可以冲洗滴定管等各种容器。

③Stirrer(搅拌器)键。按下此键可以开或关搅拌器。

④Results(结果)键。按下此键可查看、打印和管理各种分析结果。

⑤Report(报告)键。按下此键可打印和编辑分析报告。

(6)Escape(退出)键。按Escape(退出)键,可以退出一个菜单并返回上一级菜单。

(7)Reset(复位)键。按Reset(复位)键,可终止正在进行的分析、冲洗等操作,并返回起始屏幕,未保存的数据将会丢失。

三、滴定仪的设置

要执行一个滴定任务,必须先设置好滴定剂、电极以及打印机、天平等外围设备。打开设置菜单(按Setup键),出现以下信息列表:

1. 滴定剂设置

按Setup键打开设置菜单,用箭头键选择"Titrant"(滴定剂)并按OK确认,显示存储在滴定仪中的滴定剂列表。可以通过修改一种现有的滴定剂的参数从而添加一种新的滴定剂,并存储在新的名称下。

2. 电极设置

按Setup键打开设置菜单,用箭头键选择"Sensor"(电极)并按OK确认,显示存储在滴定仪中的电极列表。要添加一种新的电极,就必须修改一种现有的电极参数,并将其存储在一个新名称下。

3. 基准物质的设置

按Setup键打开设置菜单,用箭头键选择"Standards"(基准物质)并按OK确认,显示存储在滴定仪中的基准物列表。最多可以将20个基准物存储在滴定仪中。

四、滴定方法的选择和设置

一个完整的滴定方法由样品制备、搅拌、实际滴定、结果计算和一份报告构成。在滴定仪中这些步骤被定义为各个功能,各个功能由一些可以修改的参数所组成。在滴定仪中已存储有多种滴定分析方法,每个方法有一个名称和一个特定的三位数标号(方法ID,1～899)。可以通过修改一个现有滴定方法的参数而创建一个新方法,并存储在新方法标号下。

1. 选择滴定方法

按METHOD键,显示下列项目的Method(方法)菜单:

- Method ID(方法标号)
- User Methods (用户方法)
- Mettler Methods(Mettler方法)

在"Method ID"框中,用户可以输入一个现有的方法(用户方法或Mettler方法)的方法标号。按[Start]键以执行选定的方法。若不知道想要执行的分析方法的标号，可按以下方法选择：如果想选择一个自定义方法，则选择“User Methods（用户方法）”；如果想选择一个预定方法，则选择“Mettler Methods”。按[OK]确认，在显示的方法列表中选择所需的分析方法。

2. 修改滴定方法

用户可以根据需要修改一个用户方法的参数，然后再将已修改了的方法存储在原方法标号下。如果用户想修改一个预设 Mettler 方法的参数，则必须将该方法另存储为一个新方法标号下的用户方法。

要修改一个方法的参数，就必须首先选择方法：按[METHOD]键打开方法编辑器，显现 Methods（方法）菜单后，选择任何想修改其参数的方法。用户可以在“Method ID”框中输入一个现有方法（用户方法或 Mettler 方法）的方法标号。

如果按[Modify]键，选定方法的各种功能将显示在显示屏上。用户可根据需要修改各个功能，按[OK]以存储新方法。可以进行修改的参数有：搅拌、测量、终点滴定、等当点滴定、计算、报告。

每个滴定分析可以规定 3 种不同的计算。表 5-3 列出的参数可用于计算，使用[Modify]（修改）可进行选择。

表 5-3　DL28 电位滴定仪中可用于计算的参数

参数	含义
None	不执行计算
Content	计算结果给出分析的含量
Consumption	计算结果给出消耗量
Measured Value	求出测定值
User Def.	用户自定义计算公式，可以用一个系数和一个常数修改计算公式以便获得预定单位的结果
Blank	计算空白值
Titer	计算滴定度

含量测定有 3 种计算类型：含量、带空白值的含量和返滴定含量。

如果选择“Content with blank value”（带空白值的含量），则用 $R=[(Q-Bl)\times C]/m$ 替换默认公式 $R=(Q\times C)/m$。

如果选择“Content back titration”（返滴定含量），则用 $R=[(Ba-Q)\times C]/m$ 替换默认公式 $R=(Q\times C)/m$。

表 5-4 是所用的符号及其含义。

表 5-4　含量测定计算中所用符号及其含义

符号	含义	符号	含义
φ	测量功能的电位/(mV,pH)	Bl	空白值/(mmol)
T	温度/(°C,°F, K)	Ba	返回值/(mmol)
R	计算结果	c	滴定剂的浓度/(mol/L)

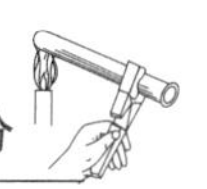

续表 5-4

符号	含义	符号	含义
C	计算常数	$c\times t$	滴定剂的实际浓度/(mol/L)
VEQ	消耗量/mL	t	滴定度
Q	VEQ×$c\times t$/(mmol)	z	当量数
M	摩尔质量/(g/mol)	cst	液体标准浓度/(mol/L)

五、滴定剂滴定度的概念

在制备某种滴定剂时，由于各种原因而引起实际浓度(c_{actual})偏离滴定剂的所要求浓度(c_{nom})。表 5-4 中 t 为滴定剂的滴定度，表示滴定剂的实际浓度与其所要求浓度的商。

$$t=\frac{c_{actual}}{c_{nom}}$$

在理想情况下，$c_{actual}=c_{nom}$，t 为 1；如果滴定剂的实际浓度太高，则 $t>1$；如果滴定剂的实际浓度太低，则 $t<1$。

测定结果给出浓度都是 t 值，滴定剂所要求浓度一般为 0.1 mol/L，所以测定的实际浓度应为 $0.1\times t$。

六、滴定分析的操作步骤

1. 试样测定步骤

按 Run 键启动。

(1)在“Determination”(测定)下，使用 Modify 键选择“Sample”(试样)、“Titer”(滴定度)或“Blank value”(空白值)，视用户想执行的测定类型而定。

(2)用箭头键选择“Method ID”，按 Modify 键。如果想选择一个自定义方法，则选择“User Methods”(用户方法)。如果想选择一个预定方法，则选择“Mettler Methods”，按 OK 以确认选择。然后，从显示列表中用其名称和方法标号选择所需方法，按 OK 以确认选择。按 Start 以执行选定的方法。

2. 滴定度测定步骤

按 Run 键启动。

(1)在“Determination”(测定)下，使用 Modify 选择“Titer”(滴定度)。

(2)用箭头键选择“Method ID”，按 Modify。在显示的菜单中，选择用户方法或 Mettler 方法，并通过按 OK 来确认选择。选择一个测定滴定度的方法，并通过按 OK 来确认选择。按 Start 以开始执行滴定度测定。

(3)测定完成后，用户可以通过按 Stat. 来查看试样重复测定的统计数据。如果滴定度在规定范围内，则可以通过按 Save 来保存滴定度测定结果(或执行几次滴定度测定后的平均结果)。

实验 47　电位滴定法测定酱油中氯化钠含量

一、实验目的

1. 掌握电位滴定的原理和方法。

2. 学习使用电位滴定仪，了解组合银电极。

二、实验原理

可溶性氯化物中氯含量的测定常采用莫尔法或佛尔哈德法。由于酱油本身的棕色会影响终点颜色的判断，所以酱油中氯化钠含量测定采用电位滴定法。

本实验以 $AgNO_3$ 滴定酱油中 Cl^-，选用适用于银量滴定的组合银电极（DM141-SC）。在滴定过程中记录 φ 值与 $AgNO_3$ 溶液的体积（mL），得到滴定曲线，曲线的斜率变化最大处即滴定终点。

三、仪器和试剂

1. 仪器

DL28 电位滴定仪、分析天平（AL）、组合银电极（DM141-SC）。

2. 试剂

（1）NaCl 基准试剂：在 500～600℃高温炉中灼烧 30 min 后，置于干燥器中冷却。也可将 NaCl 置于带盖瓷坩埚中，加热，并不断搅拌，待爆炸声停止后，继续加热 15 min，将坩埚放入干燥器中冷却后备用。

（2）0.1 mol/L $AgNO_3$ 标准溶液：称取 4.2 g 左右 $AgNO_3$，加不含 Cl^- 的蒸馏水微热溶解，稀释、定容至 250 mL，转入棕色瓶中，于暗处保存。

四、实验内容

1. 滴定前准备

（1）按要求安装好滴定仪，接通电源。

（2）连接电极、搅拌器。将电极导线接到滴定仪背部上“mV/pH”端，搅拌器导线接到“Overhead Stirrer”端。

（3）装入滴定剂。向滴定剂瓶中加入 0.1 mol/L $AgNO_3$溶液，使之充满。

（4）用滴定剂冲洗滴定管，具体操作如下：①按 Burette（滴定管）键，显现 Burette（滴定管）辅助功能菜单的菜单。用箭头选择“Rinse”（冲洗）并按 Start 键以开始冲洗过程。在冲洗过程中，屏幕显示“Rinse”。②重复两次冲洗过程，以确保滴定管已经完全充满并且管内已彻底冲洗。③按 Reset（复位）键，回到起始屏幕。

2. 滴定剂浓度标定

（1）制备 NaCl 基准试剂。准确称量 0.05 g NaCl 基准试剂（滴定仪要求 0.01～0.1 g），放入一个滴定烧杯中，再加入约 50 mL 去离子水。将滴定烧杯装到滴定架下面，按逆时针方向旋紧。然后将电极、搅拌器从滴定架的 2 个大孔插入滴定烧杯中。按 Stirrer（搅拌器）键启动搅拌，使 NaCl 充分溶解。

（2）选择测定类型和滴定方法

①按 Run 键启动滴定仪，按 F2 键，在“Determination”（测定）选择测定类型“Titer”（滴

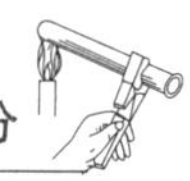

定度）。

②下移光标到“Method ID”（方法标号），按数字键盘输入方法号“935”。

③按Run键或F3（执行 Start）键，启动滴定。

（3）开始滴定

①用数字键输入基准物质质量，按Run键或F3（OK）键开始滴定。

在滴定过程中，按F1（Abort）为中止试验，按F2（Graph）查看在线滴定曲线的显示，按F3（Value）可切换到数据显示。下列信息显示在显示屏上：

- 已滴定的体积，以 mL 为单位；
- 测定电位，以 mV 为单位；
- 测定溶液 pH。

②滴定完成后，系统将自动计算出结果，按F3（OK）键返回平行测定的界面。平行测定3次。平行测定结束后，按F2（Stat.）键，查看统计结果，然后按F3（Save）键，仪器自动保存测试结果——Titer（滴定度）保存。$AgNO_3$ 标准溶液实际浓度按下式计算：

$$c=0.1\times t$$

式中：c 为滴定剂的实际浓度；t 为滴定剂的滴定度。

③顺时针拧下滴定杯并清洗电极和搅拌器，将电极插入电极帽（电极保护液）中。

3. 酱油中氯化钠含量测定

（1）制备样品溶液。用加重法精确称量酱油样品 2 g，加入滴定烧杯中，再加入约 50 mL 去离子水。将滴定烧杯装到滴定架下面，按逆时针方向旋紧。然后将电极、搅拌器从滴定架的 2 个大孔插入滴定烧杯中。

（2）选择测定类型和滴定方法

①按Run键启动滴定仪，按F2键，在“Determination”（测定）选择测定类型“Sample”（样品）。

②下移光标到“Method ID”（方法标号），按数字键盘输入方法号“935”。

③按Run键或F3（执行 Start）键，启动滴定。

（3）开始滴定

①用数字键输入酱油样品质量，按Run键或F3（OK）键开始滴定。

在滴定过程中，按F1（Abort）为中止试验，按F2（Graph）查看在线滴定曲线的显示，按F3（Value）可切换到数据显示。下列信息显示在显示屏上：

- 已滴定的体积，以 mL 为单位；
- 测定电位，以 mV 为单位；
- 测定溶液 pH。

②滴定完成后，系统将自动计算出结果，按F3（OK）键返回样品平行测定的界面。平行测定3次。平行测定结束后，按F2（Stat.）键，查看统计结果，然后按F3（Save）键，保存测试结果。

③实验结束后，顺时针拧下滴定杯并清洗电极和搅拌器，将电极插入电极帽(电极保护液)中。

五、实验数据的记录与处理

将实验数据及计算结果填入表5-5和表5-6。

表5-5　滴定剂浓度标定

测定项目	实验次数			平均值	平均偏差
	Ⅰ	Ⅱ	Ⅲ		
NaCl基准试剂的质量/g					
$AgNO_3$标准溶液的滴定度					
$AgNO_3$标准溶液的实际浓度/(mol/L)					

表5-6　酱油中氯化钠含量测定

测定项目	实验次数			平均值	平均偏差
	Ⅰ	Ⅱ	Ⅲ		
酱油样品的质量/g					
酱油中氯化钠的质量分数/%					

六、思考题

用硝酸银滴定卤素离子，可选用什么作指示电极？

附：滴定仪中预设的Mettler测定方法

表5-7　滴定仪中预设的Mettler测定方法

方法号	标题	试样	方法类型 控制参数	电极	滴定剂/ 基准物	结果
920	酸含量	酸 如HCl	EP滴定 pH=7.0	DG115	NaOH 0.1 mol/L /KHP	HCl含量（%） m=36.458；z=1
921	碱含量	碱 如NaOH	EP滴定 pH=7.0	DG115	HCl 0.1 mol/L /THAM	NaOH含量(%) m=40.00；z=1
926	pH测量	测量		DG115		测定pH
930	酒石酸	葡萄酒： 酒石酸	EP滴定 pH=7.0	DG115	NaOH 0.1 mol/L /KHP	葡萄酒： 酒石酸(g/L) m=150.09；z=2
931	柠檬酸	橘子汁：柠檬酸	pH=8.2	DG115	NaOH 0.1 mol/L /KHP	橘子汁： 柠檬酸（g/L) m=192.43；z=3

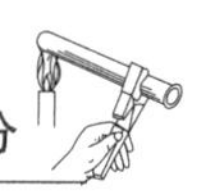

续表 5-7

方法号	标题	试样	方法类型 控制参数	电极	滴定剂/ 基准物	结果
932	马来酸	苹果汁:马来酸	pH=8.2	DG115	NaOH 0.1 mol/L /KHP	苹果汁: 马来酸 (g/L) m=116.08; z=3
933	乙酸	乙酸	EQP 滴定	DG115	NaOH 0.1 mol/L /KHP	乙酸含量(%) m=60.05;z=1
934	牛奶酸含量	牛奶	EP 滴定 pH=8.2	DG114	NaOH 0.1 mol/L /KHP	牛奶: 酸值
935	氯含量	蔬菜汁、奶酪、色拉油	EQP 滴定	DM141	$AgNO_3$ 0.1 mol/L /NaCl	NaCl 含量(%) m=58.44;z=1
936	游离 SO_2	葡萄酒	EP 滴定 1 pol	DM143 1 pol	1/2I_2 0.02 mol/L /抗坏血酸	SO_2 含量(mg/L) m=64.062;z=2
937	维生素 C	果汁、谷类	EQP 滴定	DM141	1/2DPI 0.01 mol /抗坏血酸	维生素 C 含量 (mg/100 g 探针) m=176.13;z=2
938	氮(凯氏定氮)法	牛奶、奶酪酸奶酪、奶油、巧克力	EP 滴定 pH=4.6	DG115	H_2SO_4 0.1 mol/L /THAM	含氮量 (g N/kg 试样)或 (mg N/g 试样) m=14.01; z=1
939	Ca&Mg Ca ISE	奶酪、牛奶、水、果汁	EQP 滴定 2 EQPs	DX240	EDTA 0.1 mol/L /硫酸锌	Ca 含量(mg/L) m=40.08; z=1 Mg 含量(mg/L) m=24.31;z=1
940	红糖 Rebelein	葡萄酒	EQP 滴定 返滴定	DM140	$Na_2S_2O_4$ 0.1 mol/L /碘酸钾	红糖含量(g/L) m=1/默认值(g 葡萄糖/mmol $Na_2S_2O_4$) z=1;B=Fehling Value (mmol)
941	Fehling Value	无	EQP 滴定	DM140	$Na_2S_2O_4$ 0.1 mol/L /碘酸钾	Fehling Value (mmol)返回值
942	标准葡萄糖	葡萄糖	EQP 滴定反滴定	DM140	$Na_2S_2O_4$ 0.1 mol/L /碘酸钾	默认值(mmol) ($Na_2S_2O_4$/g 葡萄糖)
943	威杰斯碘值	油类如脂肪、黄油、人造黄油	EQP 滴定反滴定	DM140	$Na_2S_2O_4$ 0.1 mol/L /碘酸钾	碘值(g I_2/100 g 试样)m=253.8;z=2

续表 5-7

方法号	标题	试样	方法类型 控制参数	电极	滴定剂/ 基准物	结果
944	反碘值		EQP 滴定	DM140	$Na_2S_2O_4$ 0.1 mol/L /碘酸钾	返回值(mmol)
945	非水溶液酸含量	油类如脂肪、黄油、人造黄油	包括空白值的 EQP 滴定	DG113	乙醇中的 KOH 0.05 mol/L /苯甲酸	酸值 (FFA) (mg KOH/g 试样) $m=56.11$;$z=1$
946	过氧化值	油类如脂肪、黄油、人造黄油	包括空白值的 EQP 滴定	DM140	$Na_2S_2O_4$ 0.1 mol/L /碘酸钾	过氧化值(meq O_2:/kg 试样) 空白值(mmol)
947	总硬度	水	EQP 滴定	DP5	EDTA 0.1 mol/L /硫酸锌	水硬度(mg/L) $m=100.09$;$z=1$
948	p&m 值	水	EQP 滴定	DG115	NaOH 0.1 mol/L /KHP HCl 0.1 mol/L /THAM	p 值(mmol/L) m 值(mmol/L)
949	钾含量		测量	DX239		测定值(mg/L)

实验 48　非水条件下电位滴定法测定 α-氨基酸含量

一、实验目的

1. 学习非水条件下电位滴定法的基本原理及特点。
2. 进一步熟悉 DL28 电位滴定仪的使用方法。

二、实验原理

一些非水溶剂与水一样既有酸性又有碱性，具有质子自递作用，如甲醇、乙醇、甲酸、乙酸等。

$HAc+HAc=H_2Ac^+ +Ac^-$ {自递常数 $K=[H_2Ac^+]\times[Ac^-]$, 25 ℃, $pK=14.45$}

酸碱在溶液中的离解是通过溶剂接受质子得以实现的。有些物质在水中碱性很弱，但在酸性较强的冰醋酸中成为较强的碱，因为冰醋酸比水更易给出质子。

α-氨基酸分子的 $—NH_2$ 在水溶液中碱性很弱($K_b^{\ominus}=2.2\times10^{-12}$)，无法被准确滴定，但在非水介质中，如在冰醋酸中，氨基酸可变成较强的碱，可以被强酸 $HClO_4$ 准确滴定。反应式为：

$$CH_3—\underset{\underset{NH_2}{|}}{CH}—COOH + HClO_4 \longrightarrow CH_3—\underset{\underset{NH_3^+ClO_4^-}{|}}{CH}—COOH$$

常选用 $HClO_4$ 作滴定剂，以结晶紫为指示剂，产物为 α-氨基酸的高氯酸盐，呈酸性。

标定 $HClO_4$ 常用邻苯二甲酸氢钾作基准物质，它在水溶液中作为酸标定碱，在冰醋酸中作为碱标定酸。

本实验以 $HClO_4$-冰醋酸溶液为滴定剂，选用 DG113-SC 复合玻璃 pH 电极。DG113-SC 是一种带活动套筒芯的复合玻璃 pH 电极，特别适合于非水介质中的酸/碱滴定。

三、仪器和试剂

1. 仪器

DL28 电位滴定仪、分析天平(AL)、复合玻璃电极(DG113-SC)。

2. 试剂

(1)α-氨基酸试样：丙氨酸(A. R)；

(2)邻苯二甲酸氢钾(A. R)；

(3)冰醋酸(A. R)；

(4)乙酸酐(A. R)；

(5)0.1 mol/L$HClO_4$-冰醋酸标准溶液：在低于 25℃的 500 mL 冰醋酸中慢慢加入 4 mL 70%～72%高氯酸，混匀后再加入 8 mL 乙酸酐，仔细搅拌均匀并冷却至室温，放置过夜，使试液中所含水分与乙酸酐反应完全。

四、实验步骤

1. 滴定前准备

(1)按要求安装好滴定仪，接通电源。

(2)连接电极、搅拌器。将玻璃电极导线接到滴定仪背部上“mV/pH” 端，搅拌器导线接到“Overhead Stirrer”端。

(3)装入滴定剂。向滴定剂瓶中加入 0.1 mol/L $HClO_4$-冰醋酸滴定剂，使之充满。

(4)用滴定剂冲洗滴定管，具体操作如下：①按 Burette (滴定管)键，显现 Burette(滴定管)辅助功能菜单。用箭头选择“Rinse”(冲洗)并按 Start 键以开始冲洗过程。在冲洗过程中，屏幕显示“Rinse”。②重复两次冲洗过程，以确保滴定管已经完全充满并且管内已彻底冲洗。③按 Reset (复位)键，回到起始屏幕。

2. $HClO_4$-冰醋酸滴定剂的标定

(1)制备 $HClO_4$-邻苯二甲酸氢钾溶液。准确称量 0.2 g 邻苯二甲酸氢钾(滴定仪要求 0.07～0.4 g)，放入一个滴定烧杯中，再加入约 30 mL 冰醋酸。将滴定烧杯装到滴定架下面，按逆时针方向旋紧。然后将 pH 电极、搅拌器从滴定架的两个大孔插入滴定烧杯中。按 Stirrer (搅拌器)键启动搅拌，使邻苯二甲酸氢钾充分溶解在冰醋酸中。

(2)选择测定类型和滴定方法

①按 Run 键启动滴定仪，按 F2 键，在“Determination”(测定)选择测定类型“Tilter”(滴定度)。

②下移光标到“Method ID”(方法标号)，按数字键盘输入方法号“984”。

③按 Run 键或 F3 (执行 Start)键，启动滴定。

(3)开始滴定

①用数字键输入基准物质质量，按 Run 键或 F3 (OK)键开始滴定。

在滴定过程中，按[F1](Abort)键为中止试验，按[F2](Graph)键查看在线滴定曲线的显示，按[F3](Value)键可切换到数据显示。下列信息显示在显示屏上：

- 已滴定的体积，以 mL 为单位；
- 测定电位，以 mV 为单位；
- 测定溶液 pH。

②滴定完成后，系统将自动计算出结果，按[F3](OK)键返回平行测定的界面。平行测定 3 次。平行测定结束后，按[F2](Stat.)键，查看统计结果，然后按[F3](Save)键，仪器自动保存测试结果——Titer(滴定度)保存。$HClO_4$-冰醋酸标准溶液实际浓度按下式计算：

$$c=0.1\times t$$

式中：c 为滴定剂的实际浓度；t 为滴定剂的滴定度。

③顺时针拧下滴定杯并清洗电极和搅拌器，将电极插入电极帽(电解液保护液)中。

3. α-氨基酸含量的测定

(1)制备 α-氨基酸样品溶液。准确称量 0.15 g 丙氨酸试样，放入一个滴定烧杯中，再加入约 40 mL 冰醋酸和 2 mL 乙酸酐。将滴定烧杯装到滴定架下面，按逆时针方向旋紧。然后将 pH 电极、搅拌器从滴定架的 2 个大孔中插入滴定烧杯中。按[Stirrer](搅拌器)键启动搅拌，使丙氨酸充分溶解在冰醋酸中。

(2)选择测定类型和滴定方法

①按[Run]键启动滴定仪，按[F2]键，在"Determination"(测定)选择测定类型"Sample"(样品)。

②下移光标到"Method ID"(方法标号)，按数字键盘输入方法号"984"。

③按[Run]键或[F3](执行 Start)键，启动滴定。

(3)开始滴定

①用数字键输入丙氨酸试样质量，按[Run]键或[F3](OK)键开始滴定。

在滴定过程中，按[F1](Abort)键为中止试验，按[F2](Graph)键查看在线滴定曲线的显示，按[F3](Value)键可切换到数据显示。下列信息显示在显示屏上：

- 已滴定的体积，以 mL 为单位；
- 测定电位，以 mV 为单位；
- 测定溶液 pH。

②滴定完成后，系统将自动计算出结果，按[F3](OK)键返回样品平行测定的界面。平行测定 3 次。平行测定结束后，按[F2](Stat.)键，查看统计结果，然后按[F3](Save)键保存测试结果。

③实验结束后，顺时针拧下滴定杯并清洗电极和搅拌器，将电极插入电极帽(电极保护液)中。

五、实验数据的记录与处理

将实验数据及计算结果填入表 5-8 和表 5-9。

表 5-8　$HClO_4$-冰醋酸滴定剂的标定

测定项目	实验次数			平均值	平均偏差
	Ⅰ	Ⅱ	Ⅲ		
邻苯二甲酸氢钾的质量/g					
$HClO_4$-冰醋酸的滴定度					
$HClO_4$-冰醋酸的实际浓度/(mol/L)					

表 5-9　α-氨基酸含量的测定

测定项目	实验次数			平均值	平均偏差
	Ⅰ	Ⅱ	Ⅲ		
α-氨基酸样品的质量/g					
样品中 α-氨基酸的质量分数/%					

六、思考题

1. 在 $HClO_4$-冰醋酸滴定剂中，为什么要加入乙酸酐？

2. 邻苯二甲酸氢钾常用于标定 NaOH 水溶液，为何在本实验中作为标定 $HClO_4$-冰醋酸的基准物质？

实验 49　原子吸收分光光度法测定自来水中镁的含量

一、实验目的

1. 了解原子吸收分光光度计的基本结构、性能及使用方法。

2. 掌握使用原子吸收分光光度法测定某元素的方法。

二、实验原理

原子吸收分光光度法也称原子吸收光谱法，其基本原理是：从光源辐射出的待测元素的特征光谱通过样品的原子蒸气时，被蒸气中待测元素的基态原子吸收，使通过的光谱强度减弱，根据光谱强度减弱的程度可以测定样品中待测元素的含量。

在使用锐线光源和稀溶液的情况下，基态原子蒸气对共振线的吸收符合朗伯-比尔定律：

$$A=\lg\frac{I_0}{I}=KLN_0$$

式中：A 为吸光度；I_0为入射光强度；I 为经过原子蒸气吸收后透射光强度；K 为吸收系数；L 为辐射光所穿过的原子蒸气光程长度；N_0为基态原子密度。在原子蒸气中，待测元素基态原子的数量与该同种元素发射特征波长的能量呈正比，在试样原子化火焰的绝对温度低于 3 000 K 时，可以认为原子蒸气中基态原子的数目实际上接近或等于原子总数。在固定的实验条件下，原子总数与试样浓度 c 的比例是一定的，因此，上式可以表示为：

$$A=K'c$$

式中：K'为吸收常数。这就是原子吸收分光光度法进行定量分析的基础。

实验中使用火焰原子化方式将试样原子化，采用标准曲线法进行定量测定。

三、仪器与试剂

1. 仪器

原子吸收分光光度计、空气压缩机、乙炔钢瓶、电子天平、容量瓶(100、1 000 mL)、吸量管(1、2、5、10 mL)、烧杯(25、50、100、500 mL)、洗瓶、量筒(100 mL)。

2. 试剂

(1)2 mol/L 盐酸;

(2)0.1 mg/mL 镁标准储备溶液:准确称取 0.165 8 g MgO (A. R),加入 30 mL 去离子水,滴加 2 mol/L 盐酸至 MgO 完全溶解,移入 1 000 mL 容量瓶中,用去离子水稀释至刻度。

四、实验内容及步骤

1. 镁系列标准溶液的配制

准确吸取 0.1 mg/mL 镁标准溶液 1.00 mL 于 100 mL 容量瓶中,用去离子水稀释至刻度,得到 1 μg/mL 镁标准溶液。准确量取此溶液 1.00、2.00、3.00、4.00、5.00、6.00 mL,分别置于 6 个干净的 100 mL 容量瓶中,用去离子水稀释至刻度,镁的质量浓度分别为 0.10、0.20、0.30、0.40、0.50、0.60 μg/mL。

2. 原子吸收分光光度计工作条件选择

各元素测定的最佳工作条件见表 5-10。

表 5-10 TAS-986 型原子吸收分光光度计的最佳工作条件

元素	工作条件							
	分析线/nm	灯电流/mA	负高压/V	燃烧器高度/mm	燃烧器位置/mm	狭缝宽度/nm	乙炔流量/(L/min)	空气流量/(L/min)
Mg	285.9	2	250	4	−2	0.4	1.5	6
Ca	422.7	3	400	5	−2	0.4	2.1	8
Mn	279.5	2	400	4	−2	0.2	1.5	6
Zn	213.9	3	350	4	−2	0.4	1.5	6
Fe	248.3	4	300	4	−2	0.4	1.5	6
Pb	283.3	2	350	4	−2	0.4	1.2	4
Cu	324.8	4	350	4	−2	0.4	1.2	4

3. 水样中镁含量的测定

(1)测定所配制的镁系列标准溶液的吸光度值。按选定的工作条件,用 TAS-986 型原子吸收分光光度计,由稀到浓依次测定所配制的镁系列标准溶液的吸光度,记录或储存对应的吸光度值。

(2)测定水样的吸光度。按同样条件,用 TAS-986 型原子吸收分光光度计测定水样的吸光度,记录或储存相应的吸光度值。

五、实验数据的记录与结果处理

将镁系列标准溶液的吸光度值填入表 5-11。

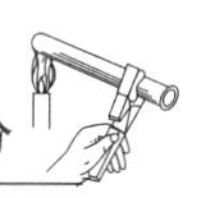

表 5-11　镁标准溶液

编号	ρ(Mg)/(μg/mL)	吸光度值
1	0.10	
2	0.20	
3	0.30	
4	0.40	
5	0.50	
6	0.60	

以镁系列标准溶液的质量浓度为横坐标，吸光度值为纵坐标，绘制镁的标准曲线，或由计算机软件直接绘制。

根据所测得的水样的吸光度值，由绘制的标准曲线查得水样中镁的质量浓度，或由计算机自动计算出水样中镁的含量。

水样的吸光度________________，水样中镁的质量浓度__________________(μg/mL)。

六、思考题

1. 原子吸收分光光度法为什么要采用锐线光源?

2. 如何应用原子吸收分光光度法测定自来水中钙的含量?

附 1:原子吸收分光光度计简介

原子吸收分光光度法也称原子吸收光谱法，其基本原理是：从光源辐射出的待测元素的特征光谱通过样品的原子蒸气时，被蒸气中待测元素的基态原子吸收，使通过的光谱强度减弱，根据光谱强度减弱的程度可以测定样品中待测元素的含量。

与紫外-可见分光光度法相比，原子吸收分光光度法具有灵敏度高、选择性好、精密度高和测量范围广的优点。元素周期表中大多数元素可以直接或间接用原子吸收分光光度法测定。主要的定量分析方法有标准曲线法、标准加入法和内标法。

原子吸收分光光度计型号繁多，自动化程度也各不相同，有单光束型和双光束型两大类，但其中主要组成部件均包括光源、原子化器、分光系统、检测器与记录系统。

1. 光源

光源(锐线光源)的功能是发射待测元素基态原子吸收的特征波长谱线。原子吸收分光光度计中最常用的光源有空心阴极灯、多元素空心阴极灯和无极放电灯。

2. 原子化器

原子化器是原子吸收分光光度计的主要部件之一，其功能是提供能量，将试样中的待测元素转化为基态原子，以便吸收光源发射的特征谱线。原子化器有两大类：非火焰原子化器和火焰原子化器。火焰原子化器有两种：全消型和预混合型。非火焰原子化器应用最广的是管式石墨炉原子化器。

3. 分光系统

分光系统由入射狭缝、出射狭缝、反射镜、聚光镜和色散元件组成。

4. 信号检测与数据处理系统

该系统主要包括信号检测器、信号处理放大器、读出装置及计算机。最广泛使用的检测器是光电倍增管，它是一种将微弱光信号转化成为电信号，经放大后，显示出来的器件。一些高级的原子吸收光谱仪还设有标度扩展、背景自动校正、自动取样等装置，并且都使用计算机控制。

附2：TAS-986原子吸收分光光度计的使用方法

TAS-986型原子吸收分光光度计（图5-4）自动化水平较高，该仪器采用全中文的Windows操作软件，仪器的所有控制均由计算机完成；采用火焰原子化器和石墨炉原子化器的一体化结构设计，可自动切换火焰原子化器和石墨炉原子化器；采用8只灯的回转灯架，可自动选择各元素空心阴极灯的位置；能自动设定最佳高度位置、燃气流量，保证最佳分析条件；可以自动控制波长扫描、自动寻峰、自动更换光谱带宽。

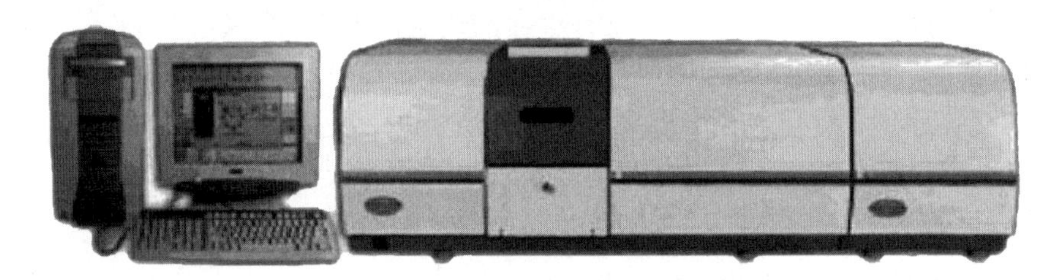

图5-4　TAS-986型原子吸收分光光度计

启动AAWin软件，将会看到一个标题画面，如果线路接通，标题画面会很快消失。如果线路没有接通，则经过几秒钟，系统会弹出信息，提示用户查看线路。当用户确认连接线路无误后，单击“重试”按钮，标题画面会很快消失，表示已经与仪器连接。也可以单击“取消”按钮，则会脱机进入系统。

1. 选择运行模式

当软件与仪器连接成功后，将弹出运行模式选择对话框，用户可以在“选择运行模式”下拉框中选择软件的运行模式。可供选择的模式有：联机和脱机。当用户需要联机运行时，可选择“联机”，此时单击“确定”按钮，系统立刻会转到初始化状态，将仪器的所有参数进行初始化。如果用户需要脱机进入系统，可选择“脱机”，单击“确定”按钮，系统便会以脱机的形式进入。在脱机状态下，用户无法对仪器进行操作。

2. 初始化

若选择了联机运行模式，系统将对仪器进行初始化。初始化主要是对氘灯电机、元素灯电机、原子化器电机、燃烧头电机、光谱带宽电机以及波长电机进行初始化。初始化成功的项目将标记为“√”，否则标记为“×”。如果有一项失败，系统则认为初始化的整个过程失败，会在初始化完成后提示用户是否继续，选择“是”则继续往下进行，选择“否”则退出系统。

3. 选择工作灯及预热灯

如果选择铜为元素灯，铅作为预热灯（即测完铜后，点击“交换”就可测铅）。点击“下一步”，弹出对话框，选择好燃烧器高度、燃烧器位置，直到光斑位置在狭缝中心为止。再点击

“寻峰”，点击“下一步”，再点击“完成”，即完成元素灯的设置。

4. 能量调试

当用户需要查看仪器当前能量状态或对能量进行调整时，可依次选择主菜单的“应用”“能量调试”，即可打开能量调整对话框。一般选择“自动能量平衡”，平衡好后关闭(注意：在实际测量过程中，如果没有特殊情况，尽量不要使用“高级调试”功能，以免将仪器的参数调乱，从而影响测量)。

5. 设置测量参数

在准备测量之前，需要对测量参数进行设置。依次选择主菜单的“设置”“测量参数”，或单击“工具”按钮，即可打开测量参数设置对话框。

6. 开空气压缩机

先开“风机开关”，再开“工作机开关”，调节“调压阀”，直到压力达到需要值为止(一般为 0.2～0.3 MPa)。

7. 开乙炔罐

达到 0.05 MPa 即可。

8. 点火

在进入测量前，须认真检查气路以及水封。当确认无误后，可依次选择主菜单的“应用”“点火”，即可将火焰点燃。如果认为火焰过大、过小或火焰不在合理位置，可使用燃烧器参数设置，将燃烧器条件调整到最佳状态。

9. 测量

调好火焰后，便可以依次选择主菜单的“测量”“开始”，也可以单击“工具”按钮或按“F5”键，即可打开测量窗口。吸喷空白样时，要“校零”，待稳定后，点击“开始”。在测量标准样品时，要从质量浓度高的开始，即从大到小的顺序吸喷。

在测量过程中，测量窗口中将会显示总的测量时间，可以在每次采样之间喷入空白样品，单击“校零”按钮对仪器进行校零。如果需要终止测量，可单击“终止”按钮。此外，系统会将每个测量完的标样绘制在校正曲线谱图中，并在所有标样测量完成后，将校正曲线绘制在校正曲线谱图中。

接下来，可以对未知样品进行测量，可依次选择主菜单的“设置”“测量方法”，即可打开测量方法设置对话框。把待测样品放在小烧杯中，即可测量。测量结果同样会被自动填充到测量表格中。当完成了全部样品的测量，可以将测量窗口关闭。如果需要将测量结果保存为文件，依次选择主菜单的“文件”“保存”即可。

10. 重新测量

重新测量功能是指对已经测量过的样品进行重新测量，也就是对最终结果进行重新测量。当完成了全部样品测量时，发现有的测量结果不符合要求，可使用鼠标在测量表格中选中此样品，然后依次选择主菜单的“测量”“重新测量”，或用鼠标右键单击测量表格，并在弹出菜单中选择“重新测量”，即可对此样品进行重新测量。在测量结束后，如果最终结果还是不能满足要求，可以不用关闭测量窗口，然后继续按“开始”按钮，即可再次对此样品进行重新测量，直到满意为止。如果重新测量的结果达到了要求，可单击“终止”按钮关闭测量窗口，然后再单击“工具”按钮，继续对其他样品进行测量。如果对标准样品进行重新测量，校正曲线会被重新计算并重新拟合。

实验 50　紫外分光光度法测定蛋白质含量

一、实验目的

1. 掌握紫外分光光度法测定蛋白质含量的原理。

2. 了解紫外分光光度计的基本结构、性能及使用方法。

二、实验原理

由于蛋白质分子中存在着含有共轭双键的酪氨酸和色氨酸，因此蛋白质在 280 nm 波长处具有最大吸收峰。在一定质量浓度范围内，蛋白质溶液在 280 nm 波长处的吸光值与其质量浓度呈正比关系，可作定量测定。

紫外分光光度法测蛋白质含量迅速、简便、不消耗样品，低质量浓度的盐类不干扰测定。因此，已在蛋白质和酶的生化制备中广泛采用，尤其在柱层析分离纯化中，常用 280 nm 进行紫外检测，来判断蛋白质吸附或洗脱情况。但该法的缺点是：①若用于测定那些与标准蛋白质中酪氨酸和色氨酸含量差异较大的蛋白质，有一定的误差。故该法适用于测定与标准蛋白质氨基酸组成相似的蛋白质。②若样品中含有嘌呤、嘧啶等吸收紫外光的物质，会出现较大干扰。

三、仪器和试剂

1. 仪器

752 型紫外分光光度计、试管、试管架、吸量管(5 mL)、石英比色皿。

2. 试剂

(1)标准蛋白溶液：准确称取经凯氏定氮法校正的牛血清蛋白，配制成质量浓度为 1 mg/mL 的溶液。

(2)待测蛋白质溶液：质量浓度在标准曲线范围内的酪蛋白稀释液。

四、实验内容

1. 标准曲线制作

取 9 支干净的试管，分别加入 0、0.50、1.00、1.50、2.00、2.50、3.00、3.50 和 4.00 mL 标准蛋白溶液，再分别依次加入 4.00、3.50、3.00、2.50、2.00、1.50、1.00、0.50、0 mL 蒸馏水，混匀。选用 1 cm 石英比色皿，在 280 nm 波长处测定各试管溶液的吸光值 OD_{280}。以蛋白质的质量浓度为横坐标，吸光值 OD_{280} 为纵坐标，绘出蛋白质标准曲线。

2. 样品测定

取待测蛋白质溶液 1.00 mL，加入蒸馏水 3.00 mL，混匀，在 280 nm 下测定其吸光值，并从标准工作曲线上查出待测蛋白质溶液的质量浓度。平行测量其吸光值 3 次。

五、数据记录和结果处理

将蛋白质标准溶液的 OD_{280} 值填入表 5-12。

表 5-12　蛋白质标准溶液及其 OD_{280}

管号	标准蛋白质溶液的体积/mL	蒸馏水的体积/mL	蛋白质的质量浓度/(mg/mL)	OD_{280}
1	0	4.00	0	
2	0.50	3.50	0.125	
3	1.00	3.00	0.250	

续表 5-12

管号	标准蛋白质溶液的体积/mL	蒸馏水的体积/mL	蛋白质的质量浓度/(mg/mL)	OD_{280}
4	1.50	2.50	0.375	
5	2.00	2.00	0.500	
6	2.50	1.50	0.625	
7	3.00	1.00	0.750	
8	3.50	0.50	0.875	
9	4.00	0	1.000	

根据样品溶液的吸光值，从标准曲线上求得样品溶液(待测蛋白质)的质量浓度并填入表5-13。

表 5-13　待测蛋白质溶液的质量浓度的测定

编号	OD_{280}	样品溶液的质量浓度/(mg/mL)
1		
2		
3		
平均值		

六、思考题

1. 紫外分光光度法测定蛋白质含量有什么优缺点？

2. 若样品中含有核酸类杂质，应如何校正？

附　注

当样品中含有核酸类杂质，可以根据核酸在 260 nm 波长处有最强的紫外光吸收，而蛋白质在 280 nm 处有最强的紫外光吸收的性质，通过计算，可以适当校正核酸对测定蛋白质的质量浓度的干扰作用。可将待测的蛋白质溶液稀释至光密度为 0.2～2.0，选用 1 cm 的石英比色皿，在 280 nm 及 260 nm 处分别测出吸光值 OD_{280}/OD_{260}，从表 5-14 中查出校正因子 F 值，同时可查出该样品内混杂的核酸的质量分数，将 F 值代入下述公式，即可计算出该溶液的蛋白质的质量浓度。

$$蛋白质的质量浓度(mg/mL) = F \times OD_{280} \times D$$

式中：OD_{280} 为被测溶液在 280 nm 下的吸光值；D 为溶液的稀释倍数。

表 5-14　紫外分光光度法测定蛋白质含量的校正因子

OD_{280}/OD_{260}	校正因子 F	核酸/%	OD_{280}/OD_{260}	校正因子 F	核酸/%
1.75	1.116	0	1.16	0.899	2.00
1.63	1.081	0.25	1.09	0.852	2.50
1.52	1.054	0.50	1.03	0.814	3.00
1.40	1.023	0.75	0.979	0.776	3.50
1.36	0.994	1.00	0.939	0.743	4.00
1.30	0.970	1.25	0.874	0.682	5.00
1.25	0.944	1.50	0.846	0.656	5.50

续表 5-14

OD_{280}/OD_{260}	校正因子 F	核酸/%	OD_{280}/OD_{260}	校正因子 F	核酸/%
0.822	0.632	6.00	0.705	0.478	10.00
0.804	0.607	6.50	0.671	0.422	12.00
0.784	0.585	7.00	0.644	0.377	14.00
0.767	0.565	7.5	0.615	0.322	17.00
0.753	0.545	8.00	0.595	0.278	20.00
0.730	0.508	9.00			

注：通常纯蛋白质的 OD_{280}/OD_{260} 约为 1.8，而纯核酸的比值约为 0.5。

附 1：752 型紫外分光光度计使用方法

1.752 型紫外分光光度计

752 型紫外分光光度计的构造如图 5-5 所示。

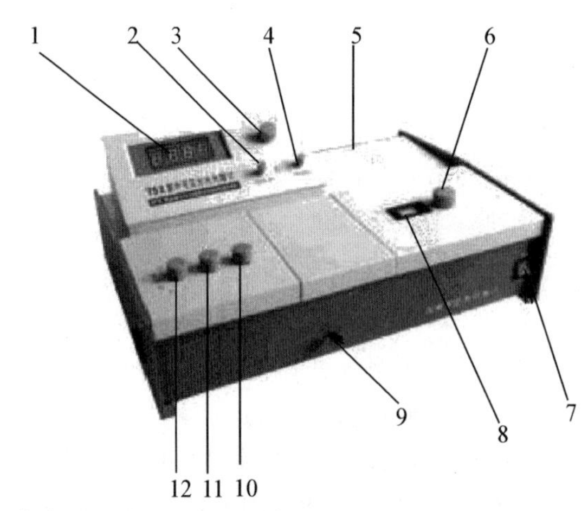

1.数字显示器　2.吸光度旋钮　3.选择开关　4.浓度旋钮
5.光源室　6.波长手轮　7.电源开关　8.波长刻度窗
9.试样架拉手　10.100%T 旋钮　11.0%T 旋钮　12.灵敏度旋钮

图 5-5　752 型紫外分光光度计

2.使用方法

(1)将灵敏度旋钮调至“1”挡(放大倍数最小)。

(2)按“电源开关”(开关内两只指示灯亮)，钨灯点亮；按“氢灯”开关(开关内左侧指示灯亮)，氢灯电源接通。再按“氢灯触发”按钮(开关内侧指示灯亮)，氢灯点亮。仪器预热 30 min。(注：仪器后背部有一只“钨灯”开关，如不用钨灯时将它关闭)。

(3)选择开关置于“T”。

(4)打开试样室盖(光门自动关闭)，调节透光率“0%”旋钮，使数字显示为“000.0”。

(5)旋转波长手轮至所需波长上。

(6)将盛有溶液的比色皿置于比色皿架中(注：测定波长在 360 nm 以上时，可用玻璃比色皿；而在 360 nm 以下时，须用石英比色皿)。

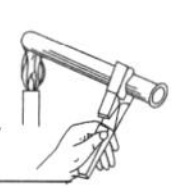

(7)盖上样品室盖,移动样品架拉手,将空白溶液比色皿移入光路,调节透光率“100%”旋钮,使数字显示为“100.0”。如果显示不到“100.0”,则可适当增加灵敏度的挡数,同时重复(4)操作,调整仪器的“000.0”。

(8)将被测溶液置于光路中,从数字显示器上直接读出被测溶液的透光率(T)值。

(9)吸光度(A)的测量:将选择开关置于“A”,参照(4)和(7),调节仪器的“000.0”和“100.0”。旋动吸光度调节旋钮,使数字显示为“000.0”,然后移入被测溶液,显示值即为样品溶液的吸光度值。

附 2:TU-1900 紫外-可见分光光度计使用方法

1. TU-1900 紫外-可见分光光度计

TU-1900 紫外-可见分光光度计(图 5-6)由分光光度计主机和计算机两部分组成。它的测定模式及结果显示等,都是通过专用的计算机软件(基于 Windows 环境设计的 UV Win 中文操作软件)来实现的。它可以提供多种测定方式进行吸光度测定,具备多种仪器控制和操作功能,充分利用了现代先进的计算机技术来提高工作效率。

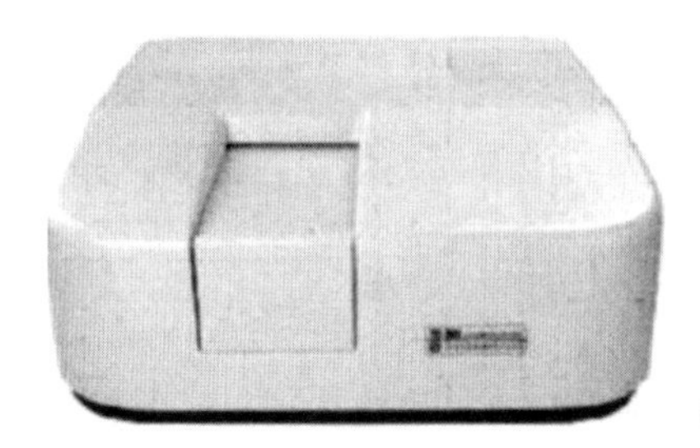

图 5-6　TU-1900 紫外-可见分光光度计

2. 使用方法

(1)接通电源。

(2)打开计算机主机电源,进入 Windows 界面。

(3)打开 TU-1900 分光光度计的主机电源,确认样品池架内无任何遮挡物。双击 UV-VIS TU-1900 软件。仪器开始自检,等待仪器自检结束。

(4)测量方式的选择。在菜单“应用”项下选择“光谱测量”“光度测量”“定量测定”“时间扫描”中相应的选项,进行测定。

(5)测定条件参数设置。依次选择菜单的“配置”“参数”项,弹出相应的测量参数设置对话框,根据实验内容设定测量条件。

(6)基线校正或零点校准。进入测定前,在不同的测量模式下,须要进行基线的校准或自动校零,点击命令条“Baseline”或“Auto zero”即可。此时,注意把两个装有空白溶液的比色杯分别放入靠里的参比架和靠外的样品池架中进行校准。

(7)测量。根据不同的模式,选择相应的测定指令进行测定。如“Star”或“Read”等指令。

(8)光谱测量的波长检出。依次选择菜单的“数据处理”“峰值检出”,选择相应的数据通道，屏幕上出现该数据通道的相应信息。

(9)关机。先关闭 TU-1900 UV Win 窗口，再关闭光度计电源，最后关闭计算机。

实验 51　荧光光度分析法测定维生素 B_2 的含量

一、实验目的

1. 学习荧光光度法测定维生素 B_2 含量的基本原理和方法。

2. 熟悉荧光光度计的结构及使用方法。

二、实验原理

在经过紫外光或波长较短的可见光照射后，一些物质会发射出比入射光波长更长的荧光。在稀溶液中，荧光强度 I_f 与物质的浓度 c 有以下关系：

$$I_f = 2.303 \Phi I_0 \varepsilon bc$$

当实验条件一定时，荧光强度与荧光物质的浓度呈线性关系：

$$I_f = Kc$$

这种以测量荧光的强度和波长为基础的分析方法叫作荧光光度分析法。荧光强度与激发光强度呈正比，提高激发光强度，可成倍提高荧光强度。同时，提高仪器灵敏度，可提高荧光光度法的灵敏度。而吸收光度法，无论是提高激发光强度还是提高仪器灵敏度，入射光和出射光同时增大，其灵敏度不变。因此，荧光光度法比吸收光度法灵敏度高。

维生素 B_2(又叫核黄素)是橘黄色、无臭的针状结晶，其结构式为：

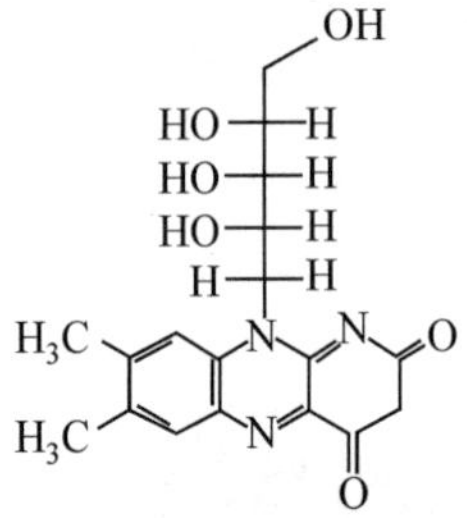

维生素 B_2 易溶于水而不溶于乙醚等有机溶剂，在中性或酸性溶液中稳定，光照下易分解，对热稳定。

维生素 B_2 溶液在 430～440 nm 蓝光的照射下，发出绿色荧光，荧光峰在 535 nm 处。维生素 B_2 的荧光强度在 pH 为 6～7 时最强，在 pH＝11 的碱性溶液中荧光消失，所以可以用荧光光度法测定维生素 B_2 的含量。

维生素 B_2 在碱性溶液中经光线照射会发生分解而转化为光黄素，光黄素的荧光比核黄素的荧光强得多，故测定维生素 B_2 的荧光时，溶液要控制在酸性范围内，且在避光条件下进行。

三、仪器与试剂

1. 仪器

荧光光度计、容量瓶(50 mL 和 1 000 mL)、吸量管(5 mL)、棕色试剂瓶、洗瓶。

2. 试剂

维生素 B_2 标样、市售维生素 B_2、1％HAc 溶液。

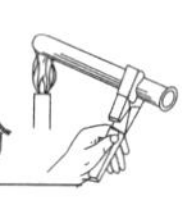

四、实验步骤

1. 标准系列溶液的配制

(1)10.0 mg/L 维生素 B_2 标准溶液的配制。准确称取 10.0 mg 维生素 B_2 标样，将其溶解于少量 1%HAc 溶液中，转移至 1 000 mL 容量瓶中，用 1%HAc 溶液稀释至刻度，摇匀。该溶液应装于棕色试剂瓶中，置于阴凉处保存。

(2)标准系列溶液的配制。准确移取 1.00、2.00、3.00、4.00 和 5.00 mL 标准维生素 B_2 溶液，分别加入 5 个干净的 50 mL 容量瓶中，用蒸馏水稀释至刻度，摇匀。

2. 待测样品液的配制

取 1 片市售维生素 B_2，用 1%HAc 溶液溶解，定容至 1 000 mL，贮存于棕色试剂瓶中，置于阴凉处保存。

3. 标准溶液的测定

开启仪器，预热。用蒸馏水作空白，合上样品室盖，接通电源，调读数至“0”。用标准溶液中最浓的溶液调节“满度”旋钮，使其荧光读数为满刻度，用此作为荧光测量的基准；然后按从稀至浓的顺序，分别测量系列标准溶液的荧光强度。

4. 未知试样的测定

取待测样品溶液 2.50 mL 置于 50 mL 容量瓶中，用蒸馏水稀释至刻度，摇匀。用与测定标准溶液相同的条件，测量待测样品溶液的荧光强度。平行测量其荧光强度 3 次。

五、数据记录和结果处理

将维生素 B_2 标准溶液的荧光强度填入表 5-15。

表 5-15　维生素 B_2 标准溶液的配制及其荧光强度

管号	维生素 B_2 标准溶液的体积/mL	蒸馏水的体积/mL	维生素 B_2 的质量浓度/(μg/mL)	I_f(荧光强度)
1	0	50.00	0	
2	1.00	49.00	0.2	
3	2.00	48.00	0.4	
4	3.00	47.00	0.6	
5	4.00	46.00	0.8	
6	5.00	45.00	1.0	

根据待测样品溶液的荧光强度，从标准曲线上求得样品溶液的质量浓度并填入表 5-16。

表 5-16　待测维生素 B_2 溶液的质量浓度的测定

编号	I_f(荧光强度)	样品液的质量浓度/(μg/mL)
1		
2		
3		
平均值		

根据样品维生素 B_2 溶液的质量浓度，计算药片中维生素 B_2 的含量，用 mg/片表示。

六、思考题

1. 采用荧光法对物质进行定性、定量的测定与采用紫外分光光度法有何异同?

2. 荧光法测定过程中,应注意哪些问题?

3. 试述荧光光度法比吸收光度法灵敏度高的原因。

【注意事项】

1. 在测量荧光强度时,最好用同一个荧光皿,以避免由于荧光皿之间的差异而引起的测量误差。

2. 取荧光皿时,手指拿住棱角处,切不可碰光学面,以免污染荧光皿,影响测量。

附:荧光分光光度法简介及其应用

一、荧光分光光度法简介

有些物质,当用紫外光照射时,它吸收某种波长之后还会发射出各种颜色和强度不同的光;而当紫外光停止照射后,这种光线也随之消失,这种光线称为荧光。荧光的波长比吸收的紫外光波长要长。

由于物质分子结构不同,所吸收的紫外光波长和发射的荧光波长也有所不同。利用物质的这个特性,可以对物质进行定性分析。同一种分子结构的物质,用同一种波长的紫外光照射,可发射相同波长的荧光;若该物质的浓度不同,所发射的荧光强度也不同,利用这个性质可以对物质进行定量分析。这种定量分析方法称为荧光分析法,简称荧光法。测量荧光的仪器有滤光片荧光计、滤光片–单色器荧光计和荧光分光光度计。荧光法的选择性好,灵敏度比紫外–可见分光光度法高2~3个数量级,检出限低,线性范围宽。现在主要应用的是荧光分光光度计。

荧光分光光度计主要部件包括激发光源、激发和发射单色器、样品池、检测器及读出记录装置。荧光分光光度计的工作原理可简述为:光源经入射单色器色散,提取所需波长单色光照射于样品上,由样品发出的荧光经发射单色器色散后照射于光电倍增管,光电倍增管将荧光强度信号转变为电信号,经放大器放大后于记录器记录或读出。

1. 光源

荧光分光光度计的光源有高压氙灯、汞灯、氙–汞弧灯、闪光灯和激光器,应用最广泛的是高压氙灯。氙灯所发射的谱线强度大,而且是连续光谱,连续分布在250~800 nm范围内,并且300~400 nm范围的谱线强度几乎相等。该灯对电源功率要求大,以确保它的稳定。

2. 单色器

置于光源和样品室之间的为激发单色器或第一单色器,用于筛选出特定的激发光谱。置于样品室和检测器之间的为发射单色器或第二单色器,常采用光栅为单色器,用于筛选出特定的发射光谱。

3. 样品池(室)

样品溶液被入射光激发后,在溶液的各个方向可以观察到荧光强度。但由于激发光源能量的一部分被透过,因此,像紫外–可见分光光度法那样在透射光的方向观察荧光是不适宜的,一般是在与激发光源垂直的方向观测。所以,荧光分析用的样品池须用不发荧光或弱荧光的材料制成，通常用石英为材料。样品池的形状以散射光较少的方形为宜，要求样品池的四面都是透光面。

4. 检测器

一般用硒光电池、光电管或光电倍增管作检测器，可将光信号放大并转为电信号。

随着科学技术的发展，荧光光度分析法在医学、生物、药物、食品、环境、冶金、材料、石油化工等方面的应用日益广泛，特别是在药物体内代谢的研究中，越来越多地应用荧光法进行测定。它不仅能直接、间接地分析众多的有机化合物，利用与有机试剂间的反应，还能进行近 70 种无机元素的荧光分析。

能用荧光分析法测定的有机物包括：多环胺类、萘酚类、嘌呤类、吲哚类、多环芳烃类、具有芳环或芳杂环结构的氨基酸类及蛋白质等；药物中的生物碱类如麦角碱、利舍平、麻黄碱、吗啡、喹啉类及异喹啉类生物碱等；甾体类如皮质激素及雌醇等；抗生素类如青霉素、四环素等；维生素类如维生素 A、维生素 B_1、维生素 B_2、维生素 B_6、维生素 E、抗坏血酸、叶酸及烟酰胺等。

无机离子中，除了铀盐外，一般不显荧光。然而，很多金属或非金属无机离子能与具有 π 电子共轭结构的有机化合物形成有荧光的配位化合物，故可用荧光法测定。

二、RF-5301PC 荧光分光光度计的使用方法

RF-5301PC 荧光分光光度计（图 5-7）的使用一般包括以下几个步骤。

图 5-7　RF-5301PC 荧光分光光度计

1. 开机

启动计算机，打开荧光分光光度计主机电源，然后在主界面上双击 RF-5301PC 图标，启动操作窗口。

2. 定性扫描

在菜单栏“Acquire mode”的下拉菜单中点击“Spectrum parameters”，进入光谱扫描模式。

（1）设定参数。在菜单栏“Configure”的下拉菜单中点击“Parameters”（或按 Ctrl+P），弹出实验参数设置对话框，进行参数设置。设定完毕后，点击“OK”（首次进入光谱扫描模式时参数设定窗口会自动打开）。

（2）扫描样品。将待测样品放入样品池后点，击工具栏中的“Star”按钮，开始收集扫描数据。

（3）数据处理。从“Manipulate”下拉菜单中选择欲处理的类型（Arithmetic 为光谱与常数的运算；Transforms 为光谱的微分、倒数与对数计算；File/Chnlcalc 为两个光谱之间的数

学运算；Peakpick 为检出峰/谷值；Pointpick 为定波长读谱；Peakarea 为测定峰面积)，弹出任务对话框，设定参数后进行处理。

(4)打印。在菜单栏“Presentation”的下拉菜单中点击“Plot”，进入打印对话框，设置后打印。

3. 定量测定

在菜单栏“Acquire mode”的下拉菜单中点击“Quantitative”，进入定量测定模式。

(1)设置参数。在菜单栏“Configure”的下拉菜单中点击“Parameters”，弹出实验参数设置对话框，进行参数设置。设定完毕后，点击“OK”。

(2)测量

①将装空白溶液的比色杯放入样品池后，点击工具栏中的“Auto zero”建立零点。

②将第一个标样放入样品池后，点击工具栏中的“Read”按钮，弹出对话框后，在“Concentration”处输入标样浓度，然后点击“OK”。

③重复第②步操作，直至所有标样测定完毕。工作曲线自动显示在工作窗口。

④将待测样品放入样品池后，点击“Read”，测定的数据列于左侧。

(3)打印。在菜单栏“Presentation”的下拉菜单中点击“Plot”，进入打印对话框，设置后打印。

实验 52　有机阳离子交换树脂交换容量的测定

一、实验目的

1. 了解离子交换树脂交换容量的意义。

2. 掌握阳离子交换树脂总交换容量和工作交换容量的测定原理和方法。

二、实验原理

离子交换剂可分为无机离子交换剂和有机离子交换剂两大类。有机离子交换剂常称为离子交换树脂。

离子交换树脂的交换容量是指每克干燥树脂或每毫升溶胀后的树脂所能交换的物质的量(mmol)，用 Q 表示，单位 mmol/g 或 mmol/mL。它等于树脂所能交换离子的物质的量 n 除以交换树脂体积 V 或除以交换树脂的质量 m，即

$$Q=\frac{n}{V}\quad(\text{湿树脂})\quad 或\quad Q=\frac{n}{m}\quad(\text{干树脂})$$

上式表明，树脂的交换容量 Q 是单位体积湿树脂或单位质量干树脂所能交换的物质的量。常用树脂的 Q 约为 3 mmol/mL 或 3 mmol/g。

交换容量有总交换容量和工作交换容量之分。总交换容量是指用静态法(树脂和试液在容器中达到交换平衡的分离法)测定的树脂内，所有可交换基团全部发生交换时的交换容量，又称全交换容量。工作交换容量是指在一定操作条件下，用动态法(柱上离子交换分离法)实际所测得的交换容量，它与溶液离子浓度、树脂床高度、流量、粒径大小以及交换形式等因素有关。

本实验用酸碱滴定法测定强酸性阳离子交换树脂的总交换容量和工作交换容量。氢型

阳离子交换树脂可简写为RH，当一定量的氢型阳离子交换树脂RH与一定量过量的NaOH标准溶液混合，达到交换平衡时：

$$RH + NaOH = RNa + H_2O$$

用HCl标准溶液滴定过量的NaOH，即可求出树脂的总交换容量Q。

当一定量的氢型阳离子交换树脂装入交换柱后，用Na_2SO_4溶液以一定的流速通过此交换柱时，Na_2SO_4中的Na^+将与RH发生交换反应：

$$RH + Na^+ = RNa + H^+$$

交换出来的H^+，用NaOH标准溶液滴定，可求得树脂的工作交换容量。

三、仪器和试剂

1.仪器

烘箱、锥形瓶、25 mL移液管、强酸性阳离子交换树脂001×7型、离子交换柱(可用25 mL酸式滴定管代替)、玻璃棉(用蒸馏水浸泡洗净)。

2.试剂

3 mol/L HCl、0.1 mol/L NaOH标准溶液、0.1 mol/L HCl标准溶液、2 g/L酚酞乙醇溶液、0.5 mol/L Na_2SO_4溶液。

四、实验内容

1.树脂的预处理

市售的阳离子交换树脂，一般为钠型(RNa)，使用前须将树脂用酸处理，使它转变为氢型：

$$RNa + H^+ = RH + Na^+$$

称取20 g苯乙烯阳离子交换树脂于烧杯中，加入150 mL 3 mol/L HCl溶液，搅拌，浸泡1～2 d。倾出上层HCl清液，换以新鲜的3 mol/L HCl溶液，再浸泡1～2 d，并多次搅拌。倾出上层HCl溶液，用蒸馏水漂洗树脂直至中性，即得到氢型阳离子交换树脂RH。

2.阳离子交换树脂总交换容量的测定

(1)氢型阳离子交换树脂的干燥。将预处理好的RH树脂用滤纸压干后，装于培养皿中，在105℃下干燥1 h，取出放于干燥器中，冷却至室温后，称量。然后再将树脂放回105℃的烘箱中，烘烤0.5 h后取出，冷却，称量，直至恒重为止。

(2)静态交换平衡。准确称取干燥恒重的氢型阳离子交换树脂1.000 g，放于250 mL干燥带塞的锥形瓶中，准确加入100 mL 0.1 mol/L NaOH标准溶液，摇匀，盖好锥形瓶，放置24 h，使之达到交换平衡。

(3)过量NaOH溶液的滴定。用移液管从锥形瓶中准确移取25.00 mL交换后的NaOH溶液，加入2滴酚酞指示剂，用0.1 mol/L HCl标准溶液滴定至红色刚好褪去，即为终点。记下消耗的HCl标准溶液体积，平行滴定3次。按下式计算树脂的总交换容量Q。

$$Q = \frac{c(\mathrm{NaOH})V(\mathrm{NaOH}) - c(\mathrm{HCl})V(\mathrm{HCl})}{m_{\text{干树脂}}} \times \frac{100.00}{25.00}$$

(4)回收树脂。将使用过的树脂回收在烧杯中，统一进行再生处理。

3.阳离子交换树脂工作交换容量的测定

(1)装柱。将玻璃棉搓成花生米大小的小球，通过长玻璃棒将其装入酸式滴定管的下部，并使其平整。在滴定管中加入10 mL左右蒸馏水。将一定量RH树脂浸泡在水溶液中，用玻璃棒一边搅拌一边倒入酸式滴定管中，至柱高20 cm左右。用蒸馏水将树脂洗成中性(用pH试纸检查)，放出柱中多余的水，但须使柱的树脂上部余下1 mL左右的水(注意：装柱和交换过程中，不能出现树脂床流干的现象。流干时，形成固-气相，交换不能进行。流干现象容易从产生的气泡看出来。出现流干时，必须重新装柱)。

(2)交换。向交换柱中不断加入0.5 mol/L Na_2SO_4溶液，用250 mL容量瓶收集流出液，调节流速为2～3 mL/min。流过100 mL Na_2SO_4溶液后，经常检查流出液的pH，直至流出的Na_2SO_4溶液与加入的Na_2SO_4溶液pH相同时，停止加入Na_2SO_4溶液，交换完毕。将收集液稀释至250 mL，摇匀。

(3)工作交换容量的测定。用移液管移取上述收集液25.00 mL 3份于3个250 mL锥形瓶中，均加入2滴酚酞，用0.1 mol/L NaOH标准溶液滴定至微红色，记下消耗NaOH标准溶液体积。按下述公式计算Q：

$$Q=\frac{c(\mathrm{NaOH})V(\mathrm{NaOH})}{m_{树脂}}\times\frac{250.00}{25.00}$$

(4)回收树脂。实验完毕，将树脂统一回收到烧杯中，以便再生处理。同时，取出滴定管中的玻璃棉。

五、数据记录和结果处理

将实验数据及计算结果填入表5-17和表5-18。

表5-17 阳离子交换树脂总交换容量的测定

测定项目	实验次数			平均值	相对相差/%
	Ⅰ	Ⅱ	Ⅲ		
消耗的HCl标准溶液的体积/mL					
干树脂的质量/g					
树脂的总交换容量Q/(mmol/g)					

表5-18 阳离子交换树脂工作交换容量的测定

测定项目	实验次数			平均值	相对相差/%
	Ⅰ	Ⅱ	Ⅲ		
消耗的NaOH标准溶液的体积/mL					
干树脂的质量/g					
树脂的工作交换容量Q/(mmol/g)					

六、思考题

1. 市售树脂，使用前应如何处理？
2. 交换过程中，柱中产生气泡，有何影响？
3. 根据强酸性阳离子交换树脂交换容量的测定原理，试设计测定强碱性阴离子交换树脂的交换容量的实验方案。
4. 离子交换柱的形状和大小(柱高、柱内径大小)对分离效果有何影响？

附:常用离子交换树脂的型号和用途

表 5-19　常用离子交换树脂的型号和用途

分类		活性基团	商品型号及示例	应用	中国旧型号
阳离子交换树脂	强酸性苯乙烯系阳离子交换树脂	磺酸基—SO_3H	中国　001×7 美国　Dowex50,Amberlite IR-120 英国　Zerolite225 日本　神胶 1 号	交换阳离子、制取纯水等	732
	弱酸性丙烯酸系阳离子交换树脂	羧基—COOH 酚基—OH	中国　112×1 美国　Amberlite IRC-50 英国　Zerolite226	有机碱的分离	724
阴离子交换树脂	强碱性季铵Ⅰ型阴离子交换树脂	季铵基 ═NCl	中国　201×7 美国　Amberlite IRA-400 英国　Zerolite FF 日本　神胶 801	交换阴离子、金属络阴离子、制取纯水	717
	弱碱性苯乙烯系阴离子交换树脂	伯胺基 —NH_2 仲胺基 ═NH 叔胺基 ≡N	中国　303×2 美国　AmberliteIR-45		704

实验 53　气相色谱法测定环己烷-苯混合物各组分的含量

一、实验目的

1. 掌握归一化法定量公式及其应用。

2. 学会使用气相色谱仪的氢火焰离子化检测器(FID)。

二、实验原理

归一化法是将试样中所有组分的含量之和按 100%计算,以它们相应的色谱峰面积 A(或峰高 h)为定量参数,通过下列公式计算各组分的含量:

$$w_i = \frac{A_i f_i'}{\sum_{i=1}^{n} A_i f_i'} \times 100\%$$

$$\text{或 } w_i = \frac{h_i f_i'}{\sum_{i=1}^{n} h_i f_i'} \times 100\%$$

式中:w_i 为被测组分的质量分数;A_i、h_i 分别为被测组分的色谱峰面积和峰高;f_i 为被测组分的相对校正因子;n 为组分数量。

当各组分的 f'_i 相近时,计算公式可简化为

$$w_i = \frac{A_i}{\sum_{i=1}^{n} A_i} \times 100\%$$

由上式可知，这种方法的要求是：经过色谱分离后，样品中所有组分都能产生可测量的色谱峰。该法的主要优点是：简便、准确，操作条件变化对分析结果影响较小。这种分析常用于常量分析，尤其适合于进样量很少而其体积不易准确测量的液体样品。

有机物在氢焰的作用下发生化学电离而形成离子流，氢火焰离子化检测器借测定离子流强度进行检测。它具有灵敏度高、响应快、线性范围宽等优点，是目前最常用的检测器之一。由于它的高灵敏度，所以应用比热导检测器要广。其缺点是：一般只能测定含碳有机物；检测时样品易被破坏；检测时要用 3 种气体，较麻烦。

三、仪器与试剂

1. 仪器

SP-2100 型气相色谱仪、BF-2002 色谱工作站、色谱柱（GDX-102，直径 2～3 mm）、FID 检测器、H_2（载气流速 40 mL/min）、1 μL 进样器、100 μL 微量注射器、磨口滴瓶、干燥具塞小瓶、10 mL 容量瓶。

2. 试剂

环己烷（A. R）、苯（A. R）。

四、实验内容

1. 配制溶液

（1）配制样品溶液 A(已知含量的环己烷-苯混合液）。分别准确吸取 0. 50 mL 环己烷、0. 50 mL 苯于试管中，混匀。

（2）配制样品溶液 B(未知样品）。

2. 仪器设置

（1）开启氢气发生器。

（2）打开气相色谱仪主机，按下列条件设置仪器控制参数。

①柱箱温度：70℃；②进样器温度（或汽化室温度）：140℃；③FID 检测器温度：120℃；④量程：10；⑤极性：正。

（3）检查气路的密封性。

（4）设置色谱工作站参数。

①通道：A；②采集时间：6 min；③起始峰宽水平：5；④满屏时间：10；⑤量程：1 000；⑥定量方法：归一；⑦其他为默认值。

（5）仪器控制参数设置完成后，当液晶屏幕的右上角显示“就绪”状态时，按照实验条件，调节好燃气及空气的流量。按点火键 5～10 s，检查是否已点着。若检测器点着了，屏幕上的“输出”显示值应大于 0 mV。待基线稳定后，即可进样。进样的同时，用鼠标点击工作站上的“谱图采集”按钮，开始记录图谱。若想在设定的“采集时间”前终止实验，可用鼠标点击工作站上的“手动停止”按钮（红色），然后储存并处理图谱数据。

3. 测定环己烷、苯的相对校正因子

取样品溶液 A，进样 1 μL，进样 3 次，记录色谱图。根据不同进样次数测得的峰面积平均值，计算色谱相对校正因子。计算公式如下：

$$f'_{环己烷}=\frac{A_{苯}m_{环己烷}}{A_{环己烷}m_{苯}}f'_{苯}$$

4. 测定未知样品

取样品溶液 B，进样 1 μL，进样 3 次，记录色谱图。根据不同进样次数测得的峰面积平

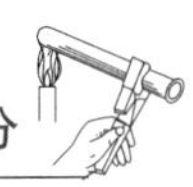

均值，以及被测物和内标物在色谱图上对应的峰面积(或峰高)和相对校正因子，按下式计算各组分的质量分数：

$$w_i = \frac{A_i f'_i}{\sum_{i=1}^{n} A_i f'_i} \times 100\%$$

关机时，先关闭热导检测器，再将各温度设置到室温，最后打开柱温箱降温。待仪器温度降到室温时，方可关闭载气。

五、实验数据的记录与处理

将实验数据及计算结果填入表 5-20 和表 5-21。

表 5-20　环己烷、苯的相对校正因子测定

测定项目	实验次数			平均值
	Ⅰ	Ⅱ	Ⅲ	
$A_{苯}/cm^2$				
$A_{环己烷}/cm^2$				
$m_{环己烷}/g$				
$m_{苯}/g$				
相对校正因子				

表 5-21　未知样品各组分的质量分数的测定

测定项目	实验次数			平均值
	Ⅰ	Ⅱ	Ⅲ	
$A_{苯}/cm^2$				
$A_{环己烷}/cm^2$				
组分的质量分数/%				

六、思考题

1. 在什么情况下可以用归一化法定量？
2. 为什么采用归一化法定量时，准确度与进样量无关？

附：气相色谱仪简介及其应用

一、气相色谱仪简介

以气体为流动相的色谱法称为气相色谱法(gas chromatography，GC)。按分离原理，气相色谱法主要分为气液分配色谱法和气固吸附色谱法。GC 法是近几十年来迅速发展起来的分离分析方法，它最早用于石油产品的分离分析，现在已广泛应用于石油化学、化工、有机合成、医药及食品等工业的科学研究和生产等方面。GC 法还可用于生物化学、临床诊断，特别在环境保护中对水、空气等的监测中起着越来越重要的作用。

GC 法适合于可汽化的多组分混合物的定性、定量分析。GC 法常用的定量分析方法主要有归一化法、内标法、外标法和标准加入法。GC法具有高效能、高选择性、高灵敏度、用量少、分析速度快、应用广等特点。理论上，不具有腐蚀性的气体或只要在仪器所能承受的温度下能够汽化，且自身又不分解的化合物都可用气相色谱法分析。但是，气相色谱法要求样品必须能够汽化，受样品挥发性的限制是它的主要弱点。

目前市场上的气相色谱仪型号繁多，性能也各异，但总的来说，仪器的基本结构是相似的，其结构示意图见图5-8。

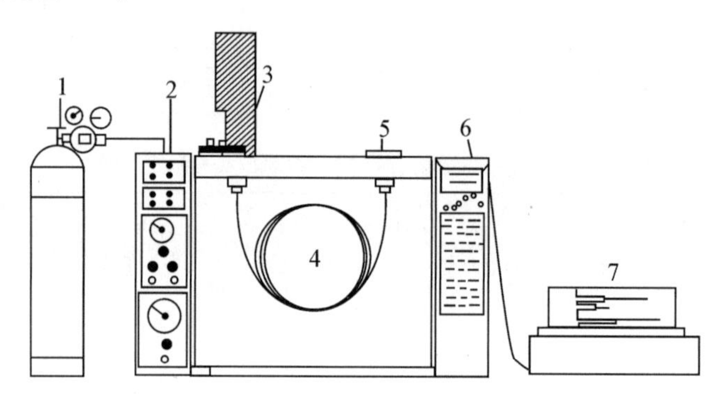

1. 气源　2. 气路控制系统　3. 进样系统　4. 柱系统
5. 监测系统　6. 控制系统　7. 数据处理系统

图5-8　气相色谱仪的基本结构

1. 气路系统

气源主要包括载气、燃气及助燃气。载气是气相色谱仪的流动相。正确选择载气也是GC法成功的重要条件。可用作载气的气体很多，常用的载气有氢气、氮气、氩气等。在实际应用中，载气的选择主要是根据检测器的特性来决定的(相关内容将在相应的实验中加以介绍)。

气相色谱仪的载气多用所需气体的高压钢瓶作气源，也有用气体发生器作气源的。无论选用何种供气方式，一方面要注意使用的安全，另一方面要特别注意所提供气体的纯净程度。如果气体的纯净程度不能满足实验的需要，会对色谱分析造成不利影响；必要时，要在气源与气相色谱仪之间增加气体净化装置。

2. 进样系统

进样就是用注射器(或其他进样装置)将样品迅速而定量地注入汽化室汽化，使样品被载气带入柱内进行分析。气相色谱法主要采用的是隔膜式进样，进样器主要有注射器、气体进样阀、自动进样器、分流进样器等。出于成本的考虑，国内一般采用注射器进样，常用注射器规格为：气体用0.5～10 mL医用注射器；液体用0.5～50 μL微量注射器。使用时，进样量要与所选用的注射器相匹配，最好是在注射器最大容量下使用，从而减小进样量引起的误差。由于进样口的温度较高，在使用过程中要注意选择相应耐受温度的隔膜进样垫，并定期更换，以防止漏气及样品泄漏。

3. 色谱柱及柱箱

GC法要求样品必须在汽化室迅速汽化，并随着载气进入色谱柱，所以进样系统、色谱柱、检测器等都必须放置在带温度控制的柱箱中。现在大多数气相色谱仪的柱箱支持程序升温，给宽沸程的样品分析创造了一个较好的实验条件。

色谱柱是色谱仪的"心脏",是色谱仪主分离的部分。气相色谱中的色谱柱基本分为两类,即填充柱和毛细管柱;柱的形状多为螺旋形,其材质可用玻璃、不锈钢、熔融石英。填充柱的直径为2~6 mm,柱长为0.5~10 m,一般是将固定相涂布在载体上,然后装填入色谱柱内;毛细管柱的直径为0.1~0.5 mm,柱长为20~100 m,一般柱内没有填料,多在内壁涂上一层固定液膜或沉积吸附剂。

4. 检测系统

气相色谱常用的检测器主要有热导检测器(TCD)、氢火焰离子化检测器(FID)、电子捕获检测器(ECD)、火焰光度检测器(FPD)、热离子检测器(TID)、光离子检测器(PID)。其中TCD是目前应用最广泛的通用型检测器,它几乎对所有物质都有响应,在检测过程中样品不易被破坏,因此,可以用于样品制备及与其他技术联用。FID是目前常用的检测器之一,它是一种选择性检测器,它只能检测那些在氢火焰中燃烧产生大量碳正离子的有机化合物,所以FID属于专属型检测器,检测时样品易被破坏。

5. 数据处理系统

早期的气相色谱仪通常只配有简单的记录仪,随着色谱过程画出流出-时间曲线,然后靠手工测量峰高和保留时间,计算峰面积进行定性、定量分析。而现在的气相色谱仪大多配备了计算机,依靠计算机强大的软件支持,可以全程控制色谱仪各部件的温度及仪器的操作,采集并分析所得数据,使气相色谱仪的操作更快速、简便、准确、精密及自动化程度更高,使人们摆脱了烦琐的手工操作和计算。

二、SP-2100型气相色谱仪使用方法

SP-2100型气相色谱仪是一种多用途、高性能的台式通用型气相色谱仪。用户可通过按键、液晶显示器和全中文界面来操作仪器,可选择恒温或程序升温的操作方式。该仪器使用填充色谱柱,可同时安装并使用两个检测器。

仪器的信号输出通过用户选接的色谱工作站、积分仪或记录仪实现。SP-2100型气相色谱仪的外观如图5-9所示,使用方法如下所述。

图5-9 SP-2100型气相色谱仪

1. 通载气

将载气调至需要的流量。

2. 启动色谱仪

打开色谱仪背面右上侧的电源开关,面板上的液晶显示器亮。

3. 设定仪器控制参数

(1)TCD检测器。TCD检测系统需设定的参数有:①柱箱温度;②进样器温度(或汽化

室温度)；③检测器温度；④热丝温度；⑤放大倍数；⑥极性。

(2)FID 检测器。FID 检测系统需设定的参数有：①柱箱温度；②进样器温度(或汽化室温度)；③检测器温度；④量程；⑤极性。

(3)参数设置步骤。按“状态/设定”键为“设定”界面，按“⇐”或“⇒”键，选择需设定的项目，按“⇑”或“⇓”键设定所需要的值。仪器处于运行状态时，要想修改已有的参数，则应先按“开始/停止”键，退出运行状态，等液晶屏幕的右上角显示“就绪”，再按前述方法修改所需项目。

4. 进样

(1)TCD 检测器。仪器控制参数设置完成后，当液晶屏幕的右上角显示“就绪”状态时，待仪器基线稳定，即可进样。进样的同时，用鼠标点击工作站上的“谱图采集”按钮(绿色)，开始记录图谱。若想在设定的“采集时间”前终止实验，可用鼠标点击工作站上的“手动停止”按钮(红色)，然后储存并处理图谱数据。

(2)FID 检测器。仪器控制参数设置完成后，当液晶屏幕的右上角显示“就绪”状态时，按照实验条件，调节好燃气及空气的流量。按点火键 5～10 s，检查是否已点着。若检测器点着了，屏幕上的“输出”显示值应大于 0 mV。待基线稳定后，即可进样。其他操作同 TCD 检测器。

5. 关机

实验完成后，先将除载气以外的气源、热丝温度关闭，然后将柱箱、进样器、检测器等参数设置设至室温，待柱箱温度降至室温后，关闭电源及载气。

6. 注意事项

(1)不通载气，不得升柱温，尤其不能加热热丝温度。

(2)灵敏度足够时，热丝温度低一点稳定性好，寿命长。

(3)检测器温度一般应高于柱箱温度 40～50℃，但不要高于色谱柱的最高使用温度。

三、气源装置使用方法简介

1. GGN1300 全自动氮气发生器使用说明

(1)待空气源能够正常工作时，再打开电源开关；

(2)排空运行 20～30 min，仪器压力升至 0.3～0.4 MPa 待用；

(3)待 GC 需用 N_2 时，拧紧排空阀；

(4)工作完毕后关闭电源开关，打开排空阀。

2. SPB-3 全自动空气源使用说明

(1)打开电源开关，红色指示灯亮；

(2)待压力上升到 0.4 MPa 即可使用；

(3)工作完毕后关掉电源，缓慢打开放水阀(不超过 10 s)，放水后立即拧紧放水阀。

3. GCO-300B 全自动氢气发生器使用说明

(1)打开电源开关，绿色指示灯亮；

(2)在 3 min 内拧紧排空阀；

(3)待仪器压力升至 0.3～0.4 MPa 即可使用；

(4)工作完毕后关掉电源，缓慢打开排空阀。

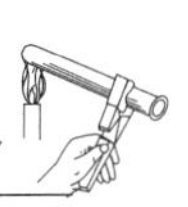

实验 54　气相色谱法测定无水乙醇中微量水分的含量

一、实验目的

1. 掌握内标定量方法。

2. 掌握相对校正因子的求取方法。

3. 学会使用气相色谱仪的热导检测器(TCD)。

二、实验原理

当只需测定试样中某几个组分,或试样中所有组分不可能全部出峰时,可采用内标法。具体做法是:准确称取样品,加入一定量某种纯物质作为内标物,然后进行色谱分析。根据被测物和内标物在色谱图上相应的峰面积(或峰高)和相对校正因子,求出某组分的含量。因为

$$\frac{m_i}{m_s}=\frac{A_i f'_i}{A_s f'_s}$$

式中:m_i、m_s分别为被测组分和基准物的质量;A_i、A_s 分别为被测组分和内标物的色谱峰面积;f'_i、f'_s 分别为被测组分和内标物的相对校正因子。

$$m_i=\frac{A_i f'_i m_s}{A_s f'_s}$$

$$w_i=\frac{m_s}{m}\times 100\%=\frac{A_i f'_i m_s}{A_s f'_s m}\times 100\%$$

式中:w_i 为被测组分的质量分数;m 为样品质量。

在实际工作中,常以内标物本身为基准物,其中 $f'_s=1$ 。故被测组分的含量计算公式为

$$w_i=\frac{A_i}{A_s}\times\frac{m_s}{m}\times f'_i\times 100\%$$

由上式可见,内标法是通过测量内标物及欲测组分峰面积的相对值来计算的,因而可以在一定程度上消除操作条件等变化所引起的误差。内标法的优点是准确性不受进样准确性的影响。

内标法的要求:内标物必须是待测试样中不存在的;内标法的峰应与试样各组分的峰分开,并尽量接近欲分析的组分。

本实验以乙醇作样品,用内标法测定其中水的含量,色谱柱的固定相为 GDX-102,此时出峰顺序以分子质量大小顺序出柱,分子质量小者先出。

三、仪器与试剂

1. 仪器

SP-2100 型气相色谱仪、BF-2002 色谱工作站、TCD 检测器、色谱柱(GDX-102,直径 2~3 mm)、H_2(载气流速 40 mL/min)、1 000 μL 移液器、10 μL 进样器、磨口滴瓶、干燥具塞小瓶、10 mL 容量瓶。

2. 试剂

蒸馏水、无水甲醇(A. R)、95%乙醇(A. R)。

四、实验内容

1. 配制溶液

(1)配制样品溶液 A:分别准确吸取 0.50 mL 甲醇、0.4 mL 蒸馏水于试管中,混匀。

(2)配制样品溶液 B:准确吸取 0.50 mL 甲醇于已定容的 10 mL 95%乙醇容量瓶中,混匀。

2. 仪器设置

(1)开启氢气发生器。

(2)打开气相色谱仪主机,按下列条件设置仪器控制参数。

①柱箱温度:110℃;②进样器温度(或汽化室温度):160℃;③TCD 检测器温度:160℃;④热丝温度:180℃(桥流约为 200 mA);⑤放大:10;⑥极性:正。

(3)检查气路的密封性。

(4)设置色谱工作站参数。

①通道:A;②采集时间:10 min;③起始峰宽水平:5;④满屏时间:10;⑤量程:1 000;⑥定量方法:归一;⑦其他为默认值。

(5)当液晶屏幕的右上角显示"就绪"状态时,待仪器基线稳定,即可进样。进样的同时,用鼠标点击工作站上的"谱图采集"按钮,开始记录图谱。若想在设定的"采集时间"前终止实验,可用鼠标点击工作站上的"手动停止"按钮(红色),然后储存并处理图谱数据。

3. 测定水的相对校正因子

取样品溶液 A,进样 1 μL,进样 3 次。根据不同进样次数测得的峰面积平均值,计算相对校正因子。计算公式如下:

$$f_i'=\frac{A_s m_i}{A_i m_s}f_s'$$

4. 测定乙醇中水的含量

取样品溶液 B,进样 1 μL,进样 3 次。根据不同进样次数测得的峰面积平均值,以及被测物和内标物在色谱图上相应的峰面积(或峰高)和相对校正因子,求出无水乙醇样品中水的含量。计算公式如下:

$$w_i=\frac{A_i}{A_s}\times\frac{m_s}{m}\times f_i'\times 100\%$$

关机时,先关热导检测器,再将各温度设置到室温,最后打开柱箱降温。待仪器温度降到室温时,方可关闭载气。

五、实验数据的记录与处理

将实验数据及计算结果填入表 5-22 和表 5-23。

表 5-22 水的相对校正因子测定

测定项目	实验次数			平均值
	Ⅰ	Ⅱ	Ⅲ	
$A_{水}/cm^2$				
$A_{甲醇}/cm^2$				
$m_{甲醇}/g$				
$m_{水}/g$				
相对校正因子				

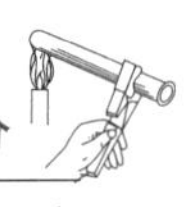

表 5-23　乙醇中水的含量的测定

测定项目	实验次数			平均值
	Ⅰ	Ⅱ	Ⅲ	
$A_{水}/cm^2$				
$A_{甲醇}/cm^2$				
$m_{甲醇}$/g(内标物)				
$m_{样}$/g				
乙醇中水的质量分数/%				

六、思考题

1. 作为内标物的条件是什么？加入内标物甲醇的量是如何考虑的？加多或加少有什么影响？

2. 如何测知水、甲醇、乙醇的出柱顺序？

3. 若用气相色谱法测定冰醋酸中的水分，已知 HAc 中含水约为 0.2%(m/V)，试设计一个配制溶液的方法(样品、内标物各多少)。

实验 55　苯甲醇、苯甲醛、苯乙酮、苯甲酸甲酯的高效液相色谱分析

一、实验目的

1. 掌握归一化法定量方法。

2. 理解反相色谱法的原理。

3. 了解高效液相色谱仪的基本结构及主要性能。

二、实验原理

反相色谱法是一种流动相极性大于固定相极性的分配色谱法。一般用非极性固定相如 C18、C8。流动相为水或缓冲液，常加入甲醇、乙腈、异丙醇、丙酮、四氢呋喃等与水互溶的有机溶剂，以调节保留时间。在反相色谱中，极性大的组分先流出，极性小的组分后流出。根据组分峰面积大小和测得的相对校正因子，用归一化定量方法求出各组分的含量。归一化定量公式为：

$$w_i = \frac{A_i f'_i}{\sum_{i=1}^{n} A_i f'_i} \times 100\%$$

式中：w_i 为组分的质量分数；A_i 为组分的峰面积；f'_i 为组分的相对校正因子。

三、仪器与试剂

1. 仪器

1100 型液相色谱仪、BF-2002 色谱工作站、UVD 检测器(254 nm)、色谱柱[Zorbax ODS (7 μm，ϕ4 mm×150 mm)]、定量环、10 μL 移液器、微量注射器。

2. 试剂

双蒸水、甲醇(色谱纯)、流动相(50%甲醇水溶液，流速 1.2 mL/min)、苯甲醇(A. R)、苯甲醛(A. R)、苯乙酮(A. R)、苯甲酸甲酯。

四、实验内容

1. 标准溶液配制

准确称取苯甲醇、苯甲醛、苯乙酮、苯甲酸甲酯，用甲醇溶解，并转移至 50 mL 容量瓶中，用甲醇稀释至刻度。

2. 仪器连接及参数设置

按泵、进样器、色谱柱、检测器、记录仪的顺序将仪器连接好，并将流动相准备好。

设置色谱工作站和色谱仪参数。柱箱温度：53℃；通道：A；采集时间：15 min；起始峰宽水平：5；满屏时间：15；满屏量程：25；其他为默认值。满屏量程的设置方法：依次选择“工具”“选项”“显示”“在图谱采集过程中自动调节满屏量程以容纳最高点”。若出现平头峰，则应减少进样量，或增加 AUFS 值。

泵流量放在 0，限压选择在 4 000 PSI，插上泵的电源。开泵，将流量逐渐调至 0.1 mL/min。此时流动相开始冲洗、平衡色谱柱。

开通检测器电源，等待仪器自检完成。设定测定波长为 254 nm，AUFS 调整为 1.00。待基线稳定后进样。

3. 进样及测定

(1)载样。逆时针方向旋转把手至尽头，用平头微量注射器抽取 25 μL 样品。由进样器将样品注入色谱柱(进样体积一定大于样品环体积)。

(2)进样。顺时针方向旋转把手至尽头，环中样品即被流动相冲入色谱柱，同时在记录纸上做记录。当样品在 ODS 色谱柱上不被保留时，其 $t_R = t_0$。

(3)注入标准溶液 3.0 μL，记录各组分的保留时间，重复 3 次；再分别注入纯品对照出峰时间。

(4)注入样品溶液 3.0 μL，记录各组分的保留时间，重复 3 次。

(5)按要求关闭仪器。

五、实验数据的记录与结果处理

确定样品中各组分的出峰顺序，并将实验数据及计算结果填入表 5-24 和表 5-25。

表 5-24 各组分的相对校正因子的测定

组分	质量/g	峰面积/cm^2			平均值	相对校正因子
		Ⅰ	Ⅱ	Ⅲ		
苯甲醇						
苯甲醛						
苯乙酮						
苯甲酸甲酯						

表 5-25 样品中各组分的质量分数的测定

组分	峰面积/cm^2			平均值	质量分数/%
	Ⅰ	Ⅱ	Ⅲ		
苯甲醇					
苯甲醛					
苯乙酮					
苯甲酸甲酯					

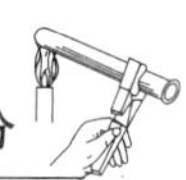

六、思考题

1. 什么是反相色谱？其最常用的固定相和流动相分别是什么？
2. 在使用流动相前为什么要进行脱气处理？
3. 采用定量环或微量注射器进样时，是否需要非常准确？

附：高效液相色谱的基本原理和使用方法

一、基本原理

高效液相色谱(high performance liquid chromatography，简称 HPLC)又称高压液相色谱或高分离度液相色谱，它是以液体作为流动相，并采用颗粒极细的高效固定相的柱色谱分离技术，是吸收了普通液相层析和气相色谱的优点发展起来的。高效液相色谱对样品适用性广，具备速度快，检测灵敏度高，不受分析对象挥发性和热稳定性的限制等特点，弥补了气相色谱法的不足。

高效液相色谱仪的系统由贮液器、输液泵、进样器、色谱柱、检测器、记录器等几部分组成。贮液器中的流动相被高压输液泵打入系统，样品溶液经进样器进入流动相，被流动相载入色谱柱(固定相)内。由于样品溶液中各组分在两相中具有不同的分配系数，在两相中做相对运动时，经过反复多次的吸附-解吸的分配过程，各组分在移动速度上产生较大的差别，被分离成单个组分依次从柱内流出。通过检测器时，样品浓度被转换成电信号传送到记录器，数据以图谱形式打印出来。

HPLC 法按分离机制的不同分为液固吸附色谱法、液液分配色谱法(正相与反相)、离子交换色谱法、离子对色谱法及分子排阻色谱法。

1. 液固吸附色谱法

这是以吸附剂为固定相的色谱法，被分离组分是根据固定相对组分吸附力大小不同而分离的。分离过程是一个吸附-解吸附的平衡过程。常用的吸附剂为硅胶或氧化铝，粒径为 5～10 μm。该方法适用于分离分子质量 200～1 000 的组分，多用于分离非离子型化合物，离子型化合物易产生拖尾，常用于分离同分异构体。

2. 液液色谱法

液液色谱法的固定相和流动相是互不相溶的两种溶剂，分离时，组分溶入两相，不同的组分因分配系数的不同而被分离，分离过程是一个分配平衡过程。由于涂布式固定相很难避免固定液流失，现在已很少采用，多采用的是化学键合固定相，如 C18、C8、氨基柱、氰基柱和苯基柱。

液液色谱法按固定相和流动相的极性不同可分为正相色谱法(NPC)和反相色谱法(RPC)。

正相色谱法是一种固定相极性大于流动相极性的分配色谱法。采用极性固定相，如聚乙二醇、氨基与腈基键合相；流动相为相对非极性的疏水性溶剂，如正己烷、环己烷，常加入乙醇、异丙醇、四氢呋喃、三氯甲烷等，以调节组分的保留时间。在正相色谱中，极性小的组分先流出，极性大的组分后流出。正相色谱法常用于分离中等极性和极性较强的化合物，如酚类、胺类、羰基类及氨基酸类等。

反相色谱法是一种流动相极性大于固定相极性的分配色谱法。一般用非极性固定相(如C18、C8);流动相为水或缓冲液,常加入甲醇、乙腈、异丙醇、丙酮、四氢呋喃等与水互溶的有机溶剂,以调节保留时间。在反相色谱中,极性大的组分先流出,极性小的组分后流出。流动相中有机溶剂的比例增加,流动相极性减少,洗脱力增强。反相色谱法适用于分离非极性和极性较弱的化合物,它是目前应用最广的高效液相色谱法,占整个HPLC应用的80%左右。

3. 离子交换色谱法

离子交换色谱法是以离子交换剂为固定相的色谱法,组分因与离子交换剂的亲和力不同而被分离。固定相是离子交换树脂,常用苯乙烯与二乙烯交联形成的聚合物骨架,在表面末端芳环上接上羧基、磺酸基(称阳离子交换树脂)或季铵基(阴离子交换树脂)。被分离组分在色谱柱上分离原理是:树脂上可电离离子与流动相中具有相同电荷的离子及被测组分的离子进行可逆交换,根据各离子与离子交换基团具有不同的电荷吸引力而分离。

缓冲液常用作离子交换色谱的流动相。被分离组分在离子交换柱中的保留时间除与组分离子和树脂上的离子交换基团作用强弱有关外,还受流动相的pH和离子强度的影响。pH可改变化合物的解离程度,进而影响其与固定相的作用。流动相的盐浓度大,则离子强度高,不利于样品的解离,导致样品较快流出。离子交换色谱法主要用于分析有机酸、氨基酸、多肽及核酸。

在以上几种分离方式中,反相键合相色谱应用最广,因为它采用醇-水或腈-水体系作流动相。纯水易得、廉价,它的紫外吸收极小。在纯水中添加各种物质可改变流动相选择性。使用最广的反相键合相是十八烷基键合相。

二、高效液相色谱仪结构

高效液相色谱仪按用途可分为分析型、制备型、专用型等几种类型,但其基本部件都相同。HPLC仪由输液系统、进样系统、柱系统、检测和记录系统组成,高压输液泵、色谱柱和检测器为三大关键部件。高效液相色谱仪的流程见图5-10。

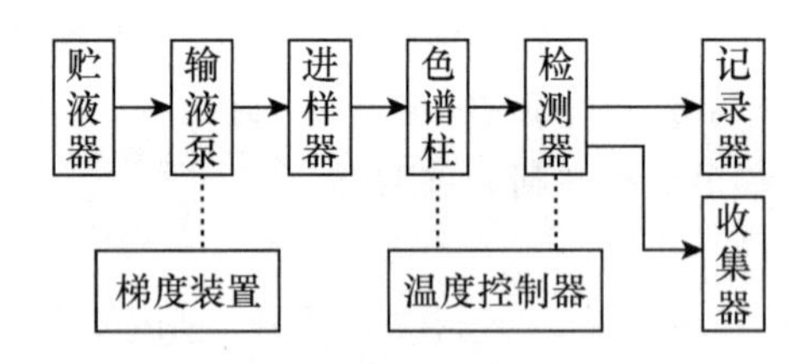

图5-10　高效液相色谱仪的流程

1. 溶剂贮存器和溶剂过滤脱气

流动相存放在贮液器里。简单的贮液器为500 mL试剂瓶,盖严,防溶剂挥发,瓶内泵吸液管端装10 μL不锈钢烧结滤头过滤溶剂。为了延长色谱柱的寿命,在使用流动相前还须用孔径小于0.5 μm的过滤器过滤除去颗粒物质。低沸点和高黏度的溶剂不适宜作为流动相。含有KCl、NaCl等卤素离子的溶液以及pH小于4或大于8的溶液,由于会腐蚀不锈钢管道或使硅胶的性能受到破坏,也不宜作流动相。

在使用流动相前必须经过脱气处理,尤其是水和极性溶剂,是因为流动相从高压的色谱柱内流出时,会释放其中溶解的气体,这些气体进入检测器后会使噪声剧增。气泡将影响分

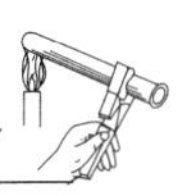

离效率，基线不稳使检测器灵敏度降低，甚至使信号不能检出，导致不能正常工作。常用的脱气法有微型真空泵在线脱气、超声波脱气等。

2. 输液系统

输液系统通常由输液泵、单向阀、流量控制器、混合器、脉动缓冲器、压力传感器等部件组成，泵为关键部件，直接影响整个仪器和分析结果的可靠性。输液泵分为单柱塞往复泵和双柱塞往复泵，用来输送流动相。由于高效液相色谱固定相颗粒极细，色谱柱阻力很大，必须高压输液，因此，泵的输液压力最高可达 40 MPa，输出流速为 0～20 mL/min，输液准确性达±2%，精密度优于±0.3%。

3. 进样系统

高压液相色谱采用六通高压微量进样阀进样。它能在不停流的情况下将样品进样分析。进样阀上可装不同容积的定量管，如 10 μL、20 μL 等。利用进样阀进样重现性好，操作方便，易于自动化，大大提高了分析精度。

4. 色谱柱

色谱柱是色谱仪的心脏，靠它实现分离。高效液相色谱仪的色谱柱通常都采用不锈钢柱，内填颗粒直径为 3 μm、5 μm 或 10 μm 等几种规格的固定相。由于固定相的高效，柱长一般都不超过 30 cm。分析柱的内径通常为 0.4～0.6 cm，制备柱则可达 2.5 cm。虽然液相色谱的分离操作可以在室温下进行，但大多数高效液相色谱仪都配置恒温柱箱，用来对色谱柱恒温。为了保护分析柱，通常可在分析柱前再装一根短的前置柱。前置柱内填充物要求与分析柱完全一样。

5. 检测器

检测器可连续地将柱中流出组分的含量随时间的变化，转变为易于测量的电信号，记录为样品组分的分离谱图，进行定性、定量分析。高效液相色谱常用检测器有紫外吸收检测器、荧光检测器、示差折光率检测器和电导检测器。紫外检测器分为固定波长和可调波长两类。固定波长紫外检测器采用汞灯，产生 254 nm 或 280 nm 谱线。可调波长检测器的光源为氘灯和钨灯，可以提供 190～750 nm 范围内的辐射，从而可用于紫外-可见区的检测。检测器的吸收池体积一般为 8～10 μL，光路长度约 8 mm。紫外检测器灵敏度较高，通用性也较好。荧光检测器是一种选择性强的检测器，仅适合于对荧光物质的测定，灵敏度比紫外检测器高 2～3 个数量级。示差折光率检测器是一类通用型检测器，只要组分折光率与流动相折光率不同就能检测，但两者之差有限，因此灵敏度较低，且对温度变化敏感，不能用于梯度淋洗。电导检测器是离子色谱法中应用最多的检测器。

6. 馏分收集器和记录器

馏分收集器用来收集纯组分。当进行制备色谱操作时，可以设置一个程序使之将欲分离的组分自动逐个收集，以备后用。记录器可采用色谱处理机和长图记录仪。

三、高效液相色谱的操作方法

1. 流动相的预处理

高效液相色谱对流动相的纯度要求较高。流动相使用的有机溶剂均要求是色谱纯的；水要使用二次蒸馏水或超纯水；盐类物质要使用优极纯试剂，并在使用前经过重结晶。各种试剂在使用前均要经过脱气处理，挥发性有机溶剂常采用超声波振荡脱气，一般处理时间为 30 min。对于水或缓冲液，常采用抽真空脱气，即将流动相倒入装有微孔滤膜的玻璃漏斗中，再将抽滤瓶与真空泵连接，抽真空脱气。

2. 柱平衡

在进样前，必须用流动相充分冲洗色谱柱，待流出液经过检测器证明柱内残留杂质全部除尽，即流出液的基线稳定后，方能进样。

3. 进样

用微量注射器吸取样品 3～5 μL，将样品注入进样阀内。注射器用流动相清洗，以备下一次进样。

4. 洗脱

进样后洗脱条件按预定的程序进行，包括每次操作时间、洗脱液组分和对形成梯度的要求、流动相的流速。

5. 检测和进样

洗脱过程中，随着流动相的流动，待测样品在不同时间流出色谱柱。仪器根据检测器的检测结果分析并收集样品。

6. 色谱柱的清洗及保存

使用完毕后，色谱柱应该用溶剂彻底清洗。

四、1100 型 HPLC 仪器使用方法

1100 型 HPLC 是由电脑工作站控制的高效液相色谱仪（图 5-11）。用户可以通过网络对仪器进行控制，如参数设定、数据采集、数据分析等工作。仪器由 7 部分组成：工作站、溶剂单元、真空脱气机、溶剂传输泵、进样器、柱温箱、检测器。

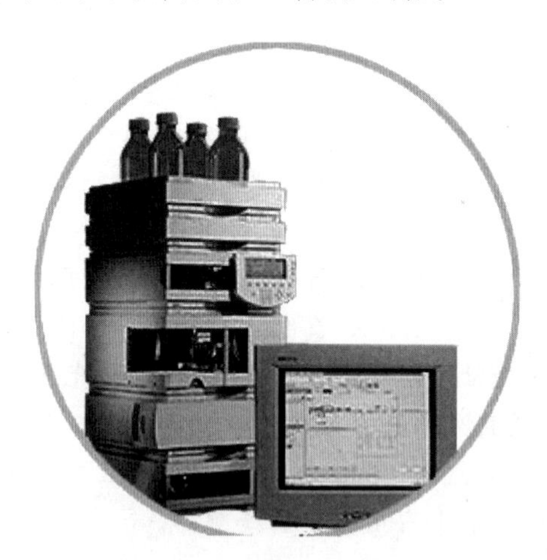

图 5-11　1100 型 HPLC 仪

1. 设定方法主要步骤

(1) 自动进样器参数设定。点击进样器图标，选择“Setup”后，输入相应数据，点击“OK”确定。

(2) 泵参数设定。点击泵图标，选择“Setup”后，输入相应数据，点击“OK”确定。

(3) 柱温箱参数设定。点击柱温图标，选择“Setup”后，输入相应数据，点击“OK”确定。

(4) MWD 检测器参数设定。点击 MWD 图标，选择“Setup”后，输入相应温度，点击“OK”确定。

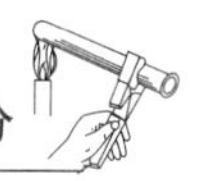

(5)保存方法。方法设定后,点击“Save”保存。

2.样品测定及数据分析

(1)仪器将按设定参数运行。从“Run control”菜单中选择“Sample info”建立一个文件夹,以保存数据。待基线稳定,可进样,仪器将自动收集数据。

(2)从“View”菜单中,单击“Data analysis”,进入数据分析画面。选中数据文件名,作谱图优化,积分、打印报告。

五、色谱工作站使用说明

色谱工作站是与色谱仪相配套的处理色谱仪信号数据的电脑系统,它使一台普通电脑具有处理色谱仪信号数据的功能。以电脑为平台的工作站软件使色谱数据处理工作变得更加轻松自如,它与Office紧密结合,使色谱工作站的使用更容易掌握。

1.启动色谱工作站

在准备进样前,启动色谱工作站,用鼠标双击桌面上的BF-2002色谱工作站(中文版)图标,即可。

2.建立存放实验图谱及数据的文件夹

用“新建文件夹”命令,在合适的目录中,建立文件夹,如:D:\学生实验**。

3.设定谱图参数”

(1)信号通道。根据与色谱仪的信号连接线,选择“A”或“B”通道。

(2)采集时间。根据全部色谱峰出峰所需的时间设定。若要在设定的采集时间前结束采样,可用鼠标点击“手动停止”按钮。

(3)满屏时间和满屏量程。这两个参数分别为采集图谱的横坐标和纵坐标,可根据色谱峰的保留时间及峰高大小,任意调节。

(4)起始峰宽水平。填充柱一般设为5;如果所需色谱峰太小,检测不出来,则可设为3;也可根据需要,采用“估算值”。

(5)谱图高级处理参数。①最小面积:只有积分面积大于此参数值的峰,才能被检测出来,一般设为1 000。②噪声滤除强度:范围1～10,默认值为3,其作用类似于“峰宽”。③峰宽水平递增速度:范围1～30,默认值为20,峰宽随时间变化大,则取大,反之,取小。

4.定量方法表

一般选择“归一”项即可,“定量根据”选择“面积”或“峰高”,其他使用默认值。这样可以获得色谱峰的面积或峰高,再选择其他方法。如果分析的样品数量较多,也可以选择其他的方法。

5.谱图采集及存储

(1)采集。进样时,用鼠标点击工作站上的“图谱采集”按钮(绿色),开始记录图谱。

(2)停止采集。图谱采集至设定的“采集时间”时,会自动停止。若想在设定的采集时间前终止实验,可用鼠标点击工作站上的“手动停止”按钮(红色)。

(3)存储。采集停止后,根据提示,将图谱存储在已设置的文件夹中,并处理图谱数据。处理完成,再存储,方可退出。

6.获取分析结果

(1)点击“定量结果”,可以得到色谱峰的保留时间、峰面积、峰高、半峰高等参数。此结果可进行剪贴、打印等操作。

(2)使用谱图区鼠标右键操作,将鼠标的箭头指向需分析的色谱峰,点击鼠标右键,选择“峰尺寸”,可以得到色谱峰的峰面积、峰高、半峰高、拖尾因子、分离度、容量因子等参数;选择“塔板数”,可以得到色谱峰的理论塔板数或有效塔板数;选择“基线噪声及基线漂移”,可以得到基线噪声及基线漂移参数。

(3)点击“分析报告”,按需要填写报告头或报告尾,可打印带有实验条件的色谱报告。

实验56　咖啡中咖啡因含量的高效液相色谱分析

一、实验目的

1.理解反相色谱的原理和应用。

2.掌握标准曲线定量法。

3.学习高效液相色谱仪的操作。

二、实验原理

高效液相色谱实验采用的标准曲线定量法与分光光度分析中的标准曲线法相似,即用待测组分的标准样品绘制标准工作曲线。具体做法是:用标准样品配制成不同质量浓度的标准系列溶液,在与待测组分相同的色谱条件下,等体积准确地进样,测量各峰的峰面积或峰高,用峰面积或峰高对样品质量浓度绘制标准工作曲线。此标准工作曲线应是通过原点的直线,若标准工作曲线不通过原点,说明测定方法存在误差。标准工作曲线的斜率即为绝对校正因子。

在测定样品的组分含量时,要用与绘制的标准工作曲线完全相同的色谱条件绘制色谱图,测量色谱峰的峰面积或峰高,然后根据峰面积或峰高在标准工作曲线上直接查出进入色谱柱中样品组分的质量浓度。根据进入色谱柱中样品组分的质量浓度、样品处理条件及进液量,可计算出原样品中该组分的含量。

咖啡因又称咖啡碱,属黄嘌呤衍生物,化学名称为1,3,7-三甲基黄嘌呤,分子式为$C_8H_{10}O_2N_4$,可由茶叶或咖啡中提取而得。它能刺激大脑皮层,使人精神兴奋。咖啡中含咖啡因1.2%～1.8%,茶叶中含2.0%～4.7%。可乐饮料、APC药片等均含咖啡因。样品在碱性条件下,用氯仿定量提取,采用Econosphere C18反相液相色谱柱进行分离,以紫外检测器进行检测,以咖啡因标准系列溶液的色谱峰面积对其质量浓度作工作曲线,再根据样品中的咖啡因峰面积,由工作曲线算出其质量浓度。

三、仪器与试剂

1.仪器

LC-10A液相色谱仪、C-R6A数据处理机、色谱柱[Econosphere C18(3 μm,ϕ100 mm×4.6 cm)]、平头微量注射器。

2.试剂

甲醇(色谱纯)、二次蒸馏水、氯仿(A.R)、1 mol/L NaOH溶液、NaCl(A.R)、Na_2SO_4(A.R)、咖啡因(A.R)、咖啡、1 000 mg/L咖啡因标准贮备溶液(将咖啡因在110 ℃下烘干1 h,准确称取0.100 0 g咖啡因,用氯仿溶解,定量转移至100 mL容量瓶中,用氯仿稀释至刻度)。

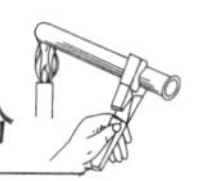

四、实验内容

1. 色谱条件

①柱温:室温;②流动相:甲醇∶水=60∶40;③流动相流量:1.0 mL/min;④检测波长:275 nm。

2. 配制溶液

(1)咖啡因标准系列溶液配制。分别用吸量管吸取 0.40、0.60、0.80、1.00、1.20、1.40 mL 咖啡因标准贮备液于 6 个 10 mL 容量瓶中,用氯仿定容至刻度,质量浓度分别为 40、60、80、100、120、140 mg/L。

(2)样品制备。准确称取 0.25 g 咖啡,用蒸馏水溶解,定量转移至 100 mL 容量瓶中,定容至刻度,摇匀。样品溶液分别进行干过滤(即用干漏斗、干滤纸过滤),弃去前过滤液,取后面的过滤液 25.00 mL 于 125 mL 分液漏斗中,加入 1.0 mL 饱和 NaCl 溶液和 1.0 mL 1 mol/L NaOH 溶液,然后用 20 mL 氯仿分 3 次萃取(10、5、5 mL)。将氯仿提取液分离后经过装有无水硫酸钠的小漏斗(在小漏斗的颈部放一团脱脂棉,上面铺一层无水硫酸钠)脱水,过滤于 25 mL 容量瓶中,最后用少量氯仿多次洗涤无水硫酸钠小漏斗,将洗涤液合并至容量瓶中,定容至刻度。

3. 绘制工作曲线

待液相色谱仪基线平直后,分别注入咖啡因标准系列溶液 10 μL,重复 2 次。要求 2 次所得的咖啡因色谱峰面积基本一致,否则,继续进样,直至每次进样色谱峰面积重复,记下峰面积和保留时间。

4. 样品测定

分别注入样品溶液 10 μL,根据保留时间确定样品中咖啡因色谱峰的位置,重复 2 次,记下咖啡因色谱峰面积。

实验结束后,按要求关好仪器。

五、数据和结果处理

将标准溶液相关数据填入表 5-26,根据咖啡因标准系列溶液的色谱峰面积,绘制咖啡因峰面积与其质量浓度的关系曲线。

表 5-26　咖啡因标准系列溶液及峰面积

咖啡因标准溶液的质量浓度/(mg/L)	保留时间/min	$A_{咖啡因}/cm^2$
40		
60		
80		
100		
120		
140		

将样品溶液实验数据及计算结果填入表 5-27,根据样品中咖啡因色谱峰的峰面积,由工作曲线计算咖啡中咖啡因的质量浓度。

表 5-27　咖啡因样品溶液峰面积及含量测定

测定项目	实验次数		平均值
	Ⅰ	Ⅱ	
保留时间/min			
$A_{咖啡因}$/cm^2			
$h_{咖啡因}$/cm			
$\rho_{咖啡因}$/mg/L			

六、思考题

1. 用标准曲线法定量的优缺点是什么？

2. 若标准曲线用咖啡因的质量浓度对峰高作图，能给出准确结果吗？与本实验的标准曲线相比，何者优越？为什么？

3. 在样品干过滤时，为什么要弃去前过滤液？这样做会不会影响实验结果？为什么？

4. 高效液相色谱柱一般可在室温下进行分离，而气相色谱柱则必须恒温，为什么？

【注意事项】

1. 测定咖啡因的传统方法是先经萃取，再用分光光度法测定。由于一些具有紫外吸收的杂质同时被萃取，所以，测定结果具有一定误差。液相色谱法先经色谱柱高效分离后再检测分析，测定结果准确。实际样品成分往往比较复杂，如果不先萃取而直接进样，虽然操作简单，但会影响色谱柱寿命。

2. 不同品牌的咖啡中咖啡因含量不同，称取的样品量可酌情增减。

3. 若样品和标准溶液需保存，应置于冰箱中。

4. 为获得良好结果，标准溶液和样品溶液的进样量要严格保持一致。

附：LC-10AD 液相色谱仪（日本岛津公司）的使用方法

LC-10AD 液相色谱仪基本配置包括 LC-10AD 双柱塞往复输液泵、CTO-10AC 柱温箱、SPD-10A 分光光度检测器等独立单元。用户通过 SCL-10A 系统控制器可以统一控制这些单元的操作，也可独立对各个单元进行操作。记录系统一般配置记录仪、色谱处理机或色谱工作站。

一、LC-10AD 液相色谱仪的操作面板

LC-10AD 液相色谱仪的操作面板见表 5-28。

表 5-28　LC-10AD 液相色谱仪的操作面板

序号	名称	含义或功能
1	显示窗	显示所设的流量或显示由压力传感器所测得的系统内压力值；显示所设置的允许压力上限和下限。当按 func 键时，显示仪器的其他设置功能
2	信号指示灯	当灯亮时，该灯上方所描述的功能正在起作用

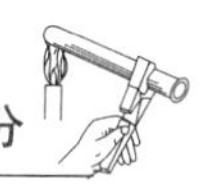

续表 5-28

序号	名称	含义或功能
3	数字键	用于参数值输入
4	CE键	清除键。可使显示窗回到起始显示状态；取消错误输入的数据或清除显示窗显示的错误信息
5	run键	“启动/停止”时间程序
6	purge键	清洗管道或排除管道气泡的“启动/停止”键。注意：按下purge键，输液泵以 10 mL/min 流量工作，因而色谱柱前的排液阀应旋在排液位置，此时流动相不经色谱柱直接排到废液瓶中
7	pump键	“启动/停止”输液泵
8	back键	退回键。如当编辑时间程序时，按此键，退回至前一步设置
9	func键	功能键。按此键，进入其他功能设置
10	del键	删除一行时间顺序
11	edit键	转入编辑时间程序模式
12	前盖门	掩盖输液泵头及连接管道
13	排液阀旋钮	开/关排液阀
14	前盖门按钮	开/关前盖门

二、LC-10AD 液相色谱仪基本操作步骤

1. 开机前准备工作

开机前准备工作包括：选择、纯化和过滤流动相；在流动相的贮液瓶中装入流动相的物质，吸液砂蕊过滤器是否已可靠地插入贮液瓶底部；废液瓶是否已倒空，所有排液管道是否已妥善插在废液瓶中。

2. 开启稳压电源

待“高压”红灯亮后，打开 LC-10AD 输液泵、CTO-10AC 柱温箱、SPD-10A 分光光度检测器和色谱处理机电源开关。

3. 输液泵基本参数设置

打开输液泵电源开关后，输液泵的微处理机首先对各部分被控制系统进行自检，并在显示窗内显示操作版本后，显示如下初始信息：

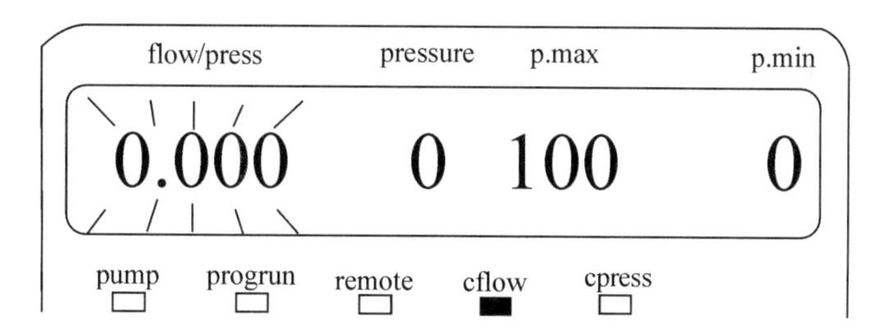

显示窗中 flow/press 下面的数字闪烁，提示可以进行流量设定，按1.0ENTER后，flow/press 下面显示 1.000，表示此时已设定流量为 1.000 mL/min。按func键后，p. max 下面的数字闪烁，按300ENTER，p. max 下面显示 300。按照同样方法，可以设置 p. min 为

10。上述基本设置完成后，按 CE 键回到起始状态。

4. 排除管道气泡或冲洗管道

将排液阀旋转180°至“open”位置，按 purge 键，输液泵以10 mL/min流量输液，观察输液管道中是否有气泡排出，当确认管道中无气泡后，按 pump 键，使输液泵停止工作，再将排液阀旋钮旋转至“close”位置。

5. 色谱柱冲洗

按 pump 键，输液泵以1.0 mL/min的流量向色谱柱输液，在显示窗中可以监测到系统内压力的变化情况。在常用的甲醇-水流动相体系中，压力值应为10 MPa上下。

6. SPD-10A分光光度检测器

转动波长旋钮至所需波长，按下 ABS 键，并在响应选择键中按下 STD 键，用“ZERO”键调节输出零点。

7. C-R6A数据微处理机

按 SHIFT DOWN FILE PLOT，数据处理机开始走基线。如果记录笔不在合适位置，按 ZERO ENTER。待基线平直后，再按 SHIFT DOWN FILE/PLOT，停止走基线。输入下列命令：SHIFT DOWN PRINT LIST WIDTH ENTER，调出色谱峰分析参数，进行修改或确认。

8. 进样

将六通进样阀旋转至“LOAD”位置，用平头注射器进样后，转回至“INJECT”，并同时按下C-R6A的 START 键，C-R6A处理机开始对色谱峰记时间、积分。待色谱峰流出后，按 STOP 键，色谱处理机停止积分，并按色谱分析参数表规定的方法对数据进行处理并打印结果。

三、使用液相色谱仪的注意事项

1. 更换流动相时，如果欲更换的流动相与前一种流动相混溶，另取一个500 mL干净的烧杯，放入200 mL新的流动相，把砂芯过滤器从先前的流动相贮液瓶中取出，放入烧杯中，轻轻摇动一下，打开排液阀（转至“open”位置），按 purge 键，使输液泵以10 mL/min流量工作5～10 min，排出先前的流动相（50～100 mL）。关泵后再把过滤器放入新的流动相中，关闭排液阀，以1.0 mL/min流量清洗色谱柱，最后接上柱后检测器，清洗整个流路。

如果新的流动相与原来的流动相不相溶，则用一个与两种流动相都混溶的流动相进行过渡清洗；如果使用缓冲溶液作为流动相，则更换流动相之前，必须用蒸馏水彻底清洗泵，因为缓冲液中溶质的沉淀会磨损液泵活塞及活塞密封圈。清洗方法为：将注射器吸满水，与液泵清洗管道相连，然后把蒸馏水推入管道，先清洗液泵，再清洗进样器。

2. 输液泵应避免长时间在高压（>30 MPa）下工作。如果发现输液泵工作压力过高，可能由以下原因造成：色谱柱、管道、过滤器和柱子上端接头等堵塞或输液流量太大，应立即停泵，查清原因后再开泵。

3. 实验开始前和实验结束后，用纯甲醇冲洗管道和色谱柱若干时间，可以避免许多棘手的麻烦。当用pH缓冲液作流动相时，实验结束后先用石英亚沸蒸馏水冲洗30 min，再用纯甲醇冲洗15 min。

附　　录

一、不同温度下水的饱和蒸气压

kPa

温度/℃	0	1	2	3	4	5	6	7	8	9
0	0.611 3	0.657 2	0.706 1	0.758 1	0.813 6	0.872 6	0.935 4	1.002	1.073	1.148
10	1.228	1.313	1.403	1.498	1.599	1.706	1.819	1.938	2.064	2.198
20	2.339	2.488	2.645	2.810	2.985	3.169	3.363	3.567	3.782	4.008
30	2.246	4.495	4.758	5.034	5.323	5.627	5.945	6.279	6.630	7.000
40	7.381	7.784	8.205	8.646	9.108	9.590	10.09	10.62	11.17	11.75
50	12.34	12.97	13.62	14.30	15.01	15.75	16.52	17.32	18.16	19.03
60	19.93	20.87	21.85	22.87	23.93	25.02	26.16	27.35	28.58	29.85
70	31.18	32.55	33.97	35.45	36.98	38.56	40.21	41.91	43.67	45.49
80	47.37	49.32	51.34	53.43	55.59	57.82	60.12	62.50	64.96	67.50
90	70.12	72.82	75.61	78.49	81.46	84.53	87.69	90.95	94.30	97.76
100	101.3	105.0	108.8	112.7	116.7	120.8	125.0	129.4	133.9	138.5

二、定性分析所用试剂及其配制方法

1. 酸溶液

名称	化学式	浓度	配制方法
硝酸	HNO_3	6 mol/L	取浓硝酸(d=1.42)375 mL，加 625 mL 水
盐酸	HCl	浓	d=1.19 的 HCl 即为浓 HCl，浓度约 12 mol/L
硫酸	H_2SO_4	6 mol/L	将浓硫酸与等体积的蒸馏水混合
		2 mol/L	取 167 mL 浓硫酸加水稀释到 1 L
		0.1 mol/L	取 8.3 mL 浓硫酸加水稀释到 1 L
		浓	d=1.84 的 H_2SO_4 即浓硫酸，浓度为 18 mol/L
醋酸	HAc	12 mol/L	取 667 mL 醋酸加水稀释至 1 L
		3 mol/L	取 167 mL 醋酸加水稀释至 1 L
		1 mol/L	取 56 mL 醋酸加水稀释至 1 L
		6 mol/L	取 d=1.05 的醋酸(冰醋酸，浓度约 17 mol/L) 353 mL，加水稀释至 1 L
酒石酸	$H_2C_4H_4O_6$	饱和	溶酒石酸于水中使之饱和

2. 碱溶液

名称	化学式	浓度	配制方法
氢氧化钠	NaOH	6 mol/L	将 240 g NaOH 溶于水中，稀释至 1 L
		0.1 mol/L	将 4 g NaOH 溶于水中稀释至 1 L
氨水	$NH_3 \cdot H_2O$	浓	d=0.9 的氨水即浓氨水，浓度 15 mol/L
		6 mol/L	取 400 mL 浓氨水稀释至 1 L
氢氧化钡	$Ba(OH)_2$	饱和	每升约含 $Ba(OH)_2 \cdot 8H_2O$ 63 g

3. 铵盐溶液

名称	化学式	浓度/(mol/L)	配制方法
氯化铵	NH_4Cl	饱和	每 100 mL 水溶 NH_4Cl 约 40 g
醋酸铵	NH_4Ac	3	将 213 g NH_4Ac 溶于 1 L 水中
碳酸铵	$(NH_4)_2CO_3$	12%	称 12 g $(NH_4)_2CO_3$ 溶于适量水中，稀释至 1 L
		1.5	称 144 g $(NH_4)_2CO_3$ 溶于适量水中，稀释至 1 L
硫氰酸汞铵	$(NH_4)_2Hg(SCN)_4$		8 g $HgCl_2$ 和 9 g NH_4SCN 溶于 100 mL 水中
硫氰酸铵	NH_4SCN	饱和	每 100 mL 水约溶 170 g NH_4SCN(20℃)
草酸铵	$(NH_4)_2C_2O_4$	0.5	溶 70 g $(NH_4)_2C_2O_4 \cdot H_2O$ 于适量水中，稀释至 1 L
磷酸铵	$(NH_4)_3PO_4$	10%	取 12 g $(NH_4)_3PO_4$ 溶于适量水中，稀释至 100 mL

4. 其他盐溶液

名称	化学式	浓度/(mol/L)	配制方法
铬酸钾	K_2CrO_4	0.5	97.3 g K_2CrO_4 溶于水，稀释至 1 L
碘化钾	KI	1	83 g KI 溶于 1 L 水中(贮于棕色瓶)
亚铁氰化钾	$K_4[Fe(CN)_6]$	0.5	将 212 g $K_4[Fe(CN)_6] \cdot 3H_2O$ 溶于 1 L 水中
铁氰化钾	$K_3[Fe(CN)_6]$	0.25	将 82.3 g $K_3[Fe(CN)_6]$ 溶于 1 L 水中
硫化钠	Na_2S	0.1	24 g $Na_2S \cdot 9H_2O$ 与 4gNaOH 溶于水中并稀释至 1 L
醋酸钠	NaAc	饱和	约 760 g $NaAc \cdot 3H_2O$ 溶于 1 L 水中(20 ℃)
		3	408 g $NaAc \cdot 3H_2O$ 溶于 1 L 水中
亚硝酰铁氰化钠	$Na_2[Fe(CN)_5NO]$	1%	1 g $Na_2[Fe(CN)_5NO]$ 溶于 100 mL 水中(新配制)
碳酸钠	Na_2CO_3	1.5	159 gNa_2CO_3 溶于 1 L 水中
亚硝酸钴钠	$Na_3Co(NO_2)_6$	20%	20 g $Na_3Co(NO_2)_6$ 溶于适量水中，稀释至 100 mL
四苯硼酸钠	$NaB(C_6H_5)_4$	0.005	0.17 g $NaB(C_6H_5)_4$ 溶于 100 mL 水中，加 1 滴浓盐酸
氯化钡	$BaCl_2$	0.5	122 g $BaCl_2 \cdot 2H_2O$ 溶于 1 L 水中
硝酸银	$AgNO_3$	0.5	85 g $AgNO_3$ 溶于 1 L 水(贮于棕色瓶)
硫酸铜	$CuSO_4$	0.1	25 g $CuSO_4 \cdot 5H_2O$ 溶于 1 L 水中
硫酸亚铁	$FeSO_4$	饱和	100 mL 水中约溶 16 g $FeSO_4 \cdot 7H_2O$，加 2 滴浓硫酸
氯化亚锡	$SnCl_2$	0.5	11.2 g $SnCl_2 \cdot 2H_2O$ 用 10 mL 浓盐酸溶解，加水至 100 mL，加少许颗粒
硝酸铅	$Pb(NO_3)_2$	0.25	83 g $Pb(NO_3)_2$ 溶于 1 L 水中
二氯化钴	$CoCl_2$	0.02%	0.2 g $CoCl_2$ 溶于 1 L 浓度为 0.5 mol/L 的 HCl 中

5. 特殊试剂

名称	浓度	配制方法
镁试剂		溶解 0.01 g 镁试剂于 100 mL 浓度为 0.1 mol/L 的 NaOH 中
氨水	饱和	通 NH_3 于水中至饱和为止(新配)
玫瑰红酸钠	0.2%	0.2 g 试剂溶于 100 mL 水中(贮于棕色瓶)
联苯胺	0.1%	溶解 0.1 g 试剂于 10 mL 冰醋酸中,加水稀释至 100 mL
品红溶液	0.1%	溶解 0.1 g 品红于 100 mL 水中
对氨基苯磺酸	0.4%	溶解 0.4 g 试剂于 10 mL 冰醋酸和 90 mL 水中
α-萘胺		试剂 0.2 g 溶于 90 mL 水中,煮沸倾出无色溶液,弃去紫蓝色残渣,加冰醋酸 10 mL(应是无色溶液)
醋酸铀酰锌试剂	0.2%	取 10 g $UO_2(Ac)_2 \cdot 2H_2O$ 和 15 mL 浓度为 6 mol/L HAc 溶于 75 mL 水中,加热促使其溶解,另取 30 g $Zn(Ac)_2 \cdot 2H_2O$ 和 15 mL 6 mol/L 的 HAc 溶于 50 mL 水中,加热至 70℃,然后将以上两种溶液混合,24 h 后,取清液使用(贮于棕色瓶中)
酒精	70%	75 mL 95%酒精与 20 mL 水混合
H_2O_2	3%	10 mL 30% H_2O_2 加水稀释至 100 mL
EDTA	10%	10 g EDTA 溶于 100 mL 水中
镁合剂		溶解 10 g $MgCl_2 \cdot 6H_2O$,10 g NH_4Cl 于 50 mL 水中,加 5 mL 浓氨水,然后加水稀至 100 mL
铝合剂	0.1%	溶解试剂 0.1 g 于 100 mL 水中
茜素磺酸钠	0.1%	0.1 g 试剂溶于 100 mL 水中

6. 17 种阳离子的贮备液(100 mg/mL)

离子	化学式	质量浓度/(g/L)	溶剂(附配法)
Ag^+	$AgNO_3$	160	水(贮于棕色瓶)
Pb^{2+}	$Pb(NO_3)_2$	160	水
Hg_2^{2+}	$Hg_2(NO_3)_2 \cdot 2H_2O$	140	浓度为 0.6 mol/L 的 HNO_3
Cu^{2+}	$Cu(NO_3)_2 \cdot 3H_2O$	380	水
Hg^{2+}	$Hg(NO_3)_2$	82	浓度为 0.6 mol/L 的 HNO_3
Fe^{2+}	$FeCl_2 \cdot 4H_2O$	356	水
Fe^{3+}	$Fe(NO_3)_3 \cdot 9H_2O$	720	水
Al^{3+}	$Al(NO_3)_3 \cdot 9H_2O$	700	水(每毫升含 Al^{3+} 50 mg)
Cr^{3+}	$Cr(NO_3)_3 \cdot 9H_2O$	770	水
Mn^{2+}	$Mn(NO_3)_2 \cdot 9H_2O$	522	水
Zn^{2+}	$Zn(NO_3)_2 \cdot 9H_2O$	455	水
Ba^{2+}	$Ba(NO_3)_2$	63.3	水(含 Ba^{2+} 33.3 mg/mL)
Ca^{2+}	$Ca(NO_3)_2 \cdot 4H_2O$	590	水
Mg^{2+}	$Mg(NO_3)_2 \cdot 6H_2O$	530	水(含 Mg^{2+} 50 mg/mL)
K^+	KNO_3	260	水
Na^+	$NaNO_3$	370	水
NH_4^+	NH_4NO_3	445	水

7. 13种阴离子贮备液(100 mg/mL)

离子	化学式	质量浓度/(g/L)	溶剂(附配法)
SO_4^{2-}	$Na_2SO_4 \cdot H_2O$	335	水
PO_4^{3-}	$Na_2HPO_4 \cdot 12H_2O$	188	水(含 PO_4^{3-} 50 mg/mL)
SiO_3^{2-}	$Na_2SiO_3 \cdot 5H_2O$	280	水
CO_3^{2-}	Na_2CO_3(无水)	176	水
S^{2-}	$Na_2S \cdot 9H_2O$	375	水(含 S^{2-} 50 mg/mL)
SO_3^{2-}	$Na_2SO_3 \cdot 7H_2O$	315	水
Cl^-	NaCl	165	水
Br^-	KBr	150	水
I^-	KI	130	水
NO_2^-	$NaNO_2$	150	水
NO_3^-	$NaNO_3$	140	水
AsO_4^{3-}	$Na_2HAsO_4 \cdot 7H_2O$	42	水[(含 As(Ⅴ)10 mg/mL)]
AsO_3^{3-}	As_2O_3	14	先加于 500 mL 6 mol/L 的 NaOH 中,溶解后加 500 mL 水(含 As(Ⅱ)10 mg/mL)

三、我国和某些国家化学试剂等级标志对照表

质量次序		1	2	3	4	5
中国化学试剂等级标志	级别	一级品	二级品	三级品	四级品	
	中文标志	保证试剂	分析试剂	化学纯	化学用	生物试剂
		优级纯	分析纯	化学纯	试验试剂	
	符号	G.R	A.R	C.P	L.R	B.R
	瓶签颜色	绿	红	蓝	棕色等	黄色等
德、美、英等国通用等级符号		G.R	A.R	C.P		
苏联等级和符号		化学纯 X.u	分析纯 u.£.A	纯 u		

四、常用酸碱的密度和浓度

试剂	密度	含量/%	浓度/(mol/L)
盐酸	1.18～1.19	36～38	11.6～12.4
硝酸	1.39～1.40	65.0～68.0	14.4～15.2
硫酸	1.83～1.84	95～98	35.5～36.8
磷酸	1.69	85	14.6
高氯酸	1.68	70.0～72.0	11.7～12.0
冰醋酸	1.05	99.8(优级纯)	17.4
		99.0(分析纯、化学纯)	
氢氟酸	1.13	40	22.5
氢溴酸	1.49	47.0	8.6
氨水	0.88～28.00	25.0～28.0	13.3～14.8

五、6种标准缓冲溶液在0～90 ℃下的pH

温度/℃	0.05 mol/L 四草酸氢钾	25 ℃饱和酒石酸氢钾	0.05 mol/L 邻苯二甲酸氢钾	0.025 mol/L 混合磷酸盐	0.01 mol/L 硼砂	25 ℃饱和氢氧化钙
0	1.87	—	4.01	6.98	9.46	13.42
5	1.67	—	4.00	6.95	9.39	13.21
10	1.67	—	4.00	6.92	9.33	13.01
15	1.67	—	4.00	6.90	9.28	12.82
20	1.68	—	4.00	6.88	9.23	12.64
25	1.68	3.56	4.00	6.86	9.18	12.40
30	1.68	3.55	4.01	6.85	9.14	12.29
35	1.69	3.55	4.02	6.84	9.10	12.13
40	1.69	3.55	4.03	6.84	9.07	11.98
45	1.70	3.55	4.04	6.83	9.04	11.82
50	1.71	3.56	4.06	6.83	9.02	11.70
55	1.71	3.56	4.07	6.83	8.99	11.55
60	1.72	3.57	4.09	6.84	8.97	11.43
70	1.74	3.60	4.12	6.84	8.93	—
80	1.76	3.62	4.16	6.86	8.89	—
90	1.78	3.65	4.20	4.88	8.86	—

注：表中各值均为中国计量科学院测定值。

六、常用缓冲溶液的配制

pH	配制方法
0	1 mol/LHCl溶液(不能有Cl^-存在时，可用硝酸)
1.0	0.1 mol/L HCl溶液
1.0	0.01 mol/L HCl溶液
3.6	$NaAc\cdot 3H_2O$ 8 g，溶于适量水，加6 mol/L HAc溶液134 mL，稀释至500 mL
4.0	将60 mL冰醋酸和16 g无水醋酸钠溶于100 mL水中，稀释至500 mL
4.5	将30 mL冰醋酸和30 g无水醋酸钠溶于100 mL水中，稀释至500 mL
5.0	将30 mL冰醋酸和60 g无水醋酸钠溶于100 mL水中，稀释至500 mL
5.4	将40 g六次甲基四胺溶于90 mL水中，加20 mL 6mol/L HCl溶液100 g
5.7	$NaAc\cdot 3H_2O$溶于适量水中，加6 mol/L HAc溶液13 mL，稀释至500 mL
7.0	NH_4Ac 77 g溶于适量水中，稀释至500 mL
7.5	NH_4Cl 66 g溶于适量水中，加浓氨水1.4 mL，稀释至500 mL
8.5	NH_4Cl 40 g溶于适量水中，加浓氨水8.8 mL，稀释至500 mL
9.0	NH_4Cl 35 g溶于适量水中，加浓氨水24 mL，稀释至500 mL
9.5	NH_4Cl 30 g溶于适量水中，加浓氨水65 mL，稀释至500 mL
10.0	NH_4Cl 7 g溶于适量水中，加浓氨水175 mL，稀释至500 mL
11.0	NH_4Cl 13 g溶于适量水中，加浓氨水207 mL，稀释至500 mL
12.0	0.01 mol/L NaOH溶液(不能有Na^+存在，可用KOH溶液)
13.0	0.1 mol/L NaOH溶液

七、常用基准物质的干燥条件和应用

基准物质		干燥后组成	干燥条件	标定对象
名称	分子式			
碳酸氢钠	$NaHCO_3$	Na_2CO_3	270～300℃	酸
碳酸钠	$Na_2CO_3 \cdot 10H_2O$	Na_2CO_3	270～300℃	酸
硼砂	$Na_2B_4O_7 \cdot 10H_2O$	$Na_2B_4O_7 \cdot 10H_2O$	放在含 NaCl 和蔗糖饱和液的干燥器中	酸
碳酸氢钾	$KHCO_3$	K_2CO_3	270～300℃	酸
草酸	$H_2C_2O_4 \cdot 2H_2O$	$H_2C_4O_4 \cdot 2H_2O$	室温空气干燥	酸或 $KMnO_4$
邻苯二甲酸氢钾	$KHC_8H_4O_4$	$KHC_8H_4O_4$	110～120℃	碱
重铬酸钾	$K_2Cr_2O_7$	$K_2Cr_2O_7$	140～150℃	还原剂
溴酸钾	$KBrO_3$	$KBrO_3$	130℃	还原剂
碘酸钾	KIO_3	KIO_3	130℃	还原剂
铜	Cu	Cu	室温干燥器中保存	还原剂
三氧化二砷	As_2O_3	As_2O_2	同上	氧化剂
草酸钠	$Na_2C_2O_4$	$Na_2C_2O_4$	130℃	氧化剂
碳酸钙	$CaCO_3$	$CaCO_3$	110℃	EDTA
锌	Zn	Zn	室温干燥器中保存	EDTA
氧化锌	ZnO	ZnO	900～1 000℃	EDTA
氯化钠	NaCl	NaCl	500～600℃	$AgNO_3$
氯化钾	KCl	KCl	500～600℃	$AgNO_3$
硝酸银	$AgNO_3$	$AgNO_3$	280～290℃	氯化物
氨基磺酸	$HOSO_2NH_2$	$HOSO_2NH_2$	在真空 H_2SO_4 干燥器中 48 h	碱
氟化钠	NaF	NaF	铂坩埚中 500～550℃下 40～50 min 后，硫酸干燥器中冷却	

八、常用洗涤剂

名称	配制方法	备注
合成洗涤剂*	合成洗涤剂粉用热水搅拌成浓溶液	用于一般的洗涤
皂角水	将皂夹捣碎，用水熬成溶液	同上
铬酸洗液	用 K_2CrO_7(L. R)20 g 于 500 mL 烧杯中，加水 40 mL，加热溶解；冷却后缓缓加入 320 mL 粗浓硫酸(注意边加边搅)即成，贮于磨口细口瓶中	用于洗涤油污及有机物，使用时防止被水稀释，用后倒回原瓶，可反复使用，直至溶液变为绿色**
$KMnO_4$ 碱性洗液	用 $KMnO_4$(L. R)4 g，溶于少量水中。缓缓加入 100 mL 10%NaOH 溶液	用于洗涤油污及有机物，洗后玻璃壁上附着 MnO_2 沉淀，可用粗亚铁或 Na_2SO_3 溶液洗去
碱性酒精溶液	30%～40%NaOH 酒精溶液	用于洗涤油污
酒精-浓硝酸洗液		用于沾有有机物或油污的结构较复杂的仪器，洗涤时先加少量酒精于脏仪器中，再加入少量浓硝酸，即产生大量棕色 NO_2，将有机物氧化破坏

* 也可用肥皂水。

** 已还原为绿色的铬酸洗液，可加入固体 $KMnO_4$ 使其再生，这样，实际消耗的是 $KMnO_4$，可减少铬对环境的污染。

九、常用熔剂和坩埚

熔剂(混合熔剂)	熔剂用量(对样量而言)	熔融用坩埚材料						熔剂的性质和用途
		铂	铁	镍	瓷	石英	银	
Na_2CO_3(无水)	6～8 倍	+	+	+	—	—	—	碱性熔剂,用于分析酸性矿渣粘土,耐火材料,不溶于酸的残渣,难熔硫酸盐等
$NaHCO_3$	12～14 倍	+	+	+	—	—	—	同上
Na_2CO_3-K_2CO_3 (1∶1)	6～8 倍	+	+	+	—	—	—	同上
Na_2CO_3-KNO_2 (6∶0.5)	8～10 倍	+	+	+	—	—	—	碱性氧化熔剂,用于测定矿石中的 S、As、Cr、V,分离 V、Cr 等物中的 Ti
$KNaCO_3$-$Na_2B_4O_7$ (3∶2)	10～12 倍	+	—	—	+	+	—	碱性氧化熔剂,用于分析铬铁矿、钛铁矿等
Na_2CO_3-MgO (2∶1)	10～14 倍	+	+	+	+	+	—	碱性氧化熔剂,用于分析铁合金、铬铁矿等
Na_2CO_3-ZnO (2∶1)	8～10 倍	—	—	—	+	+	—	碱性氧化熔剂,用于测定矿石中的硫
Na_2O_2	6～8 倍	—	+	+	—	—	—	碱性氧化熔剂,用于测定矿石和铁合金中的 S、Cr、V、Mv、Si、P,辉钼矿中的 Mo 等
NaOH(KOH)	8～10 倍	—	+	+	—	—	—	碱性熔剂,用以测定锡石中的 Sn,分解硅酸盐等
$KHSO_4$($K_2S_2O_7$)	12～14 倍 (8～12 倍)	+	—	—	+	+	—	酸性熔剂,用以分解硅酸盐、钨矿石,熔融 Ti、Al、Fe、Cu 等的氧化物
Na_2CO_3-结晶硫黄(1∶1)	8～12 倍	—	—	—	+	+	—	碱性硫化熔剂,用于自 Pb、Cu、Ag 等中分离 Mo、Sb、As、Sn 钼、锑、砷、锡;分解有色矿石烘烧后的产品,分离 Ti 和 V 等
硼酸酐(熔融、研细)	5～8 倍	+	—	—	—	—	—	主要用于分解硅酸盐(当测定其中的碱金属时)

"+"可以进行熔融,"—"不可以熔融,以免损坏坩埚。近年来采用聚四氟乙烯坩埚代替铂器皿用于氢氟熔样。

十、国产滤纸规格*

编号	102	103	105	120
类别	定量滤纸			
灰分	0.02 mg/张			
滤速/(s/100 mL)	60～100	100～160	160～200	200～240
滤速区别	快速	中速	满速	满速
盒上包带标志	蓝	白	红	橙
实用例	$Fe(OH)_3$ $Al(OH)_3$	H_2SiO_3 CaC_2O_4	$BaSO_4$	$BaSO_4$
编号	127	209	211	214
类别	定性滤纸			
灰分	0.2 mg/张			
滤速/(s/100 mL)	60～100	100～160	160～200	200～240
滤速区别	快速	中速	满速	满速
盒上包带标志	蓝	白	红	橙

*系北京滤纸厂产品规格。

十一、一些推荐的离子强度调节剂

测定离子	电极	可应用的离子强度调节剂
硝酸银	硝酸银电极	0.1 mol/L 硫酸钾或 0.025 硫酸铝
氨	氨气敏电极	1 mol/L 氢氧化钠
铵	氨气敏电极	1 mol/L 氯化钾
钾	钾离子电极	醋酸锂或氯化锂或氯化钠或醋酸镁
氯	氯离子电极	①0.1 mol/L 硝酸钾(一般样品) ②0.3 mol/L 硝酸钾或醋酸镁(土样)
溴	溴离子电极	5 mol/L 硝酸钠
碘	镁离子电极	同上
氟	氟离子电极	TISAB(总离子强度缓冲调节剂)57 mL 冰醋酸,58 g 氯化钠,4 g 柠檬酸钠加入水 500 mL,用 5 mol/L 氢氧化钠调节,至 pH 5～5.5,定容到 1 000 mL
钠	钠玻璃电极	①1 mol/L 氨水与 1 mol/L 氯化铵的混合液 ②二异丙胺、三乙醇胺或饱和氢氧化钾
氰根	氰离子电极	2 mol/L 氢氧化钠
银	Ag_2S 电极	1 mol/L 硝酸钾
硫	Ag_2S 电极	①2 mol/L 氢氧化钠(通氢气) ②SAOB(抗氧化缓冲调节剂,由抗坏血酸、氢氧化钠配制)
钙	钙离子电极	1 mol/L 三乙醇胺
铅	铅离子电极	1 mol/L 硝酸钠
铜	铜离子电极	①LIPB(消除配位体干扰缓冲液);0.4 mol/L 三乙醇四胺,0.2 mol/L 硝酸,2 mol/L 硝酸钾混合液,按 1∶1 加入试液 ②1 mol/L 硝酸钠
镉	镉离子电极	1 mol/L 硝酸钠或硝酸钾
硬度	硬度电极	1 mol/L 三乙醇胺
氟硼酸根	氟硼酸根电极	1 mol/L 硫酸钠
二氧化硫	二氧化硫气敏电极	1 mol/L 亚硫酸氢钠与 1 mol/L 硫酸混合液

十二、化合物式量表

分子式	式量	分子式	式量
Ag_3AsO_4	462.52	Al_2O_3	101.96
AgBr	187.77	$Al(OH)_3$	78.00
AgCl	143.32	$Al_2(SO_4)_3$	342.14
AgCN	133.89	$Al_2(SO_4)_3 \cdot 18H_2O$	666.41
Ag_2CrO_4	331.73	As_2O_3	197.84
AgI	234.77	As_2O_5	229.84
$AgNO_3$	169.87	As_2S_3	246.34
AgSCN	165.95	$BaCl_2$	208.42
$AlCl_3$	133.34	$BaCl_2 \cdot 2H_2O$	244.27
$AlCl_3 \cdot 6H_2O$	241.43	$BaCO_3$	197.34
$Al(NO_3)_3$	213.00	BaC_2O_4	225.35
$Al(NO_3)_3 \cdot 9H_2O$	375.13	$BaCrO_4$	253.32

续表

分子式	式量	分子式	式量
BaO	153.33	$Cu(NO_3)_2$	187.56
$Ba(OH)_2$	171.34	$Cu(NO_3)_2 \cdot 3H_2O$	241.60
$BaSO_4$	233.39	CuO	79.55
$BiCl_3$	315.34	Cu_2O	143.09
$BiOCl$	260.43	CuS	95.61
$CaCl_2$	110.99	$CuSCN$	121.62
$CaCl_2 \cdot 6H_2O$	219.08	$CuSO_4$	159.06
$CaCO_3$	100.09	$CuSO_4 \cdot 5H_2O$	249.68
CaC_2O_4	128.10	$FeCl_2$	126.75
$Ca(NO_3)_2 \cdot 4H_2O$	236.15	$FeCl_3$	162.21
CaO	56.08	$FeCl_2 \cdot 4H_2O$	198.81
$Ca(OH)_2$	74.10	$FeCl_3 \cdot 6H_2O$	270.30
$Ca_3(PO_4)_2$	310.18	$FeNH_4(SO_4) \cdot 12H_2O$	482.18
$CaSO_4$	136.14	$Fe(NH_4)_2(SO_4)_2 \cdot 6H_2O$	392.13
$CdCl_2$	183.32	$Fe(NO_3)_3$	241.86
$CdCO_3$	172.42	$Fe(NO_3)_3 \cdot 9H_2O$	404.00
CdS	144.47	FeO	71.85
$Ce(SO_4)_2$	332.24	Fe_2O_3	159.69
$Ce(SO_4)_2 \cdot 4H_2O$	404.30	Fe_3O_4	231.54
CH_3COOH	60.05	$Fe(OH)_3$	106.87
$(CH_3COOH)_2 \cdot 2H_2O$	424.15	FeS	87.91
CH_3COONa	82.03	Fe_2S_3	207.87
$CH_3COONa \cdot 3H_2O$	136.08	$FeSO_4$	151.91
CH_3COONH_4	77.08	$FeSO_4 \cdot 7H_2O$	278.01
CO_2	44.01	H_3AsO_3	125.94
$CoCl_2$	129.84	H_2BO_3	61.83
$CoCl_2 \cdot 6H_2O$	237.93	HBr	80.91
$Co(NH_2)_2$	60.06	HCl	36.46
$Co(NO_2)_2$	182.94	HCN	27.03
$Co(NO_2)_2 \cdot 6H_2O$	291.03	H_2CO_3	62.03
CoS	90.99	$H_2C_2O_4$	90.04
$CoSO_4$	154.99	$H_2C_2O_4 \cdot 2H_2O$	126.07
$CoSO_4 \cdot 7H_2O$	281.10	$HCOOH$	46.03
$CrCl_3$	158.36	HF	20.01
$CrCl_3 \cdot 6H_2O$	266.45	$HgCl_2$	271.50
$Cr(NO_3)_3$	238.01	Hg_2Cl_2	472.09
Cr_2O_3	151.99	$Hg(CN)_2$	252.63
$CuCl$	99.00	HgI_2	454.40
$CuCl_2$	134.45	$Hg_2(NO_3)_2$	525.19
$CuCl_2 \cdot 2H_2O$	170.48	$Hg_2(NO_3)_2 \cdot 2H_2O$	561.22
$CuCO_3$	123.56	HgO	216.59

续表

分子式	式量	分子式	式量
$HgSO_4$	296.65	$MgNH_4PO_4$	137.32
Hg_2SO_4	497.24	$Mg(NO_3)_2 \cdot 6H_2O$	256.41
HI	127.91	MgO	40.30
HIO_3	175.91	$Mg(OH)_2$	58.32
HNO_3	63.01	$MgSO_4 \cdot 7H_2O$	246.47
HNO_2	47.01	$MnCl_2 \cdot 4H_2O$	197.91
H_2O	18.015	$MnCO_3$	114.95
H_2O_2	34.02	$Mn(NO_2)_2 \cdot 6H_2O$	287.04
H_3PO_4	98.00	MnO	70.94
H_2S	34.08	MnS	87.00
H_2SO_3	82.07	$MnSO_4 \cdot 4H_2O$	223.06
H_2SO_4	98.07	Na_2AsO_3	191.89
$KAl(SO_4)_2 \cdot 12H_2O$	474.38	$NaBiO_3$	279.97
KBr	119.00	$Na_2B_4O_7$	201.22
$KBrO_2$	167.00	$Na_2B_4O_7 \cdot 10H_2O$	381.37
KCl	74.55	NaCl	58.44
$KClO_3$	122.55	NaClO	74.44
$KClO_4$	138.55	NaCN	49.01
KCN	65.12	Na_2CO_3	105.99
K_2CrO_4	194.19	$NaHCO_3$	84.01
$K_2Cr_2O_7$	294.19	$Na_2HPO_3 \cdot 12H_2O$	358.14
$K_3Fe(CN)_6$	329.25	$Na_2H_2Y \cdot 2H_2O$	372.24
$K_4Fe(CN)_6$	368.35	$NaNO_2$	69.00
$KFe(SO_4)_2 \cdot 12H_2O$	503.24	$NaNO_3$	85.00
$KHC_4H_4O_6$	188.13	Na_2O	61.98
$KH_2O_4 \cdot H_2C_2O_4 \cdot 2H_2O$	254.19	Na_2O_2	77.98
$KHSO_4$	136.16	NaOH	40.00
KI	166.00	Na_2S	78.04
KIO_3	214.00	NaSCN	81.07
$KIO_3 \cdot HIO_3$	289.91	$Na_2S \cdot 9H_2O$	240.18
$KMnO_4$	158.03	Na_2SO_3	126.04
$KNaC_4H_4O_6 \cdot 4H_2O$	282.22	Na_2SO_4	142.04
KNO_2	101.10	$Na_2S_2O_3$	158.10
KNO_3	85.10	$Na_2S_2O_3 \cdot 5H_2O$	248.17
KOH	56.11	NH_3	17.03
KSCN	97.18	NH_4Cl	53.49
K_2SO_4	174.25	$(NH_4)_2CO_3$	96.09
$MgCl_2$	95.21	$(NH_4)_2C_2O_4$	124.10
$MgCl_2 \cdot 6H_2O$	203.30	$(NH_4)_2C_2O_4 \cdot H_2O$	142.11
$MgCO_3$	84.31	NH_4HCO_3	79.06
MgC_2O_4	112.33	$(NH_4)_2HPO_4$	132.06

续表

分子式	式量	分子式	式量
$(NH_4)_2MoO_4$	196.01	Sb_2S_3	339.68
NH_4NO_3	80.04	SiO_2	60.08
$(NH_4)_2S$	68.14	$SnCl_2$	189.60
$(NH_4)_2SO_4$	132.13	$SnCl_4$	260.50
NH_4VO_3	116.98	$SnCl_2 \cdot 2H_2O$	225.63
$NiCl_2 \cdot 6H_2O$	237.70	$SnCl_4 \cdot 5H_2O$	350.58
$Ni(NO_2)_2 \cdot 6H_2O$	290.80	SnS_2	150.75
NiO	74.70	SO_3	80.06
NiS	90.76	SO_2	64.06
$NiSO_4 \cdot 7H_2O$	280.86	$SrCO_3$	147.63
NO	30.01	SrC_2O_4	175.64
NO_2	46.01	$SrCrO_4$	203.61
$Pb(CH_3COO)_2$	325.29	$Sr(NO_3)_2$	211.63
$Pb(CH_3COO)_2 \cdot 3H_2O$	379.34	$Sr(NO_3)_2 \cdot 4H_2O$	283.69
$PbCO_3$	267.21	$SrSO_4$	183.69
PbC_2O_4	295.22	$Zn(CH_3COO)_2$	183.47
PbI_2	461.01	$Zn(CH_3COO)_2 \cdot 2H_2O$	219.50
$Pb(NO_3)_2$	331.21	$ZnCl_2$	136.29
PbO	223.20	$ZnCO_3$	125.39
PbO_2	239.20	ZnC_2O_4	153.39
$Pb_2(PO_4)_2$	811.54	$Zn(NO_3)_2$	189.39
PbS	239.26	$Zn(NO_3)_2 \cdot 6H_2O$	297.48
$PbSO_4$	303.26	ZnO	81.38
P_2O_5	141.95	ZnS	97.44
$SbCl_2$	228.11	$ZnSO_4$	161.44
Sb_2O_3	291.50	$ZnSO_4 \cdot 7H_2O$	287.55

参考文献

[1]北京大学化学系分析化学教研室.基础分析化学实验:2版[M].北京:北京大学出版社,1998.

[2]北京大学化学系普通化学教研室.普通化学实验[M].北京:北京大学出版社,1981.

[3]北京师范大学无机化学教研室.无机化学实验:3版[M].北京:高等教育出版社,2001.

[4]陈寿椿.重要无机化学反应:2版[M].上海:上海科学技术出版社,1982.

[5]龚银香,童金强.无机及分析化学实验:2版[M].北京:化学工业出版社,2017.

[6]候振雨.无机及分析化学实验[M].北京:化学工业出版社,2004.

[7]化学分析基本操作规范编写组.化学分析基本操作规范[M].北京:高等教育出版社,1984.

[8]任列香,范冬梅,王中慧.分析化学实验[M].北京:化学工业出版社,2017.

[9]魏琴,盛永丽.无机及分析化学实验[M].北京:科学出版社,2008.

[10]武汉大学.分析化学实验:5版[M].北京:高等教育出版社,2011.

[11]武汉大学.分析化学实验:3版[M].北京:高等教育出版社,1994.

[12]谢练武,郭亚平.无机及分析化学实验[M].北京:化学工业出版社,2017.

[13]张明晓.分析化学实验教程[M].北京:科学出版社,2008.

[14]赵新华.无机化学实验:4版[M].北京:高等教育出版社,2014.

[15]中山大学.无机化学实验:3版[M].北京:高等教育出版社,1991.